Mathias Etzold

Zeitmodulierte, monodisperse Tropfengenerierung zur Herstellung von Feinstsprays

FAU Forschungen, Reihe B

Medizin, Naturwissenschaft, Technik

Band 28

Herausgeber der Reihe:
Wissenschaftlicher Beirat der FAU University Press

Mathias Etzold

Zeitmodulierte, monodisperse Tropfengenerierung zur Herstellung von Feinstsprays

Erlangen
FAU University Press
2019

Bibliografische Information der Deutschen Nationalbibliothek:
Die Deutsche Nationalbibliothek verzeichnet diese Publikation in der Deutschen Nationalbibliografie; detaillierte bibliografische Daten sind im Internet über http://dnb.d-nb.de abrufbar.

Bitte zitieren als
Etzold, Mathias. 2019. *Zeitmodulierte, monodisperse Tropfengenerierung zur Herstellung von Feinstsprays.*. FAU Forschungen, Reihe B, Medizin, Naturwissenschaft, Technik Band 28. Erlangen: FAU University Press, DOI: 10.25593/978-3-96147-224-6.

Autoren-Kontaktinformation:
Mathias Etzold, ORCID 0000-0001-8163-394X

Der vollständige Inhalt des Buchs ist als PDF über den OPUS Server der Friedrich-Alexander-Universität Erlangen-Nürnberg abrufbar:
https://opus4.kobv.de/opus4-fau/home

Verlag und Auslieferung:

FAU University Press, Universitätsstraße 4, 91054 Erlangen

Druck: docupoint GmbH

ISBN: 978-3-96147-223-9 (Druckausgabe)
eISBN: 978-3-96147-224-6 (Online-Ausgabe)
ISSN: 2198-8102
DOI: 10.25593/978-3-96147-224-6

Zeitmodulierte, monodisperse Tropfengenerierung zur Herstellung von Feinstsprays

Der Technischen Fakultät

der Friedrich-Alexander-Universität

Erlangen-Nürnberg

zur

Erlangung des Doktorgrades

Dr.-Ing.

vorgelegt von

Mathias Etzold

Als Dissertation genehmigt
von der Technischen Fakultät
der Friedrich-Alexander-Universität Erlangen-Nürnberg

Tag der mündlichen Prüfung: 25. März 2019

Vorsitzender des Promotionsorgans:	Prof. Dr. Reinhard Lerch
Gutachter:	Prof. Dr. Franz Durst
	Prof. Dr. Stefan Becker
	Prof. Dr. Kerstin Eckert

Kurzfassung

Die vorliegende Dissertation setzt sich mit der Zerstäubung von Flüssigkeiten auseinander. Das Hauptaugenmerk der Arbeit liegt auf der Entwicklung eines zeitlich modulierten Zerstäubungsverfahrens für die Erzeugung sehr feiner Sprays bei kleinen Durchsätzen der zerstäubten Flüssigkeit. Herkömmliche Spraydüsen wie die Einzelstrahl-, die Hohlkegel- oder auch die Doppelstrahldüse weisen bei kleinen Durchsätzen schlechte Zerstäubungseigenschaften auf und liefern keine Sprays mit sehr kleinen Tröpfchengrößen.

Der entwickelte Zerstäuber basiert auf der Erzeugung monodisperser Tropfenketten durch den kontrollierten Zerfall von Flüssigkeitsstrahlen. Diese Primärtropfen zerspritzen durch den Aufprall auf einen Prallkörper bzw. ein Prallelement in deutlich kleinere Sekundärtröpfchen und bilden dadurch ein sehr feines Spray. Die Besonderheit dabei ist, dass durch ein Abschalten des kontrollierten Strahlzerfalls die Primärtropfenproduktion gestoppt werden kann. Bei korrekt gewählten Einstellungen der Tropfenerzeugung und geeigneten Abmessungen erfolgt dann der Aufprall eines intakten Flüssigkeitsstrahles, wobei kein Spray erzeugt wird und der gesamte Düsenvolumenstrom am Prallkörper abfließt. Ein schwingender Piezoaktor steuert den Strahlzerfall, der dadurch sehr schnell ein- und ausgeschaltet werden kann. Dies ermöglicht die Steuerung der Sprayerzeugung mittels einer Pulsweitenmodulation, wobei durch die Veränderung des Tastgrades der Sprayvolumenstrom variiert. Das als modulierender Tropfenprallzerstäuber bezeichnete Zerstäubersystem ist in der Lage, nahezu beliebig kleine Spraymengen bereitzustellen.

Zur Entwicklung des modulierenden Tropfenprallzerstäubers waren eine Reihe von Grundlagenuntersuchungen auf dem Gebiet der Mehrphasenströmungen notwendig. Es erfolgte dabei zunächst eine Auseinandersetzung mit der statischen und dynamischen Tropfenbildung an Rundlochdüsen. Die Ergebnisse der theoretischen und experimentellen Betrachtungen sind allgemeingültige Angaben und Beziehungen zu Tropfenform und -frequenz beim Abtropfen. Ein weiterer Forschungsgegenstand war der natürliche Zerfall von Flüssigkeitsstrahlen. Hier konnte die existierende Theorie für den ersten windinduzierten Zerfall um die Berücksichtigung der axialsymmetrischen Grenzschicht in der Strahlumgebung erweitert werden. Im Vergleich mit experimentellen Daten zeigte sich eine gute Übereinstimmung.

Ausführliche Betrachtungen erfolgten ebenfalls für den kontrollierten Strahlzerfall, der ein essentieller Bestandteil des modulierenden Tropfenprallzerstäubers ist. Für die kontinuierliche Betriebsweise wurde ein Messverfahren entwickelt und implementiert, welches die Durchführung und Verarbeitung einer großen

Menge an Experimenten ermöglichte. Basierend auf den ermittelten Daten konnten u.a. Betriebsparameter für den äquidistanten und monodispersen Zerfall bestimmt werden. Eine Betrachtung des Verhaltens von Satellitentropfen erfolgte ebenfalls. Außerdem wurde eine wichtige Beobachtung zur Reproduzierbarkeit des kontrollierten Strahlzerfalls dokumentiert: Über einen kurzen Zeitraum betrachtet ist diese hervorragend. Nach langen Zeiten stellen sich jedoch minimalste Variationen der Versuchsparameter ein, die signifikante Änderungen im Zerfallsergebnis zur Folge haben. Diese beeinflussen beispielsweise die Strahlaufbruchlänge und den Tropfenoszillationszustand. Eine theoretische Erklärung oder eine vollständige experimentelle Beschreibung der beobachteten Vorgänge steht aus.

Für den pulsartig angeregten Strahlzerfall konnte ein Zusammenhang zwischen den mechanischen Schwingungsamplituden des Düsenhalters und der strömungsmechanischen Anfangsstörung des Strahlzerfalls hergestellt werden.

Experimente zur Tropfenprallzerstäubung ergaben, dass diese im Vergleich mit anderen Zerstäubungsmechanismen, insbesondere bei kleinen Durchsätzen, die kleinsten Tröpfchen liefert. Weitere experimentelle Untersuchungen wurden zum Verhältnis aus zerspritztem und gesamten Volumenstrom bei kontinuierlicher und gepulster Betriebsweise durchgeführt. Die Bestimmung der notwendigen Bedingungen zur Stabilisierung von Prallstrahlströmungen erfolgte ebenfalls durch Versuche. Diese genannten Experimente verifizierten zum einen das Funktionsprinzip des modulierenden Tropfenprallzerstäubers und zum anderen geben deren Ergebnisse Betriebsparameter für die optimale Einstellung des Zerstäubersystems wieder.

Eine Anwendung für den modulierenden Tropfenprallzerstäuber ist beispielsweise die Verbrennung flüssiger Brennstoffe bei kleinen Durchsätzen und damit kleinen thermischen Leistungen. In einem Kooperationsprojekt vom Karlsruher Institut für Technologie (KIT) und der FMP Technology GmbH wurde am KIT ein derartiger Brennerprototyp entworfen, aufgebaut und getestet. Bereits bei der ersten Testreihe wurden die strengsten Grenzwerte der entsprechenden Norm bezüglich der Luftzahl sowie der Stickoxid- und Kohlenmonoxidemissionen eingehalten. Der Bereich der thermischen Leistungen erstreckte sich dabei von 1,6 bis 4,9 kW. Für diesen Leistungsbereich ist kein kommerzieller Brenner für flüssigen Brennstoff verfügbar. Dieses Resultat zeigt, dass die Ergebnisse der Dissertation erfolgreich praktisch umgesetzt werden konnten. Außerdem wird verdeutlicht, welche beachtlichen Fortschritte durch Weiterentwicklungen auf dem Gebiet der Spraytechnik möglich sind.

Abstract

This dissertation describes investigations on liquid atomization. Its main subject is the development of a novel method of atomization for the production of sprays with small droplet diameters at low flow rates. Conventional atomizers, such as single-jet, hollow-cone or twin-jet nozzles, have poor atomization properties if they are operated at low flow rates. Consequently, the sprays produced have large droplet diameters.

The working principle of the atomization method introduced is based on the production of monodisperse droplet chains by controlled break-up of liquid jets. These primary droplets disintegrate into small secondary droplets by impinging onto a solid surface, the so-called pin, and a fine spray is formed. The special feature of this atomization method is that the generation of primary droplets can be interrupted by stopping the controlled jet break-up. In this case, and if the working parameters are correctly adjusted, an intact liquid jet impinges on the pin and no spray is produced. The complete flow rate runs down the pin and can be spilled back to the liquid reservoir. The controlled jet break-up is achieved by vibrations generated by a piezo actuator. Hence the switching operation between activated and deactivated primary droplet generation is very fast. This makes it possible to control the spray production with a pulse-width modulation. By changing its duty cycle, the spray flow rate can be varied to a nearly arbitrary low value. Therefore, the novel spray system is called a modulating drop impact atomizer.

For the development of the modulating drop impact atomizer, a few fundamental studies on multiphase flows were necessary. First, static and dynamic drop formation on round-holed nozzles were studied. The results of the theoretical and experimental investigations provide general information on droplet shape and dripping frequency. The natural break-up of liquid jets was also studied in detail. Here, the existing theoretical knowledge on the first wind-induced jet break-up could be extended by considering the axisymmetric gas boundary layer flow around the jets. In comparison with experimental jet stability curves, the proposed extended theory could be confirmed.

The controlled liquid jet break-up is an essential part of the modulating impact atomizer and was also investigated in detail. Regarding continuous operation, a special measuring method for performing a large number of experiments and the corresponding post-processing was developed. With the data obtained, the operating conditions for uniform break-up into equal-sized droplets were determined. The behaviour of satellite droplets could also be described. Another important observation was documented, namely that the short-time reproducibility of the controlled jet break-up is excellent. However, after long periods of time, very small variations of the experimental conditions occur. These variations lead to significant changes in the resulting break-up and droplet pattern. This influences, for example, the jet break-up length and the oscillation mode of the droplets produced. A theoretical explanation or a complete experimental description of this observation regarding the reproducibility of controlled jet break-up is still needed.

For non-continuous or pulsating operation of controlled jet break-up, a relationship between the mechanical vibration amplitude and the fluid mechanical initial disturbance amplitude of the jet surface was found.

Experiments on drop impact atomization revealed that this method of spray production provides the smallest droplet diameters in comparison with equivalent spray nozzles. Additional experimental investigations on the ratio of spray flow rate to total flow rate conveyed through the nozzle were carried out for continuous and pulsating modes of operation. The conditions required for impinging jets without atomization were also deduced from measurements. The results of these experiments verified the working principle of the novel modulating drop impact atomizer. Additionally, ranges of the parameters for optimal operation of the spray system are summarized.

An application of the proposed modulating drop impact atomizer is, for example, the combustion of liquid fuels at low flow rates and therefore at low thermal loads. During a cooperative project, carried out by the Karlsruhe Institute of Technology (KIT) and FMP Technology GmbH, a low-energy oil burner was planned, built and tested at the KIT. Already with the first design, stable operation of the burner could be obtained for thermal loads between 1.6 and 4.9 kW. For this range of thermal load there is no liquid fuel burner commercially available. The legal limits of the strictest emission class were satisfied for air–fuel ratio and nitrogen oxide and carbon monoxide emissions. These results prove that the outcomes of the work described in this dissertation could be successfully transferred to a practical application. Thereby it is also illustrated that in the field of liquid atomization significant improvements are possible.

Danksagung

Die vorliegende Arbeit entstand während meiner Tätigkeit bei der FMP Technology GmbH im Bereich der Spraytechnik. Durch die Auseinandersetzung mit verschiedensten Aufgabenstellungen aus dem Bereich der Spray- und Tropfenerzeugung lernte ich jenes Teilgebiet der Strömungslehre intensiv kennen. Dabei wurde bei mir großes Interesse und Begeisterung für das Fachgebiet der Spray- und Tropfenerzeugung geweckt.

Besonderer Dank gebührt meinem Betreuer und Erstgutachter Herrn Prof. Dr. Franz Durst. Durch seine Tätigkeit wurde das Umfeld geschaffen, in dem diese Arbeit entstehen konnte. Sein Enthusiasmus für kreative und auch unkonventionelle Ansätze bei der Lösung der Problemstellungen war kontinuierlicher Ansporn und Unterstützung bei der Erarbeitung der Ergebnisse.

Herrn Prof. Dr. Stefan Becker und Frau Prof. Dr. Kerstin Eckert danke ich ausdrücklich für das Interesse an der Arbeit und die Übernahme des Zweit- und Drittgutachtens. Außerdem bedanke ich mich bei Prof. Dr. Andreas Paul Fröba und Prof. Dr. Paul Steinmann für die Mitwirkung an meinem Promotionsverfahren als Vorsitzender der Prüfungskommission und als fachfernes Mitglied.

Ein Großteil der in dieser Dissertation beschriebenen Ergebnisse wurde in Zusammenarbeit mit Kollegen und Studenten bei der FMP Technology GmbH erzielt. Ich danke insbesondere den Herren Ümit Acikel, Dr. Yu Han, Gerald Betz und Martin Fees für deren Unterstützung, Engagement bei gemeinsamen Projekten, fruchtbare Diskussionen und das nette Arbeitsklima. Bei Peter und Heinrich Saffra von der Firma P & H Saffra GmbH & Co. KG möchte ich mich für die unkomplizierte und schnelle Unterstützung bei der Anfertigung von Teilen bedanken, die über ein reines Fertigen nach Zeichnung hinaus ging.

Die Arbeitsatmosphäre im Rahmen des Kooperationsprojektes mit dem Engler-Bunte-Institut des Karlsruher Instituts für Technologie gestaltete sich sehr angenehm und produktiv, was nicht zuletzt den Mitarbeitern Thomas Müller und Ann-Kathrin Goßmann zu verdanken ist.

Danken möchte ich auch meiner Familie für das aufgebrachte Verständnis, da meine Verfügbarkeit während des Schreibens an dieser Dissertation sehr eingeschränkt war. Bei meiner Mutter Kathleen Etzold bedanke ich mich für das Korrekturlesen der Arbeit. Nicht zuletzt danke ich auch meiner Partnerin Annika Reichert. Ihre Unterstützung bei verschiedensten Belangen und ihre Nachsicht, wenn mal wieder die Arbeit gegenüber gemeinsamen Aktivitäten vorging, leisteten einen nicht unwesentlichen Beitrag zum Gelingen dieser Dissertation.

Erlangen, März 2019 Mathias Etzold

Inhaltsverzeichnis

Verzeichnis wichtiger Symbole

Lateinische Formelzeichen

Symbol	Definition	Einheit
a	Radius des ungestörten Strahles	m
$\hat{a}$	mittlerer Radius des gestörten Strahles	m
A	Düsenquerschnittsfläche	m^2
b	Laplacekonstante	m
Bo	Bondzahl	-
c_D	Ausflusskoeffizient $= \dot{V}/[A\sqrt{2\Delta p/\rho}]$	-
C	Anfangsstöramplitude des Strahles	m
$\mathscr{C}$	Korrekturfaktor aus [162]	-
d	Durchmesser der Primärtropfen	m
d_{10}	mittlerer linearer Tropfendurchmesser	m
d_{32}	Sauterdurchmesser	m
$d_{v,0.1}$	Grenzdurchmesser für 10 Vol.-% eines Sprays	m
$d_{v,0.5}$	Grenzdurchmesser für 50 Vol.-% eines Sprays	m
$d_{v,0.9}$	Grenzdurchmesser für 90 Vol.-% eines Sprays	m
D	Düsendurchmesser	m
$\mathfrak{D}$	Dämpfungsmaß	-
D_P	Prallelementdurchmesser	m
DG_d	Dispersionsgrad der Durchmesserverteilung aus [176]	-
DG_l	Dispersionsgrad der Abstandsverteilung analog zu [176]	-
f_c	charakteristische Abtropffrequenz	Hz
f_G	Anregungsfrequenz des kontrollierten Strahlzerfalls	Hz
f_{PWM}	Frequenz der Pulsweitenmodulation	Hz
$F_{1,2,21,22,3}$	Faktoren des Strahlzerfallsmodells	-
Fr	Froudezahl	-
g	Fallbeschleunigung	m/s^2
$\mathscr{G}$	Selbstähnlichkeitsfunktion aus [25]	-

H_i	Heizwert	J/kg
$H_n^{(1)}$	Besselfunktion 3. Gattung und n-ter Ordnung (Hankel-Funktion)	-
H_S	Brennwert	J/kg
I_n	modifizierte Besselfunktion 1. Gattung und n-ter Ordnung	-
J_n	Besselfunktion 1. Gattung und n-ter Ordnung	-
k	dimensionslose Wellenzahl	-
k_1	modifizierte dimensionslose Wellenzahl	-
k_{opt}	dimensionslose Wellenzahl mit maximaler Wachstumsrate	-
K_n	modifizierte Besselfunktion n-ter Ordnung (MacDonald-Funktion)	-
L	Düsenkanallänge	m
$\dot{m}$	Massenstrom	kg/s
N_i	Tropfenanzahl innerhalb des Intervalls Δd_i	-
O	Oberfläche des ungestörten Strahles	m^2
$\hat{O}$	Oberfläche des gestörten Strahles	m^2
Oh	Ohnesorgezahl (definiert mit Düsendurchmesser und Flüssigkeitseigenschaften)	-
p_i	Druck im Tropfeninneren	Pa
p_σ	Oberflächenspannungsdruck	Pa
Δp	Druckdifferenz	Pa
$\mathscr{P}$	Leistung	W
r	radiale Koordinate der Strahl- oder Tropfenkontur	m
r_D	Düsenradius bei statischer Tropfenbildung	m
$r_{Tropfen}$	Tropfenradius bei kugelförmiger Tropfengestalt	m
R	Radius des Rotationsparaboloids	m
R_0	Scheitelradius des Tropfens	m
$R_{1,2}$	Krümmungsradien der Tropfenoberfläche	m
R_z	mittlere Rautiefe der Prallelementoberfläche	m
Re	Reynoldszahl (definiert mit Düsendurchmesser und Flüssigkeitseigenschaften)	-
Re_{krit}	kritische Reynoldszahl des laminar-turbulenten Umschlags	-
RSF	relativer Spanfaktor eines Sprays	-
s	Abstand zwischen Düsenaustritt und Prallelement	m

s_{krit}	kritische Strahllänge für zerstäubende Prallstrahlen	m
s_v	Strecke bis zur Vereinigung von Satelliten- und Haupttropfen	m
SD_d	Standardabweichung einer Tropfendurchmesserverteilung	m
SD_l	Standardabweichung einer Tropfenabstandsverteilung	m
t	Zeit	s
t_0	Startzeitpunkt des unteren Strahlabschnitts	s
t_b	Zerfallszeit eines Flüssigkeitsstrahles	s
t_{resp}	Flüssigkeitsreaktionszeit $= \eta^3/[\sigma^2 \rho]$	s
t_A	Zeitverzug zwischen Beginn des Steuersignals und Start der Prallzerstäubung	s
t_E	Zeitverzug zwischen Ende des Steuersignals und Ende der Prallzerstäubung	s
Δt	Zeitdifferenz	s
T_G	Periodendauer des kontrollierten Strahlzerfalls	s
T_{PWM}	Periodendauer der Pulsweitenmodulation	s
u	axiale Geschwindigkeitskomponente	m/s
U	Geschwindigkeit	m/s
U_c	charakteristische Düsengeschwindigkeit	m/s
U_{kontr}	Spitzenkontraktionsgeschwindigkeit	m/s
V	Tropfenvolumen	m^3
V_{max}	maximales Tropfenvolumen	m^3
$\dot{V}$	Volumenstrom	m^3/s
$\dot{V}_G$	gesamter Düsenvolumenstrom	m^3/s
$\dot{V}_R$	Rückflussvolumenstrom bei deaktivierter Zerstäubung	m^3/s
$\dot{V}_{RS}$	Rückflussvolumenstrom bei aktivierter Zerstäubung	m^3/s
$\dot{V}_S$	Sprayvolumenstrom	m^3/s
$\overline{\dot{V}}_S$	mittlerer Sprayvolumenstrom	m^3/s
We	Weberzahl (definiert mit Düsendurchmesser und Flüssigkeitseigenschaften)	-
We_c	charakteristische Weberzahl	-
We_{krit}	kritische Weberzahl für Strahlablösung am Prallelement	-
y	Höhenkoordinate der Tropfenkontur	m

y_S	Tropfenhöhe	m
z	axiale Koordinate der Strahlkontur	m
z_0	Startposition des unteren Strahlabschnitts	m
z_g^*	dimensionslose axiale Koordinate $= 2z/(a\mathrm{Re}_g)$	-
z_{Sp}^*	dimensionslose Sprungantwort	-
Z	Zerfallslänge eines Flüssigkeitsstrahles	m

Griechische Formelzeichen

Symbol	Definition	Einheit
α	Amplitude der Oberflächenstörung des Strahles	m
δ	Abklingkonstante	1/s
ε	dimensionslose Anfangsstörung bei kontrolliertem Strahlzerfall	-
ε_∞	Anfangsstörung für nichtverschmelzende Satellitentropfen	-
ζ	dimensionslose Amplitude der Oberflächenstörung des Strahles	-
η	dynamische Viskosität der Flüssigkeit	Pa s
η_g	dynamische Viskosität des ambienten Mediums	Pa s
θ_D	Kontaktwinkel zwischen Tropfen und Düse	rad
κ	Wellenzahl	1/m
λ	Wellenlänge	m
ξ	Parameter des Grenzschichtmodells aus [25]	-
ρ	Dichte der Flüssigkeit	kg/m^3
ρ_g	Dichte des ambienten Mediums	kg/m^3
$\Delta\rho$	Dichteunterschied	kg/m^3
σ	Oberflächenspannung	N/m
τ	Impulsdauer der Zerstäubung	s
τ	Schubspannung	Pa
τ_{Sig}	Pulsdauer des PWM-Signals	s
τ_w	Wandschubspannung	Pa
Φ	Harkins-Brown-Korrekturfaktor, definiert nach [91]	-
ψ	Koeffizient des modifizierten Strahlzerfallsmodells	-
ω	Kreisfrequenz oder Wachstumsrate der Störwellen	1/s
ω_0	Eigenkreisfrequenz	1/s

$\omega_{We=0}$	maximale Wachstumsrate für We = 0 (bei k_{opt})	1/s
ω_{max}	maximale Wachstumsrate (bei k_{opt})	1/s

Indizes

Index	**Definition**
d	Kennzahl definiert mit Tropfendurchmesser
g	Kennzahl definiert mit ambienten Gaseigenschaften
I	Imaginärteil
R	Realteil
*	dimensionslose Notation

1 Einleitung

1.1 Anwendungsbereiche der Zerstäubungstechnik

Das Zerstäuben von Flüssigkeiten in feine Sprays ist ein weit verbreiteter Prozess in vielen Anwendungsbereichen. Ein sehr wichtiges Anwendungsfeld ist die Verbrennungstechnik. Nahezu alle flüssigen Brennstoffe werden vor der Verbrennung zerstäubt, um die Oberfläche des Brennstoffes zu erhöhen, was eine ausreichend schnelle Verdampfung und damit schnelle Reaktion mit Sauerstoff ermöglicht. Dies erfolgt beispielsweise in Verbrennungsmotoren mit Otto- oder Dieselbrennstoff oder in Haushaltsbrennern mit Heizöl. Die Qualität der Verbrennung, die durch die Abgaszusammensetzung charakterisiert werden kann, hängt direkt von den Sprayeigenschaften, wie z.B. den Tröpfchengrößen, ab.

In der Beschichtungstechnik werden Sprays ebenfalls sehr häufig eingesetzt. Hierbei deponieren die einzelnen Tropfen auf einem Substrat, um einen dünnen, geschlossenen Flüssigkeitsfilm zu erzeugen. Bei den verwendeten Medien handelt es sich sowohl um Dispersionen als auch um reaktive Materialien. Bei Dispersionen, wie z.B. Farben und Lacken, verdampft das Lösungsmittel nach dem Beschichten durch einen Trocknungsprozess und eine feste Oberfläche entsteht. Reaktive Materialien, wie z.B. UV-Lack, können nach dem Beschichtungsprozess durch eine geeignete Bestrahlung ausgehärtet werden. Damit beim Beschichtungs- bzw. Lackierprozess ein geschlossener Film mit konstanter Dicke gebildet werden kann, muss das Spray ausreichend fein und gleichmäßig verteilt sein.

Ein weiteres Anwendungsfeld ist die Verfahrenstechnik und dabei insbesondere die Sprühtrocknung. Bei diesem Prozess wird zunächst eine Suspension zerstäubt. Anschließend verdampft die flüssige Phase der Suspension in den Tröpfchen, was eine Trocknung des Sprays bewirkt. Die so entstehenden festen Partikel lassen sich als Pulver auffangen. Durch eine ausreichend lange Verweilzeit der Tropfen in der umgebenden Gasphase im sog. Trockenturm wird sichergestellt, dass beim Auftreffen der Partikel im Auffangbehälter diese oder deren äußere Hülle bereits in den festen Aggregatzustand übergegangen sind. Ein ähnlicher Prozess ist die Sprühkristallisation von Schmelzen. Hierbei werden Feststoffe aufgeschmolzen und anschließend zersprüht. Durch einen nachgelagerten Abkühlprozess im Kühlturm erfolgt die Überführung des Sprays in ein Pulver. Bei der Sprühtrocknung und bei der Sprühkristallisation bestimmt die Tropfengrößenverteilung des Sprays maßgeblich die Korngrößenverteilung des Endproduktes. Zur Herstellung eines Pulvers mit einem bestimmten Verteilungsspektrum ist somit die Abstimmung des Zerstäubungsprozesses erforderlich.

Weitere Anwendungen der Zerstäubungstechnik sind die Sprühkühlung von heißen Oberflächen, die Reinigung von verschmutzten Oberflächen, die Luftbefeuchtung, die Erzeugung von Sprays für medizinische Zwecke (z.B. zur Inhalation) oder das Ausbringen von Dünge- und Pflanzenschutzmitteln in der Agrarwirtschaft.

1.2 Arten von Zerstäubern

Der Begriff des Zerstäubens beschreibt die Zerteilung eines Flüssigkeitsvolumens in Tropfen. Das Produkt dieses Vorgangs ist eine Tropfenmenge in einer gasförmigen Umgebung. Im Allgemeinen werden derartige Stoffgemische als Nebel bezeichnet. Die Bezeichnung „Zerstäuben" ist somit genau genommen falsch, da das Produkt dieses Prozesses kein Staub (feste Partikel in gasförmiger Umgebung) ist. Da die Termini „Zerstäuben" bzw. „Zerstäubungstechnik" dennoch üblich sind, werden sie auch im Rahmen der vorliegenden Arbeit verwendet. Ein synonymer Begriff ist „Zersprühen". Für den entstehenden Nebel sind auch die Bezeichnungen „Spray" oder „Sprüh" üblich.

Um den Anforderungen der verschiedenen Anwendungsbereiche gerecht zu werden, sind unterschiedliche Zerstäubungsmechanismen und damit auch verschiedene Spraydüsen erforderlich.

Der einfachste Spraymechanismus ist der Zerfall von Flüssigkeitsstrahlen, die durch hohe Betriebsdrücke an Rundlochdüsen erzeugt werden. Bei geringen Geschwindigkeiten erfolgt der Zerfall der Strahlen durch Abschnüren von Tropfen infolge von Oberflächenspannungskräften. Die entstehenden Tropfendurchmesser sind dabei größer als der Strahldurchmesser. Durch eine Erhöhung des Druckes und damit der Geschwindigkeit erfolgt der Zerfall auch durch die Interaktion mit der umgebenden Gasphase. Die entstehenden Tropfengrößen sind dann kleiner als der Strahldurchmesser. Dieser Zerfall kann durch die Ausbildung eines turbulenten Geschwindigkeitsprofils im Strahl oder Kavitation innerhalb der Düse unterstützt werden. Injektoren für Verbrennungsmotoren arbeiten üblicherweise nach diesem Prinzip. Um dabei kleine Tropfen zu erhalten, sind verhältnismäßig hohe Drücke und damit hohe Volumenströme erforderlich. Feine Tröpfchen bei kleinen Flüssigkeitsdurchsätzen sind nicht möglich.

Ein weiterer Mechanismus zur Sprayherstellung ist der Zerfall einer Flüssigkeitsschicht bzw. -lamelle in Tropfen. Die Erzeugung der Lamelle kann auf verschiedene Arten erfolgen. So kann z.B. eine Düse mit einem schlitzförmigen, flachen Austritt genutzt werden. Solche Zerstäuber werden Flachstrahldüsen genannt und finden beispielsweise in der Lackiertechnik Anwendung. Weitere lamellenbildende Düsen sind die Hohlkegel- und die Doppelstrahldüse. Bei der Hohlkegeldüse wird durch eine tangentiale Strömung innerhalb der Düse eine Zentrifugalkraft auf die austretende Strömung ausgeübt. Diese führt zur Bildung einer kegelförmigen Lamelle am Düsenaustritt. Die Doppelstrahldüse besteht aus zwei Einzeldüsen, die aufeinander ausgerichtet sind. Die beiden austretenden Strahlen bilden nach deren Kollision eine flache, kardiodidförmige Lamelle. Die notwendigen Drücke für feine Sprays sind für Hohlkegel- und Doppelstrahldüsen im Vergleich zur Einzellochdüse gering. Hohlkegeldüsen werden u.a. bei der Sprühtrocknung oder zur Verbrennung von Heizöl in Haushaltsbrennern eingesetzt.

Bei den beiden oben genannten Mechanismen zur Sprayerzeugung wird die zur Zerstäubung notwendige Energie durch das zu zerstäubende Medium selbst transportiert. Derartige Düsen werden als Einstoff-, Simplex- oder Druckdüsen bezeichnet.

Wird die zur Zerstäubung notwendige Energie durch die umgebende Gasphase eingebracht, so handelt es sich um Zweistoffzerstäuber. Sehr häufig wird ein Druckluftstrom als zerstäubende Gasphase eingesetzt. Einige Anwendungen erfordern jedoch den Einsatz von Inertgas, wie z.B. Stickstoff. Die Zweistoffspraygenerierung führt zu verhältnismäßig kleinen Tröpfchendurchmessern. Allerdings ist sie durch den zusätzlichen Gasstrom sehr kostenintensiv. Beispielhafte Anwendungen sind die Lackiertechnik für den High-End-Bereich (z.B. in der Automobilindustrie) und die Sprühkristallisation von hochviskosen Medien.

Es gibt noch weitere diverse Sonderzerstäuber, wie z.B. Rotationszerstäuber, Ultraschallzerstäuber oder die Zerstäubung durch elektrische Aufladung.

Zusammenfassungen über die Zerstäubungsarten und deren technische Umsetzung können z.B. Lefebvre [94], Walzel [180], Fritsching [65] oder Wozniak [191] entnommen werden.

1.3 Ziel dieser Arbeit

Das Ziel von Zerstäubungsprozessen ist oftmals die Produktion von besonders kleinen Tröpfchen, um eine möglichst hohe Gesamtoberfläche des Sprays zu erhalten. Dies dient beispielsweise einem raschen Ablauf von chemischen oder physikalischen Prozessen. Zur Erhöhung der Oberfläche einer Flüssigkeit um ΔS ist die Verrichtung der Arbeit W_σ erforderlich, denn es muss die Oberflächenspannung σ überwunden werden. Es gilt:

$$W_\sigma = \sigma \Delta S \tag{1.1}$$

Wenn zum Zersprühen Einstoffzerstäuber verwendet werden, ist die zur Verfügung stehende Energie lediglich die kinetische Energie der Flüssigkeitsströmung in der Düse. Je höher der Betrag der Bewegungsenergie ist, desto größer ist auch der Oberflächenzuwachs durch die Zerstäubung und desto kleiner sind die entstehenden Tröpfchen. Die kinetische Energie pro Volumeneinheit $E_{\mathrm{kin}} = \rho U^2/2$ hängt, wie der Volumenstrom $\dot{V} = UA$, von der Düsengeschwindigkeit U ab. Mit sinkendem Volumenstrom steht dem Zerstäubungsprozess somit weniger kinetische Energie zur Verfügung und die Größe der entstehenden Tröpfchen steigt. Diese einfachen qualitativen Überlegungen machen deutlich, dass die Zerstäubung durch Einstoffzerstäuber in feine Tröpfchen nicht bei beliebig kleinen Durchsätzen möglich ist. Eine Reduktion des Düsendurchmessers würde zwar zu einer Reduktion der Tröpfchengrößen bei gleichzeitig sinkendem Volumenstrom führen, dies stellt allerdings keine Alternative dar. Die Beeinträchtigung der Prozessstabilität durch die steigende Verstopfungsgefahr infolge des kleinen Düsendurchmessers wäre dann zu stark.

Das Ziel dieser Arbeit bestand in der Entwicklung eines Einstoffzerstäubersystems, welches in der Lage ist, bei sehr kleinen Volumenströmen sehr feine Tröpfchen zu erzeugen. Ein derartiges Zerstäubersystem ist aktuell am Markt nicht verfügbar. Zusätzlich sollte der Volumenstrom modulierbar sein, ohne dass große Abstriche an die Zerstäubungsqualität (im Sinne von feinen Tröpfchen) gemacht werden müssen. Das Ziel war ein Volumenstrommodulationsbereich von 1:25 bei einem maximalen Volumenstrom, welcher für Heizöl einer thermischen Leistung von 7,5 kW entspricht. Damit sollten auch kleinste thermische Leistungen von 300 W ermöglicht werden.

Der dazu zur Anwendung gebrachte Zerstäubungsmechanismus ist die Zerteilung von Tropfen beim Aufprall auf feste Körper. Dieser Mechanismus ist bekannt und wurde bereits von vielen Autoren für unterschiedlichste Applikationen im Detail untersucht. Der innovative Ansatz des untersuchten und entwickelten Zerstäubungsverfahrens ist das wahlweise Erzeugen einer Tropfenkette oder eines laminaren Strahles. Dabei führt die Tropfenkette beim Aufprall auf einen festen Körper zur gewünschten Zerstäubung, wohingegen der laminare Strahl beim Auftreffen nicht zerspritzt. Periodisches Umschalten zwischen diesen beiden Zuständen bewirkt einen wechselnden Betrieb von aktivierter und deaktivierter Spraygenerierung. Die Spraymenge kann dabei durch die Variation des zeitlichen Verhältnisses aus aktivierter und deaktivierter Zerstäubung reguliert werden. Dieses Prinzip wird vorliegend als modulierende Tropfenprallzerstäubung bezeichnet. Es wurde im Rahmen dieser Dissertation erfunden und patentiert [57].

Im folgenden Kapitel wird der Stand der Technik bzgl. der Zerstäubung mittels Einstoffdüsen bei kleinen Durchsätzen beleuchtet und es werden die Funktionsweise sowie der Betriebsbereich des neuartigen Tropfenprallzerstäubers erklärt. Die durch den Zerstäuber zur Anwendung gebrachten strömungsmechanischen Phänomene werden dabei kurz angerissen. Detailliertere Betrachtungen der einzelnen Vorgänge sind in den darauffolgenden Kapiteln enthalten.

Ein essentieller Teil der entwickelten Zerstäubungsmethode ist ein je nach Betriebszustand zerfallender oder nicht zerfallender Strahl. Dementsprechend war am Anfang der durchgeführten Untersuchungen zunächst ein umfassendes Studium über die Ausbildung und die Stabilität von Flüssigkeitsstrahlen notwendig. Die dabei erhaltenen Ergebnisse sind in den Kapiteln 3 und 4 dokumentiert. Es wurden zunächst die statische und die dynamische Tropfenbildung an Rundlochdüsen als Teil der Strahlausbildung und anschließend der natürliche Zerfall von Flüssigkeitsstrahlen behandelt. Eine Erweiterung der existierenden Theorie zum Strahlzerfall wird ausführlich beschrieben.

Der angeregte bzw. kontrollierte Zerfall von Flüssigkeitsstrahlen wird in Kapitel 5 untersucht. Es erfolgte zunächst die Entwicklung eines geeigneten Mess- und Bewertungsverfahrens. Anschließend war es möglich, durch experimentelle Untersuchungen geeignete Arbeitsbereiche und Parameter für den Betrieb des modulierenden Tropfenprallzerstäubers zu bestimmen. Experimente zu kurzzeitig angeregten Strahlen als essentieller Bestandteil des modulierenden Tropfenprallzerstäubers werden ebenfalls dargelegt.

In Kapitel 6 erfolgt die Dokumentation von Arbeiten zur Zerstäubung durch Tropfenprall und zu Prallstrahlströmungen. Hierin wird anhand von Messungen der zerstäubten Spraymenge im gepulsten Betrieb die Grundidee des modulierenden Tropfenprallzerstäubers verifiziert. Außerdem erfolgt die Beschreibung von Messergebnissen zu den relevanten Sprayeigenschaften wie den Tropfengrößenverteilungen und Volumenstromverhältnissen in Abhängigkeit der Prozessparameter.

Die Überführung des innovativen Ansatzes und der ermittelten Forschungsergebnisse in ein Zerstäubersystem ist in Kapitel 7 dokumentiert. Im Rahmen eines Kooperationsprojektes wurde am Karlsruher Institut für Technologie ein Niederenergiebrenner auf Basis eines modulierenden Tropfenprallzerstäubers aufgebaut. Die damit bei Verbrennungsversuchen erzielten Resultate werden aufgeführt.

Am Ende der Dissertation erfolgt die Zusammenfassung der erhaltenen Ergebnisse. Dabei wird auch auf offene Punkte eingegangen, die als Grundlage zukünftiger Arbeiten dienen können.

2 Der neuartige Tropfenprallzerstäuber

2.1 Stand der Technik

Charakterisierung von Sprays

Um verschiedene Zerstäubungssysteme bzw. Düsen miteinander vergleichen zu können, müssen die erreichten Sprayeigenschaften konkret benannt und quantifiziert werden. Mögliche Sprayeigenschaften sind die Ausbreitungsrichtung des Sprays im Raum bzw. die Spraywinkel, die Massenverteilungen in einer bestimmten Ebene oder die Tropfengeschwindigkeiten und -größen.

Oftmals werden Düsen nach der Größe der produzierten Tröpfchen beurteilt, da diese eine große Bedeutung z.B. für den Ablauf von chemischen Reaktionen zwischen dem flüssigen Medium und der umgebenden Gasphase haben. Da Zerstäubungsprozesse zumeist stochastische Vorgänge sind, erzeugen fast alle Spraysysteme eine polydisperse Tropfenverteilung, d.h. die hergestellten Tröpfchen weisen unterschiedliche Größen auf. Dementsprechend müssen Sprays mit mathematischen Methoden der Statistik charakterisiert werden. So kann ein aus vielen Tröpfchen bestehender Sprühnebel durch eine Wahrscheinlichkeitsverteilung für die Tropfengrößen beschrieben werden.

Sprayverteilungen liegen meistens in diskreter Form vor (z.B. bei Messergebnissen) und werden als Histogramme veranschaulicht. Im einfachsten Fall kann die Anzahl N_i der Tropfen innerhalb der mit dem Index i gekennzeichneten Durchmesserintervalle $[d_i - 0{,}5\Delta d_i; d_i + 0{,}5\Delta d_i]$ dargestellt werden. Dabei werden sphärische Tropfenformen vorausgesetzt. Zur besseren Vergleichbarkeit verschiedener Messdaten empfiehlt es sich, die Anzahlen N_i mit den jeweiligen Intervallbreiten Δd_i und der Gesamtzahl N an Tropfen zu normieren. Es ergibt sich dann die Wahrscheinlichkeitsdichtefunktion, welche eine Fläche mit dem Inhalt 1 mit der Abszisse einschließt. Eine weitere häufig verwendete Darstellungsmöglichkeit basiert auf dem Volumen der Durchmesserintervalle. Für jedes Intervall i erfolgt dazu die Berechnung des Volumens über $Q_i = N_i d_i^3 \pi/6$. Auch hier wird zur Vergleichbarkeit verschiedener Verteilungen mit der Intervallbreite und dem Gesamtsprayvolumen $Q = \sum Q_i$ normiert.

Zur Charakterisierung von Sprayverteilungen existieren eine Reihe von repräsentativen Durchmessern. Der Simpelste ist der mittlere lineare Tropfendurchmesser d_{10}. Dieser ist das arithmetische Mittel aller Tropfendurchmesser:

$$d_{10} = \frac{\sum N_i d_i}{N} \tag{2.1}$$

Bei Sprays, die für chemische Reaktionen oder für Verdampfungsprozesse hergestellt werden, kommt sehr häufig der Sauterdurchmesser d_{32} zur Bewertung der Verteilung zum Einsatz. Er ist definiert als ein Vergleichsdurchmesser eines einzelnen Tropfens, der das gleiche Verhältnis von Volumen zu Oberfläche hat wie das gesamte Spray. In mathematischer Form bedeutet dies:

$$\frac{\frac{\pi}{6} d_{32}^3}{\pi d_{32}^2} = \frac{\sum N_i \frac{\pi}{6} d_i^3}{\sum N_i \pi d_i^2} \tag{2.2}$$

Für den Sauterdurchmesser folgt somit:

$$d_{32} = \frac{\sum N_i d_i^3}{\sum N_i d_i^2} \tag{2.3}$$

Mugele & Evans [117] führten eine allgemeine Formel zur Berechnung eines beliebigen mittleren Durchmessers ein:

$$d_{qp}^{q-p} = \frac{\sum N_i d_i^q}{\sum N_i d_i^p} \tag{2.4}$$

Durch die Wahl der Indizes wird die Art des Durchmessers bestimmt. So führt beispielsweise die Wahl von $p = 2$ und $q = 3$ auf den Sauterdurchmesser d_{32}.

Da in die Berechnung von mittleren Durchmessern die Gesamtbreite der Verteilung nicht eingeht, werden oftmals weitere repräsentative Durchmesser herangezogen. Diese grenzen ab, wie viel Volumenprozent unterhalb eines Grenzdurchmessers liegen. So gibt der Durchmesser $d_{v,0.1}$ an, dass 10% des Sprays durch Tröpfchen mit einem kleineren Durchmesser gebildet werden. Die weiteren häufig verwendeten Grenzdurchmesser $d_{v,0.5}$ und $d_{v,0.9}$ sind analog zu $d_{v,0.1}$ definiert. Die Notation entspricht in diesem Fall nicht der von Mugele & Evans [117], da es sich hier nicht um gemittelte Vergleichsdurchmesser handelt. Zur Kennzeichnung wird den Indizes „v," vorangestellt.

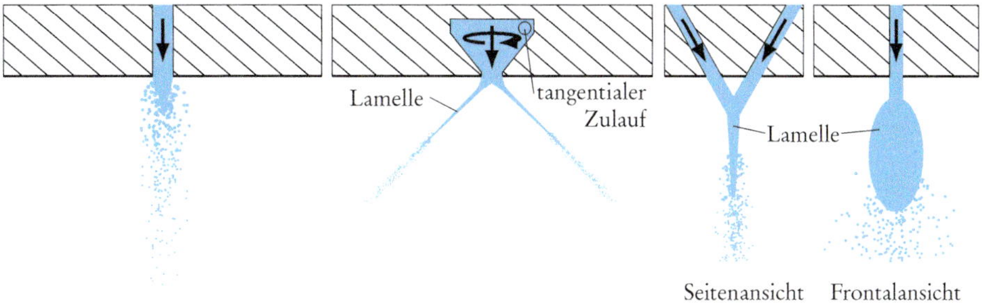

(a) Einzelstrahldüse (b) Hohlkegeldüse (c) Doppelstrahldüse

Abbildung 2.1: Prinzipskizzen verschiedener Einstoffzerstäuber.

Zur Charakterisierung der Breite einer Tröpfchengrößenverteilung kann auch der relative Spanfaktor RSF herangezogen werden. Dieser ist folgendermaßen definiert:

$$\mathrm{RSF} = \frac{d_{\mathrm{v},0.9} - d_{\mathrm{v},0.1}}{d_{\mathrm{v},0.5}} \tag{2.5}$$

Die empirische Standardabweichung $\mathrm{SD_d}$ nach VDI 3491 [176] ist ebenfalls ein Maß für die Breite einer Tröpfchengrößenverteilung:

$$\mathrm{SD_d} = \sqrt{\frac{1}{N} \sum N_\mathrm{i} [d_\mathrm{i} - d_{10}]^2} \tag{2.6}$$

Je größer die Werte der Standardabweichung oder des Spanfaktors sind, desto breiter ist die Tropfengrößenverteilung des betreffenden Sprays.

Relevante Einstoffdüsen

Die im Rahmen dieser Arbeit entwickelte Zerstäubungsmethode ermöglicht den Bau eines Einstoffzerstäubers für kleine Massenströme. Herkömmliche auf dem Markt verfügbare Einstoff- bzw. Simplexdüsen wurden in Abschnitt 1.2 bereits erwähnt. An dieser Stelle werden die Eigenschaften der wichtigsten Simplexdüsen insbesondere bei kleinen Durchsätzen beleuchtet, denn dies ist der beabsichtigte Einsatzbereich des neuartigen Tropfenprallzerstäubers.

Die einfachste Einstoffdüse ist die Einzelstrahldüse (siehe Abbildung 2.1a). Sie führt erst bei sehr hohen Drücken zu einem feinen Nebel. Durch Kavitation oder eine besondere Düseninnengeometrie können Turbulenz und damit der Strahlaufbruch begünstigt werden. Ein sehr wichtiges Einsatzgebiet dieser Düsenart ist die Einspritzung von Otto- oder Dieselbrennstoff in Verbrennungsmotoren.

Bei der Hohlkegeldüse (siehe Abbildung 2.1b) wird innerhalb der Düse eine drallbehaftete Strömung erzeugt. Die mit dem Drall einhergehende tangentiale Geschwindigkeitskomponente führt außerhalb der Düse zur Bildung einer hohlen, kegelförmigen Flüssigkeitsschicht bzw. -lamelle. Der Zerfall dieser Lamelle in Ligamente und schlussendlich in Tropfen führt zum Sprühnebel. Hohlkegeldüsen haben bereits bei geringen Drücken vergleichsweise gute Sprayeigenschaften, d.h. sie erzeugen insbesondere im Vergleich zu Einzelstrahldüsen kleine Tröpfchen. Einsatzgebiete von Hohlkegeldüsen sind beispielsweise die Brennstoffaufbereitung in Haushaltsbrennern, die chemische Verfahrenstechnik oder die Luftbefeuchtung.

Bei der Doppelstrahlspraytechnik (siehe Abbildung 2.1c) werden in einem Düsenkörper zwei Düsenbohrungen so aufeinander ausgerichtet, dass sich die Strahlen außerhalb der Düse treffen. Nach der Kollision der beiden Strahlen bildet sich in der Ebene senkrecht zur Strahlenebene eine flache, kardiodidförmige Flüssigkeitslamelle aus. Wie auch bei der Hohlkegeldüse zerfällt diese Lamelle über Ligamente in Tropfen. Doppelstrahldüsen können z.B. für die motorische Brennstoffeinspritzung, die Abgasnachbehandlung zur Stickoxidreduktion durch die Einspritzung von wässrigen Harnstofflösungen oder für die Beschichtung von flächigen Substraten verwendet werden.

Die Zahl der verfügbaren Einstoffdüsen ist selbstverständlich größer als die drei genannten Typen. So gibt es beispielsweise Vollkegel- und Fächerdüsen. Diese Düsen sind nach der Form des produzierten Sprays benannt, erzeugen also kegelförmige oder flache Sprühnebel. Nach Walzel [179] sind die produzierten Tröpfchen bei Vollkegel- und Fächerdüsen allerdings verhältnismäßig groß, weshalb diese vorliegend nicht weiter betrachtet werden. Die Einzelstrahldüse erzeugt bei kleinen Drücken zwar ebenfalls große Tropfen, sie wird in der vorliegenden Arbeit wegen ihres einfachen Aufbaus sowie ihrer weiten Verbreitung und hohen Bekanntheit dennoch betrachtet.

In der Literatur sind eine Reihe von Korrelationen für die erzeugbaren Sauterdurchmesser in Abhängigkeit von Druck und relevanten Düsenparametern für die genannten Einstoffdüsen verfügbar. Tabelle 2.1 zeigt eine Auswahl für Einzelstrahl-, Hohlkegel- und Doppelstrahldüsen. In der Korrelation für Hohlkegeldüsen von Richter & Walzel [145] bezeichnet χ die sog. Lamellenzahl. Die Gleichung für Doppelstrahlsprays von Han et al. [75], die in ihrer originalen Form für den Hochdruckbereich entwickelt wurde, enthält einen Lamellendickenparameter K. Dieser hängt über $K = D^2 \sin^3\theta/[4-4\cos\theta]^2$ u.a. vom halben Kollisionswinkel θ der Strahlen ab. In der originalen Korrelation von Han et al. [75] steht anstelle der Konstanten 11 ein Wert von 2,32. Die Änderung dieser Konstanten war notwendig, um Versuchsergebnisse für den Niederdruckbereich

Tabelle 2.1: Korrelationen für den Sauterdurchmesser verschiedener Zerstäuber.

Düse	Korrelation	Autor(en)
Einzelstrahl~	$d_{32} = 3{,}08 \left[\frac{\eta}{\rho}\right]^{0{,}385} [\sigma\rho]^{0{,}737} \rho_g^{0{,}06} \Delta p^{-0{,}54}$	Elkotb [55]
	$d_{32} = 3330\, D^{0{,}3} \eta^{0{,}07} \rho^{-0{,}648} \sigma^{-0{,}15} U^{-0{,}55} \eta_g^{0{,}78} \rho_g^{-0{,}052}$	Harmon [77]
Hohlkegel~	$d_{32} = 2{,}25\, \sigma^{0{,}25} \eta^{0{,}25} \dot{m}^{0{,}25} \Delta p^{-0{,}5} \rho_g^{-0{,}25}$	Lefebvre [93]
	$d_{32} = D\, 1{,}6\, \mathrm{We}^{-1/3} \chi^{0{,}4} [1 + 5\mathrm{Oh}]^{1{,}2}$	Richter & Walzel [145]
Doppelstrahl~	$d_{32} = 11\, \mathrm{Oh}^{-0{,}97} \mathrm{Re}^{-1{,}07} \frac{K}{D^2} [1 + 3\mathrm{Oh}]^{\frac{1}{6}}$	Han et al. [75]

anzunähern. In Abbildung 6.20 des Abschnitts 6.3.5 sind Messwerte gemeinsam mit der Korrelation aus Tabelle 2.1 für Doppelstrahlsprays dargestellt. Es ist eine gute Übereinstimmung zu erkennen, was die Änderung der Konstanten von 2,32 auf 11 rechtfertigt.

In Tabelle 2.1 ist zu erkennen, dass in alle drei aufgeführten Gleichungen entweder der Druck Δp, die Geschwindigkeit U, die Reynolds- oder die Weberzahl im Nenner eingehen. Diese Korrelationen zeigen somit, dass die Tropfengrößen mit sinkendem Druck bzw. sinkender Geschwindigkeit steigen (wegen $\mathrm{Re} \sim \sqrt{\Delta p}$ und $\mathrm{We} \sim \Delta p$).

Für die genannten Düsenarten existieren auch Angaben über die unteren Massenstromgrenzen des Betriebsbereiches, siehe Tabelle 2.2. Für den Einzelstrahlinjektor kann als untere Grenze der Punkt angenommen werden, an dem die Zerstäubung gerade noch am Düsenaustritt stattfindet und die Strahlaufbruchlänge Null beträgt. Mit Angaben von Borman & Ragland [17] haben die Autoren Sazhin et al. [154] eine allgemeine Gleichung für diese Bedingung ermittelt. Ein weiteres derartiges Kriterium wurde von Reitz [143] aus Angaben von Littaye [106] formuliert. Auf letztgenanntes Kriterium wird in Abschnitt 4.1 gesondert eingegangen. Die untere Grenze für die Sprayerzeugung durch Hohlkegeldüsen stellt die sog. Tulpenbildung dar. Dabei kommt es durch zu niedrigen Massendurchfluss zu einem Einschnüren der kegelförmigen Flüssigkeitslamelle vor deren Zerfall. Da Doppelstrahldüsen ebenfalls Lamellen bilden, kann als unteres Zerstäubungskriterium auch hier das Ausbleiben der Zerteilung der Lamelle angenommen werden.

Tabelle 2.2: Untere Durchflussgrenzen verschiedener Zerstäuber.

Düse	Kriterium	Autor(en)
Einzelstrahl~	$\lg \mathrm{Oh} = 3 - 1{,}2 \lg \mathrm{Re}$	Borman & Ragland [17] Sazhin et al. [154]
	$\mathrm{We_g} = 80{,}6$ (keine Zerstäubung am Düsenaustritt)	Reitz [143] Littaye [106]
Hohlkegel~	$\mathrm{We} = 1700$ (Tulpenbildung)	Walzel [179]
Doppelstrahl~	$\mathrm{We} = B_2 \frac{[1-\cos\theta]^2}{\sin^5\theta}$; $\theta = 20° \Rightarrow \mathrm{We} = 1660$ (kein Zerfall der Lamelle)	Han [74]

Zerstäubungseigenschaften von Einstoffdüsen bei niedrigen Durchsätzen

Um die Zerstäubungseigenschaften der genannten Düsen bei kleinen Durchsätzen zu veranschaulichen, ist in Abbildung 2.2 der Sauterdurchmesser in Abhängigkeit von Volumenstrom $\dot{V}$ und Leistung $\mathscr{P}$ für die drei genannten Düsentypen aufgetragen. Um einen direkten Bezug zu einer Anwendung herzustellen, sind die Daten dimensionsbehaftet für ein konkretes Beispiel dargestellt. Auf der oberen Abszisse ist die dem Volumenstrom entsprechende Brennerleistung für den Brennstoff Heizöl EL (extra leicht) aufgetragen (Stoffdaten siehe Tabelle 2.3). Die Leistung $\mathscr{P}$ eines Brenners ist direkt proportional zum Massen- oder Volumenstrom des im Brenner reagierenden Brennstoffes:

$$\mathscr{P} = H_S \dot{m} = H_S \rho \dot{V} \tag{2.7}$$

Die Berechnung der Tropfengrößen erfolgte mittels der Korrelationen aus Tabelle 2.1 und der Grenzkriterien aus Tabelle 2.2. Es wurde von einem Düsendurchmesser $D = 100\,\mu\mathrm{m}$ ausgegangen, denn dies ist der kleinste praktisch sinnvolle Düsendurchmesser. Bei einer noch kleineren Düsenöffnung wäre die Verstopfungsempfindlichkeit zu groß. Für die Doppelstrahldüse wurde zur Berechnung des Lamellendickenparameters K ein halber Strahlwinkel von $\theta = 20°$ angenommen. Zur Berechnung des Sauterdurchmessers und des Volumenstroms der Hohlkegeldüse war der Ausflusskoeffizient c_D erforderlich, welcher anhand

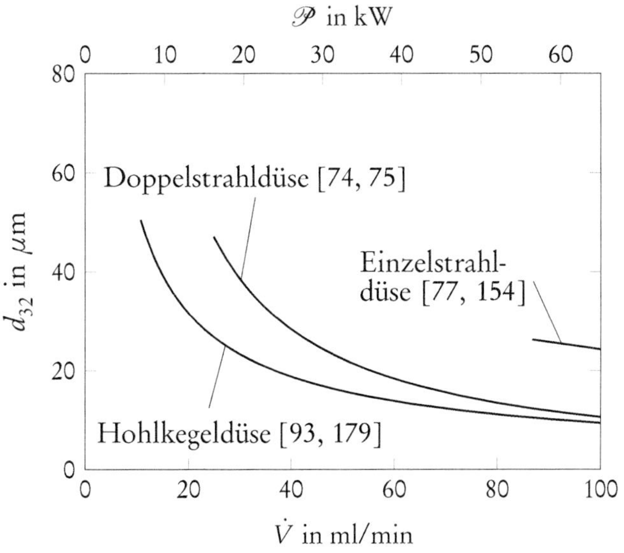

Abbildung 2.2: Sauterdurchmesser in Abhängigkeit vom Durchsatz und äquivalenter Brennerleistung für verschiedene Zerstäuber; $D = 100$ µm; Heizöl EL.

Tabelle 2.3: Relevante Stoffdaten von Heizöl EL (extra leicht).

Stoffeigenschaft	Symbol	Wert	Einheit	Quelle
Dichte bei 15 °C	ρ	860	kg/m^3	DIN 51603 [45]
kinematische Viskosität bei 20 °C	ν	6	mm^{2}s	DIN 51603 [45]
dynamische Viskosität bei 20 °C	η	5	mPas	DIN 51603 [45]
Brennwert	H_S	45,4	MJ/kg	DIN 51603 [45]
Heizwert	H_i	42,6	MJ/kg	DIN 51603 [45]
Oberflächenspannung bei 20 °C	σ	36,2	mN/m	Bayvel et al. [5]

von Druck-Volumenstrom-Kennwerten einer Düse von Schlick (Modell 121-123, Düsen-Schlick GmbH) zu $c_D = 0{,}85$ bestimmt wurde.

Das Diagramm der Abbildung 2.2 zeigt, dass die Einstoffdüse im Vergleich zu den anderen beiden Düsen den höchsten Mindestvolumenstrom benötigt und in ihrem Betriebsbereich die größten Tröpfchen produziert. Die Kurve der Doppelstrahldüse liegt in einem niedrigeren Tröpfchengrößenbereich. Am Grenzkriterium der Doppelstrahlzerstäubung bei 25 ml/min bzw. 16 kW produziert die Doppelstrahldüse verhältnismäßig große Tropfen. Die Hohlkegeldüse weist in ihrem gesamten Betriebsbereich den niedrigsten Sauterdurchmesser auf. Die untere Grenze des Arbeitsbereiches liegt hier bei 11 ml/min bzw. 7 kW. Allerdings sind auch für die Hohlkegeldüse bei kleinen Volumenströmen die Tropfen verhältnismäßig groß.

Das Diagramm veranschaulicht anhand eines konkreten Beispiels, dass es eine untere Massenstromgrenze für die Aufbereitung von Brennstoff durch Einstoffdüsen gibt. Für die gewählten Parameter liegt diese Grenze bei ca. 11 ml/min. Mit gewöhnlichen Einstoffdüsen ist es somit nicht möglich, Brenner für Leistungen kleiner als 7 kW (für Heizöl EL) zu bauen.

Hohlkegeldüsen mit vergrößertem Modulationsbereich

Für die Hohlkegeldüse existiert eine Reihe von Ansätzen, um deren Volumenstrommodulationsbereich zu erweitern. Eine diesbezügliche zusammenfassende Darstellung wurde beispielsweise von Lefebvre [94] verfasst.

Ein derartiger Ansatz ist der Duplex-Zerstäuber, der zwei tangentiale Flüssigkeitsanschlüsse in der Drallkammer besitzt. Für niedrige Durchflussraten wird ein Anschluss mit einem kleinen Querschnitt verwendet, bei hohen Volumenströmen wird ein zweiter größerer Zulauf zugeschaltet. Das Zuschalten des zweiten Zulaufs kann auch durch das Öffnen eines gefederten Ventils durch den Förderdruck erfolgen.

Ein weiteres Spraysystem für einen hohen Modulationsbereich ist ein Zerstäuber bestehend aus zwei konzentrisch ineinander verbauten Hohlkegeldüsen („dual orifice atomizer“). Dieser hat ebenfalls zwei Zuflüsse: einen für niedrigen und einen für hohen Volumenstrom. Im Gegensatz zum Duplex-Zerstäuber speist hier jeder Zufluss eine eigene Drallkammer. Durch Kombination dieser beiden Düsen ineinander kann ein großer Bereich an Fluiddurchsatz mit guten Zerstäubungseigenschaften erreicht werden.

Die beiden o.g. Düsen können zwar einen größeren Bereich mit weitestgehend gleichbleibenden Sprayeigenschaften abdecken als eine gewöhnliche Hohlkegeldüse, eine Reduktion des notwendigen Mindestmassenstromes ist aber nicht möglich. Dies konnte mit dem Rücklaufzerstäuber (geläufiger ist der englische Begriff: „spill-return atomizer“) realisiert werden. Der grundlegende Aufbau dieser Spraydüse wurde von Joyce [84] (1947) beschrieben. Es handelt sich dabei um eine Hohlkegeldüse mit einem Rücklauf aus der Drallkammer. Mit Hilfe eines Ventils kann die Durchflussmenge dieses Rücklaufs gesteuert werden. Bei geschlossenem Ventil arbeitet die Düse wie ein gewöhnlicher Hohlkegelzerstäuber. Wenn das Ventil geöffnet wird, fließt ein Teil des Massenstromes ab und der Spraymassenstrom wird somit verringert. Dabei bleibt der Druck konstant. Die der Zerstäubung zur Verfügung stehende kinetische Energie wird somit nicht verringert. Die Autoren Rizk & Lefebvre [146] und Jedelsky & Jicha [82] zeigten durch Messungen, dass der Sauterdurchmesser bei Änderung des Spraymassenstromes durch Variation des Rücklaufdurchsatzes verhältnismäßig konstant bleibt. Der Zweck des Rücklaufzerstäubers war zunächst lediglich die Ermöglichung der Durchsatzmodulation ohne eine Beeinflussung der Sprayeigenschaften (für Gasturbinen und Brenner). Eine Verringerung des Massenstromes auf einen kleinstmöglichen Wert stand nicht im Vordergrund der o.g. Untersuchungen. Dieser Ansatz wurde erstmalig von Nasr et al. [121] (2011) verfolgt. Die Autoren fertigten Spill-Return-Düsen an und führten Messungen zur Bestimmung der entsprechenden Sprayeigenschaften durch. Die Zielstellung dabei war, geringe Massenströme bei gleichzeitig feinen Sprays bereitzustellen. Dabei wurden Durchsätze kleiner 300 ml/min bereits als klein bezeichnet. Nasr et al. [121] gelang es, bei Volumenströmen von 70 ml/min, Sprays mit Sauterdurchmessern von $< 18\ \mu$m zu produzieren (Wasser, Förderdruck 120 bar, Düsendurchmesser $D = 200\ \mu$m). Im Vergleich mit den innerhalb der vorliegenden Arbeit als klein angesehenen Volumenströmen sind 70 ml/min allerdings sehr groß.

Die beschriebenen Modifikationen an Hohlkegeldüsen zielten im Wesentlichen darauf ab, den Durchsatzmodulationsbereich bei gleichzeitig brauchbaren Sprayeigenschaften zu erhöhen. Für den Bereich sehr kleiner Durchsätze (11,5 ml/min $\hat{=}$ 7,5 kW bei Heizöl EL) wurde bis heute, nach bestem Wissen des Autors, noch kein Zerstäuber entwickelt. Das Ziel der vorliegenden Arbeit bestand darin, ein Spraysystem für diesen Bereich zu entwickeln. Das dabei zur Anwendung gebrachte Funktionsprinzip ist im nächsten Abschnitt 2.2 beschrieben.

Ultraschallzerstäuber

In einer Betrachtung zu Einstoffzerstäubern für kleine Durchsätze muss auch auf Ultraschallzerstäuber eingegangen werden. Bei derartigen Spraysystemen wird ein dünner Flüssigkeitsfilm auf einer Platte gebildet und über Piezoaktoren in Schwingungen im Ultraschall-Frequenzbereich versetzt. An der Flüssigkeitsoberfläche bilden sich dadurch Kapillarwellen aus, die zum Abschnüren von Tropfen führen. Der Sprayvolumenstrom hängt dabei vom Flächeninhalt der schwingenden und mit Flüssigkeit benetzten Fläche ab. Die so erzeugten Sprays weisen laut Wozniak [191] typische mittlere Tropfendurchmesser d_{10} im Bereich von 20 bis 60 µm auf. So geben auch Dobre & Bolle [47] in ihrer experimentellen Studie mittlere Volumendurchmesser d_{30} zwischen 32 und 53 µm an. Die zugehörigen Sprayvolumenströme sind dabei mit 0,0025 ml/min allerdings sehr gering. Kommerziell verfügbare Ultraschallzerstäuber der Firma Lechler (Modelle US 1/2/10/20/50, Lechler GmbH) weisen laut Herstellerangabe häufigste Tropfendurchmesser zwischen 20 und 100 µm auf, wobei die typischen Volumenströme mit steigenden Tropfendurchmessern ebenfalls ansteigen. Dieser Zusammenhang zwischen Volumenstrom und Durchmesser der gebildeten Tropfen bei der Ultraschallzerstäubung konnte auch theoretisch durch Peskin & Raco [127] hergeleitet werden. Sehr kleine Tröpfchendurchmesser zeigen die Messergebnisse von Lang [92]. Er gibt bei der höchsten gemessenen Anregungsfrequenz von 800 kHz einen mittleren Anzahldurchmesser d_{10} von nur 4 µm an, allerdings bei einem sehr kleinen Volumenstrom von 0,6 ml/min.

Im Hinblick auf die vorliegende Problemstellung kann festgehalten werden, dass Ultraschallzerstäuber Sprays mit sehr kleinen Tröpfchendurchmessern erzeugen können. Die damit einhergehenden Sprayvolumenströme sind jedoch deutlich geringer als der beabsichtigte Betriebsbereich des entwickelten Zerstäubersystems.

Zusätzliche allgemeine Informationen zu Ultraschallzerstäubern können Lefebvre [94], Omer & Ashgriz [125] und Wozniak [191] entnommen werden.

2.2 Funktionsprinzip

Der grundlegende Aufbau des im Rahmen dieser Arbeit entwickelten Zerstäubers ist in Abbildung 2.3 skizziert. Das Spraysystem besteht aus einem Düsenhalter, in dem eine Einzelstrahldüse eingebaut ist. Die Düse wird durch ein geeignetes Fördersystem, wie z.B. eine Pumpe oder für Versuchszwecke einen Druckbehälter, mit der zu zersprühenden Flüssigkeit versorgt. Am Düsenhalter ist ein Piezoaktor befestigt, der von einer Steuerelektronik und einem Verstärker angetrieben wird. Die Piezokeramik ist als Lochscheibe ausgeführt und wird zur Kontaktierung zwischen zwei Messingplatten geklemmt. Gemeinsam mit den Halteplatten kann der Aktor so auf den Düsenkörper aufgeschraubt werden. Der Piezoaktor erlaubt ein Aufprägen von Schwingungen, die sich über den Düsenkörper auf den Flüssigkeitsstrahl übertragen und so zum Zerfall desselbigen führen. Gegenüber der Düse befindet sich im Abstand s ein Prallkörper bzw. -element, das koaxial zur Düsenöffnung ausgerichtet ist. Auf dem Prallelement findet die eigentliche Zerstäubung statt, indem die aufprallenden Tropfen zersprühen. Ein Teil des aus der Düse austretenden Massenstromes fließt als Rückfluss am Prallelement ab und kann über die Rückflussleitung, angetrieben durch die Schwerkraft, in den Flüssigkeitsvorratsbehälter zurückgeführt werden.

Für die Funktion des modulierenden Tropfenprallzerstäubers sind zwei Zustände erforderlich, die abwechselnd eingestellt werden. Der erste Zustand ist die Bildung eines laminaren Flüssigkeitsstrahles, welcher auf den Prallkörper trifft und keine Zerstäubung herbeiführt. Der gesamte Volumenstrom durch die

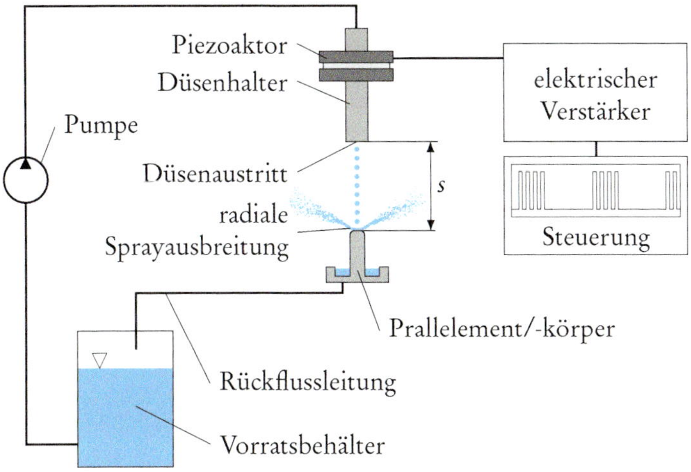

Abbildung 2.3: Schematische Darstellung des Aufbaus des modulierenden Tropfenprallzerstäubers.

Düse $\dot{V}_G$ wird als Rückfluss $\dot{V}_R$ zurückgeführt. Naturgemäß zerfällt ein Flüssigkeitsstrahl nach einer bestimmten Länge in Tropfen. Damit der Strahl vor diesem Zerfall auftrifft, muss der Prallkörper nah genug an der Düse positioniert werden. Nur so kann der Strahl auf der Oberfläche des Prallelements eine dünne geschlossene Flüssigkeitsschicht ausbilden, die bei geeigneter geometrischer Ausführung des Prallelements durch den Coandă-Effekt stabilisiert wird und ohne Strömungsablösung nach unten abfließt.

Im zweiten Betriebszustand wird der (Primär-)Zerfall des Strahles infolge der Plateau-Rayleigh-Instabilität durch die Aufprägung einer Schwingung mittels des Piezoaktors künstlich herbeigeführt. Die kontrollierte Anregung hat einen Strahlaufbruch bei einer kürzeren Länge als beim natürlichen Zerfall und eine Bildung von gleichgroßen (monodispersen) Tropfen zur Folge. Die so gebildeten Tropfen treffen anstelle des Strahles auf den Prallkörper und führen dort zu einer Sekundärzerstäubung und damit zur Bildung von Sekundärtropfen bzw. -tröpfchen. Der Gesamtvolumenstrom $\dot{V}_G$ teilt sich dabei in die Volumenströme des Sprays $\dot{V}_S$ und des Rückflusses $\dot{V}_{RS}$ auf, denn es wird nicht der komplette Düsenvolumenstrom in ein Spray überführt.

Die beiden Zustände sind zum besseren Verständnis in Abbildung 2.4 skizziert. Es ist gut zu erkennen, dass bei eingeschalteter Zerstäubung eine (Primär-) Tropfenkette produziert wird, die beim Aufprallen auf das Prallelement zerstäubt (Abbildung 2.4b). Wird kein Spannungssignal an den Piezoaktor angelegt, so erfolgt kein Primärzerfall, ein intakter Strahl trifft auf das Prallelement und keine Sekundärzerstäubung findet statt (Abbildung 2.4a).

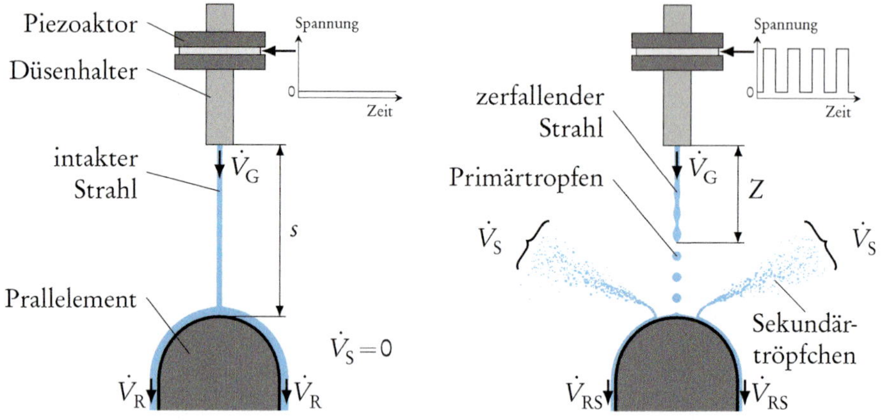

(a) Zerstäubung deaktiviert (b) Zerstäubung aktiviert

Abbildung 2.4: Schematische Darstellungen beider Zustände des modulierenden Tropfenprallzerstäubers.

Bei beiden Zuständen ist der aus der Düse strömende Volumenstrom $\dot{V}_G$ identisch. Für abgestellte Primär- und somit auch abgestellte Sekundärzerstäubung gilt:

$$\dot{V}_G = \dot{V}_R \qquad \text{(für deaktivierte Zerstäubung)} \tag{2.8}$$

Bei eingeschalteter Zerstäubung teilt sich die aus der Düse strömende Flüssigkeitsmenge in den Spray- und den Rückflussvolumenstrom auf:

$$\dot{V}_G = \dot{V}_S + \dot{V}_{RS} \qquad \text{(für aktivierte Zerstäubung)} \tag{2.9}$$

Der Rückflussvolumenstrom ist bei aktivierter Zerstäubung idealerweise so klein wie möglich. Er hängt von vielen Faktoren wie z.B. von der Primärtropfengröße und -geschwindigkeit ab, weshalb an dieser Stelle kein allgemeingültiger Wert für den Anteil des Rückflussstromes am Gesamtvolumenstrom angegeben werden kann. Auf diese Thematik wird in Abschnitt 6.3.3 näher eingegangen.

Nach Aktivierung des Steuersignals des Piezoaktors setzt die vollständige Zerstäubung auf dem Prallelement erst nach dem Zeitverzug t_A ein. Auch nach dem Abstellen des Steuersignals gibt es einen Zeitverzug t_E, bis die Zerstäubung beendet ist. Die beiden Zeiten t_A und t_E sind beide Funktionen des Abstandes s. In Abschnitt 5.4 werden experimentelle Untersuchungen zum gepulsten Strahlzerfall und die Ursachen für die Entstehung beider Zeitverzüge beschrieben. Die Gesamtzeit der Sprayerzeugung τ kann durch ein Addieren bzw. Subtrahieren

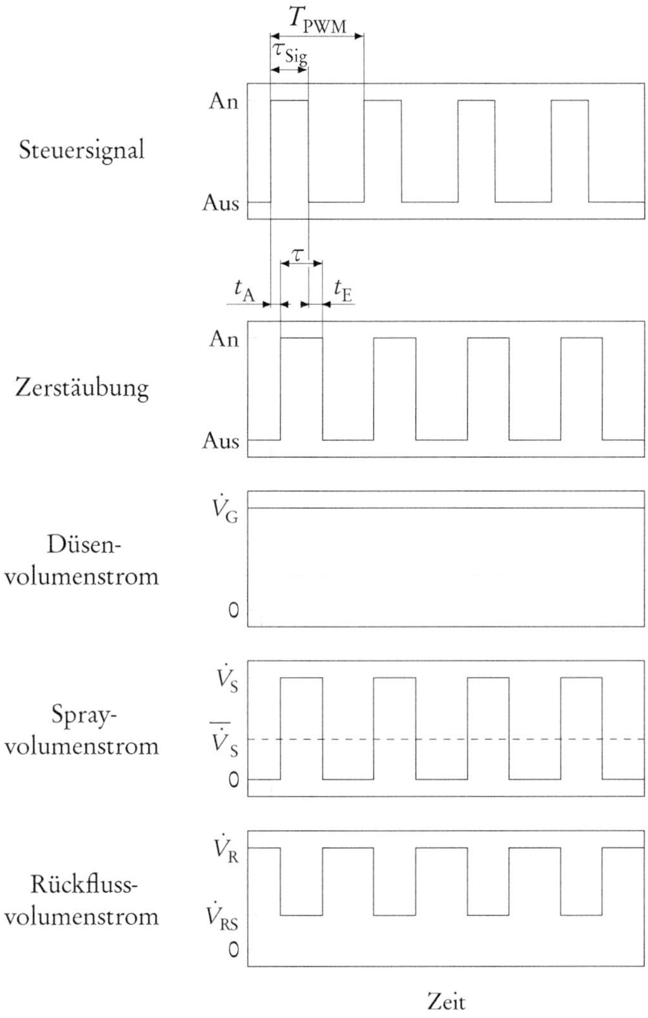

Abbildung 2.5: Prinzip der Steuerung der Zerstäubung mittels Pulsweitenmodulation.

des Anfangs- und Endzeitverzugs zur Zeitdauer des elektrischen Signals τ_{Sig} berechnet werden:

$$\tau = \tau_{Sig} - t_A + t_E \qquad (2.10)$$

Für große Signaldauern τ_{Sig} im Vergleich zu t_A und t_E weicht die Dauer der Zerstäubung τ nur sehr wenig von τ_{Sig} ab.

Das äußerst dynamische Verhalten des Umschaltvorgangs erlaubt es, die Sprayerzeugung mittels einer Pulsweitenmodulation (PWM) zu steuern. Dies erfolgt derart, dass nur während der Impulsdauer τ die Zerstäubung aktiviert ist und die übrige Zeit der Periodendauer $T_{\text{PWM}} = 1/f_{\text{PWM}}$ keine Sprayerzeugung erfolgt. Somit bestimmt die Impulsdauer des PWM-Signals τ_{Sig} den periodisch wiederkehrenden Zeitraum mit aktivierter Zerstäubung (nach Gl. 2.10). Mit der Wahl des Tastgrades $\tau^*_{\text{Sig}} = \tau_{\text{Sig}}/T_{\text{PWM}}$ ergibt sich folglich der zeitlich gemittelte Sprayvolumenstrom. Abbildung 2.5 zeigt, wie die Pulsweitenmodulation mit der Zerstäubung und dem mittleren Sprayvolumenstrom zusammenhängt. Im obersten Diagramm ist ein pulsweitenmoduliertes Signal zur Aktivierung des Piezoaktors mit der Periode T_{PWM} und der Impulsdauer τ_{Sig} dargestellt. Die Sprayerzeugung ist im Diagramm darunter veranschaulicht. Diese läuft aufgrund der bereits erwähnten Verzögerungen am Anfang und am Ende des Impulses zeitlich etwas versetzt ab. Zur Verdeutlichung, dass der Düsendurchfluss konstant bleibt, ist im dritten Graphen der konstante Gesamtvolumenstrom $\dot{V}_{\text{G}}$ geplottet. Das vierte Diagramm zeigt den aus dem PWM-Signal resultierenden Sprayvolumenstrom. Es ist zu sehen, dass dieser zwischen dem Maximalwert $\dot{V}_{\text{S}}$ und Null wechselt. Bei Vernachlässigung von Effekten beim Ein- und Ausschalten, die sich auf $\dot{V}_{\text{S}}$ auswirken, ist der zeitliche Mittelwert des Sprayvolumenstromes $\overline{\dot{V}}_{\text{S}}$ eine lineare Funktion von der Dauer des Zerstäubungsimpulses:

$$\overline{\dot{V}}_{\text{S}} = \frac{\tau}{T_{\text{PWM}}} \dot{V}_{\text{S}} \tag{2.11}$$

Diese Gleichung veranschaulicht, dass durch die Variation des Verhältnisses τ/T_{PWM} der mittlere Sprayvolumenstrom bis maximal $\dot{V}_{\text{S}}$ stufenlos variiert werden kann. Durch Einsetzen von Gleichung (2.10) folgt der Sprayvolumenstrom in Abhängigkeit von der Impulsdauer des elektrischen Steuersignals:

$$\overline{\dot{V}}_{\text{S}} = \frac{\tau_{\text{Sig}} - t_{\text{A}} + t_{\text{E}}}{T_{\text{PWM}}} \dot{V}_{\text{S}} \tag{2.12}$$

Das unterste Diagramm von Abbildung 2.5 gibt wieder, wie sich die Menge der am Prallelement herablaufenden Flüssigkeit mit der Zeit verändert. Bei zugeschalteter Zerstäubung wird der Rückflussvolumenstrom minimal und nimmt den Wert $\dot{V}_{\text{RS}}$ an. Bei abgeschalteter Sprayerzeugung wird der Rückfluss maximal. Er entspricht dann dem Düsenvolumenstrom und es gilt $\dot{V}_{\text{G}} = \dot{V}_{\text{R}}$.

Das Steuersignal des Piezoaktors setzt sich aus einer Verknüpfung des Signals für die Primärzerstäubung mit dem PWM-Signal zusammen. Bei dem Signal für die Primärzerstäubung handelt es sich um ein simples Sinus- oder Rechtecksignal, dessen (Grund-)Frequenz in einem bestimmten Bereich liegen muss. Dieser Bereich ist durch die physikalischen Vorgänge beim Strahlzerfall vorgegeben und wird in Kapitel 5 näher beleuchtet. Für praktische Anwendungen liegen

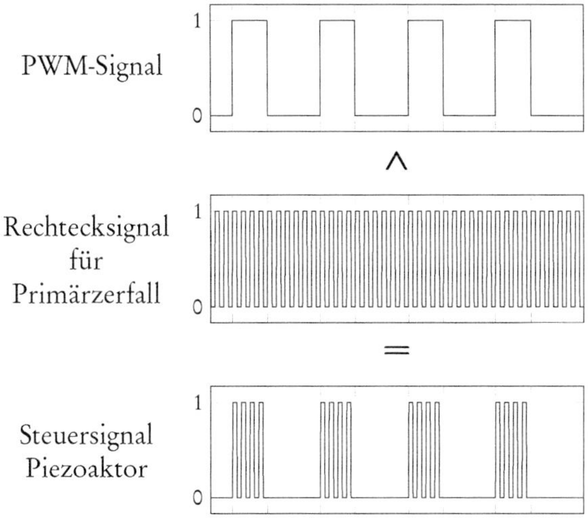

Abbildung 2.6: Zusammensetzung des Steuersignals des Piezoaktors aus PWM-Signal und Rechtecksignal.

die einzustellenden Frequenzen meist im Bereich zwischen 1 und 500 kHz. Zur Veranschaulichung ist in Abbildung 2.6 die Zusammensetzung des Piezosteuersignals qualitativ dargestellt. Es ist zu sehen, dass das eigentliche Steuersignal durch die konjunktive Verknüpfung der beiden Einzelsignale entsteht. Zur besseren Darstellbarkeit unterscheiden sich hier die Frequenzen des PWM- und des Rechtecksignals nur um einen Faktor von in etwa 10. In der Realität ist dieser Faktor deutlich größer. Im Rahmen der vorliegenden Arbeit wurden Frequenzen des PWM-Signals von 0,5 bis 200 Hz eingestellt, was deutlich kleiner ist als die üblichen Frequenzen des Primärtropfenzerfalls.

Die Besonderheit bzw. der innovative Ansatz des modulierenden Tropfenprallzerstäubers ist, dass die produzierte Spraymenge durch alleinige Variation des Tastverhältnisses des PWM-Signals reguliert werden kann. Die für die Zerstäubung auf dem Prallelement zur Verfügung stehende kinetische Energie der Tropfen bleibt dabei konstant. Folglich ändern sich die Eigenschaften der Sprayerzeugung ebenfalls nicht. Die charakteristischen Sprayeigenschaften wie z.B. die Tröpfchengrößenverteilung bleiben bei einer Sprayvolumenstromänderung somit gleich. Dies ist insbesondere bei kleinen Volumenströmen von Interesse, denn wie bereits beschrieben gibt es für diesen Anwendungsbereich keinen Einstoffzerstäuber, der ausreichend feine Sprays liefert.

An dieser Stelle muss erwähnt werden, dass auch für gewöhnliche Einstoffdüsen eine Möglichkeit besteht, durch einen getakteten Betrieb kleine Volumenströme zu erzielen. Dazu wird der Düse ein Ventil vorgeschaltet, das intermittierend geöffnet und geschlossen wird. Der Düsenvolumenstrom pulsiert somit und je nach Pulsweite und Pulsanzahl pro Zeiteinheit ergeben sich verschiedene mittlere Volumenströme und es können folglich kleine Durchsätze eingestellt werden. Diese Betriebsweise bringt jedoch eine Reihe von Nachteilen mit sich. Zum einen muss ein mechanisches Bauteil, das Ventil, dauerhaft bewegt werden. Dies macht das System aufwendig und außerdem hat das Ventil eine kurze Lebenszeit. Zum anderen wird die Düsenströmung bei jeder Einspritzung anfangs beschleunigt und am Ende abgebremst. Es werden somit sehr häufig Bereiche mit kleinen Strömungsgeschwindigkeiten durchlaufen, was sich nachteilig auf das Düsenverschmutzungsverhalten auswirkt. Dies wird am Ende von Abschnitt 3.1 detaillierter erklärt. Der vorgestellte modulierende Tropfenprallzerstäuber erzeugt zwar ebenfalls einen pulsierenden Sprayvolumenstrom, allerdings bleibt der Volumenstrom durch die Düse während des Betriebes konstant. Dadurch treten die genannten Nachteile der Sprayerzeugung mit einer intermittierend betriebenen Düse nicht auf.

2.3 Arbeitsbereich

Einflussgrößen und Prozessparameter

Im vorhergehenden Abschnitt wurde das Funktionsprinzip des modulierenden Tropfenprallzerstäubers vorgestellt. Es werden drei strömungsmechanische Phänomene zur Anwendung gebracht. Diese sind:

- Kontrollierter Strahlzerfall durch Anregung der Plateau-Rayleigh-Instabilität
- Zerstäubung der produzierten Tropfenkette auf dem Prallkörper
- Aufprallen eines intakten Flüssigkeitsstrahles auf den Prallkörper ohne Spraybildung

Jedes dieser drei Verfahren ist für sich betrachtet bereits durch zahlreiche Autoren beschrieben und untersucht worden. Der innovative Ansatz hier ist, dass alle drei genannten Phänomene bei gleichen Prozessparametern auftreten müssen. Die Prozessparameter bzw. die auf die Zerstäubung Einfluss nehmenden Größen sind:

- Strahlgeschwindigkeit U
- Geschwindigkeit der Primärtropfen U_d
- Düsen- bzw. Strahldurchmesser D

- Durchmesser der Primärtropfen d
- Prallelementgröße bzw. -durchmesser D_P
- Rauheit der Prallelementoberfläche R_z
- Flüssigkeitsviskosität η
- Flüssigkeitsdichte ρ
- Viskosität des umgebenden Gases η_g
- Dichte des umgebenden Gases ρ_g
- Oberflächenspannung σ

Diese Größen lassen sich durch eine Dimensionsanalyse auf wenige dimensionslose Kennzahlen reduzieren:

Reynoldszahl $$\mathrm{Re} = \frac{\rho U D}{\eta} \quad (2.13)$$

Ohnesorgezahl $$\mathrm{Oh} = \frac{\eta}{\sqrt{\sigma \rho D}} \quad (2.14)$$

Weberzahl $$\mathrm{We} = \frac{\rho D U^2}{\sigma} \quad (2.15)$$

Reynoldszahl des Gases / ambiente Reynoldszahl $$\mathrm{Re}_\mathrm{g} = \frac{\rho_\mathrm{g} U D}{\eta_\mathrm{g}} \quad (2.16)$$

Weberzahl des Gases / ambiente Weberzahl $$\mathrm{We}_\mathrm{g} = \frac{\rho_\mathrm{g} D U^2}{\sigma_\mathrm{g}} \quad (2.17)$$

relative Prallelementgröße $$\frac{D_\mathrm{P}}{D} \quad (2.18)$$

relative Prallelementrauheit $$\frac{R_\mathrm{z}}{d} \quad (2.19)$$

relative Primärtropfengröße $$\frac{d}{D} \quad (2.20)$$

Die Reynolds-, Ohnesorge- und Weberzahl erfassen die Einflüsse der Trägheits-, Viskositäts- und Oberflächenspannungskräfte. Sie sind in den obigen Gleichungen mit dem Düsendurchmesser D definiert, können aber auch mit dem Tropfendurchmesser d berechnet werden. Dann erfolgt eine Kennzeichnung durch den Index d. Einflüsse durch das umgebende gasförmige Medium sind durch die Weber- und Reynoldszahl des Gases berücksichtigt, die mit dem Index g bezeichnet sind. Die beiden Kennzahlen sind mit den Stoffdaten der gasförmigen

Umgebung definiert. In Luft unter Standardbedingungen ergeben sich durch die geringe Dichte zumeist so kleine Werte für Re_g und We_g, dass auf deren Angabe verzichtet wird. Der Einfluss des ambienten Mediums auf den Strahlzerfall bei hohen Weberzahlen des Gases wird in Abschnitt 4.3 detailliert betrachtet. Kein Index bei Re, We oder Oh steht fortan für die Definition der jeweiligen Kennzahl mit dem Düsendurchmesser und den Flüssigkeitseigenschaften. Wenn den Termini kein „ambient" oder „des Gases" voran- bzw. nachgestellt ist, ist stets die Definition mit Flüssigkeitseigenschaften gemeint. Bei einem festen Wert für die relative Primärtropfengröße d/D können die unterschiedlichen Kenngrößen leicht ineinander umgerechnet werden. Ein sinnvoller Wert für d/D ist 1,89. Dieser Wert entspricht der Tropfengröße bei der optimalen Wellenzahl von 0,697 für viskositätsfreie Flüssigstrahlen im Vakuum, siehe auch Abschnitt 4.1. Da die Tropfengeschwindigkeit U_d kurz nach der Tropfenbildung der Strahlgeschwindigkeit U entspricht, werden beide Geschwindigkeiten als gleich groß angenommen.

Die Weberzahl ist hier aufgeführt, da sie in einigen Fällen anschauliche Darstellungen von Versuchs- oder Berechnungsergebnissen ermöglicht. Sie ergibt sich allerdings bereits aus dem Quadrat des Produktes aus Reynolds- und Ohnesorgezahl und wäre somit genau genommen nicht notwendig.

Der Einfluss des Prallkörpers auf den Zerstäubungsprozess wird durch seine Größe und Oberflächenbeschaffenheit im Verhältnis zum Tropfendurchmesser erfasst. Die Charakterisierung der Oberflächenrauheit erfolgt in Gleichung (2.19) durch die mittlere Rautiefe R_z. Andere Rauheitskennwerte wären ebenfalls denkbar.

Die Fallbeschleunigung wurde außer Acht gelassen, da sie einen verschwindend geringen Einfluss auf den Prozess hat. Dies lässt sich durch die Berechnung der Froudezahl zeigen:

$$\mathrm{Fr} = \frac{U}{\sqrt{gD}} \tag{2.21}$$

Schon bei einem verhältnismäßig kleinen Druck von 1 bar, welcher nach Bernoulli bei Wasser eine Geschwindigkeit von 14 m/s zur Folge hat, ergibt sich für eine 100 µm-Düse eine Froudezahl von 451. Dies bedeutet, dass die Trägheitskräfte deutlich größer sind als die Gravitationskräfte und Letztere vernachlässigt werden können.

Mit den nun bekannten Einflussgrößen können die Prozessfenster der am Anfang des Abschnitts genannten Phänomene anhand von Literaturstellen und Versuchsergebnissen charakterisiert werden.

Kontrollierter Strahlzerfall durch Anregung der Plateau-Rayleigh-Instabilität

Die Erzeugung der monodispersen Primärtropfenkette erfolgt über den kontrollierten Zerfall eines laminaren Flüssigkeitsstrahles. Dazu wird die Plateau-Rayleigh-Instabilität des Strahles angeregt, was bei geeigneter Wahl der Anregungsfrequenz zu monodispersen Tropfen führt. Dieses Prinzip wird in Kapitel 5 eingehend beschrieben. Im vorliegenden Abschnitt sind die Bedingungen von Interesse, die der Strahl dafür erfüllen muss. Brenn [23] führte eine diesbezügliche Betrachtung bereits durch. Es werden hier Brenns Ergebnisse zusammengefasst, die größtenteils auf Angaben aus Literaturstellen basieren.

Zunächst muss sich an der Düse ein Strahl ausbilden, d.h. die Strömungsgeschwindigkeit innerhalb des Düsenkanals muss groß genug sein, um die an der Düse wirkenden Oberflächenspannungskräfte zu überwinden. In Abschnitt 3.1 erfolgt eine ausführliche Betrachtung verschiedener Ansätze zur Herleitung der Mindestgeschwindigkeit an Rundlochdüsen. An dieser Stelle wird der auf experimentellen Untersuchungen basierende Ansatz von Walzel [178] verwendet. Er gibt eine Korrelation an, die auch Einflüsse infolge der Flüssigkeitsviskosität einbezieht:

$$\mathrm{ReOh}^{0,96} > 3{,}81 \qquad (3.18)$$

Zur Erzeugung einer monodispersen Tropfenkette muss das Geschwindigkeitsprofil des Strahles laminar sein. Für Rohrströmungen existiert das bekannte Kriterium für den Übergang von laminarem zu turbulentem Geschwindigkeitsprofil als kritische Reynoldszahl mit $\mathrm{Re}_{\mathrm{krit}} = 2300$. In der Literatur wurden allerdings schon deutlich größere kritische Reynoldszahlen für Rohrströmungen dokumentiert. So gibt z.B. Pfenninger [128] einen kritischen Wert von 10^5 an. Rohrströmungen weisen allerdings ein großes Verhältnis von Rohrlänge zu -durchmesser auf. Diese Strömungen sind somit als voll entwickelt zu betrachten, was bei Düsen mit kleinen Kanallängen nicht der Fall ist. Für derartige Düsen ermittelten Van de Sande & Smith [174] ein spezielles Kriterium unter Berücksichtigung der Kanallänge L. Es lautet:

$$\mathrm{Re}_{\mathrm{krit}} = 12000 \left[\frac{L}{D} \right]^{-0,3} \qquad (2.22)$$

Das Kriterium liefert für kurze Kanallängen hohe kritische Reynoldszahlen. So ergibt sich beispielsweise eine kritische Reynoldszahl von ca. 14770 für eine 100 µm-Düse mit einer Kanallänge von 50 µm. Derartig kurze Düsen wurden für die Versuche im Rahmen der vorliegenden Arbeit eingesetzt. Chen [34] führte ausführliche Versuche mit den gleichen Düsen durch. Seine Daten bestätigen das

Kriterium von Van de Sande & Smith [174], was detailliert in Abschnitt 4.2.2 anhand der Abbildung 4.12 beschrieben wird. Dementsprechend wird das Kriterium (2.22) hier für die Charakterisierung des Umschlags von laminarer zu turbulenter Strömung verwendet.

Zerstäubung der produzierten Tropfenkette auf dem Prallkörper

Die physikalischen Vorgänge beim Aufprallen von Tropfen auf feste und flüssige Oberflächen wurden wie bereits erwähnt durch sehr viele Autoren behandelt. An dieser Stelle ist von Interesse, wie groß die erforderliche Tropfengeschwindigkeit sein muss, damit die Tropfen beim Aufprall zerspritzen. Dieser Vorgang wird auch als „Splashing“ bezeichnet. Es existieren eine Reihe von Publikationen, die sich mit dem sog. Splashing-Grenzkriterium beschäftigen. Das Gegenteil von Splashing ist die vollständige Tropfendeposition, was bei anderen Applikationen, wie z.B. beim Lackieren, das Ziel ist.

Eine Darstellung über verschiedene Grenzkriterien für Splashing wird in Abschnitt 6.2 dargelegt. Für die vorliegende Problemstellung ist das Splashingkriterium nach Yarin & Weiss [195] besonders gut geeignet, denn es wurde durch Versuche ermittelt, deren Aufbau dem Zerstäubungsprinzip des vorgestellten Tropfenprallzerstäubers entspricht. Durch Umformungen lässt sich die Angabe aus [195] durch die Reynolds- und Ohnesorgezahl der Düsenströmung ausdrücken:

$$105 < \mathrm{OhRe}^{\frac{5}{4}} \qquad (6.6)$$

Eine Beschreibung der Herleitung dieses Kriteriums erfolgt ebenfalls in Abschnitt 6.2. Innerhalb der vorliegenden Arbeit wird Gleichung (6.6) als Grenzkriterium für die Zerstäubung durch Tropfenprall verwendet.

Aufprallen eines intakten Flüssigkeitsstrahles auf den Prallkörper ohne Spraybildung

Infolge des aufprallenden Strahles entsteht auf dem Prallelement eine Filmströmung. Um deren Ablösung zu verhindern, wird der Coandă-Effekt genutzt. Als Coandă-Effekt wird im Allgemeinen die Anziehung eines Flüssigkeits- oder Gasstrahles an einem abgerundeten Festkörper bezeichnet. Abbildung 2.7 stellt das Grundprinzip dar. Ein flacher Strahl haftet an der Oberfläche eines gebogenen Körpers an. Die Strömungsablösung erfolgt erst bei einem sehr großen Winkel ϵ. Die Gründe für diese späte Ablösung sind die Geschwindigkeits- und Druckverteilung der wandnahen Strömung. Je geringer die Stärke des Strahles im Verhältnis zum Durchmesser des Festkörpers, umso größer der Umschlingungswinkel ϵ der anliegenden Strömung. Um einen hohen Umschlingungswinkel ϵ

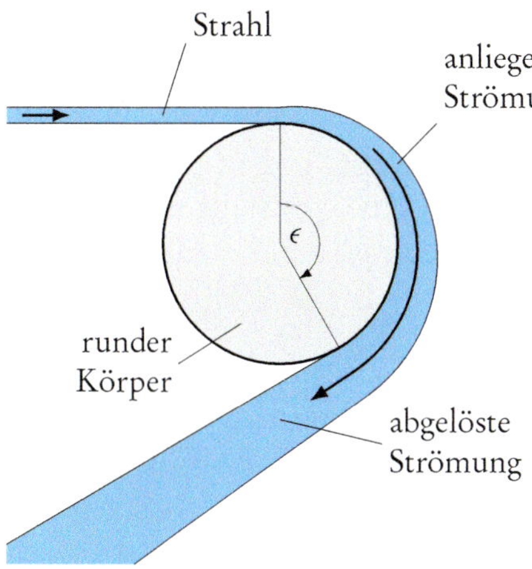

Abbildung 2.7: Schematische Darstellung des Coandă-Effektes.

für vorgegebene Strahlgeschwindigkeiten und -stärken zu erreichen, sind somit große Durchmesser des Festkörpers notwendig. Ein Körper mit scharfen Kanten führt zur sofortigen Strömungsablösung, da dessen Eckenradius gegen Null strebt (siehe auch Abbildung 6.21a). Allgemeine Informationen zum Coandă-Effekt können bspw. Wille & Fernholz [186] und Truckenbrodt [168] entnommen werden.

Da die vorliegend dokumentierten Arbeiten auf eine stabile Prallstrahlströmung ohne Ablösung auch bei hohen Geschwindigkeiten abzielten, wurden entweder die Kanten am Rand der Oberfläche des Prallkörpers abgerundet oder dessen Spitze war halbkugelförmig. Diese Formen stabilisierten den Flüssigkeitsfilm durch den Coandă-Effekt und die Flüssigkeit floss sicher den Stift hinab. Im Vergleich zur flachen Platte mit scharfen Kanten können so höhere Geschwindigkeiten ohne Zerstäubung realisiert werden.

Es konnten keine Literaturstellen mit verwertbaren Daten zum Strömungsablösungsverhalten von Prallstrahlen gefunden werden. Es erfolgten somit experimentelle Untersuchungen, die in Abschnitt 6.3.6 dokumentiert sind. Für ein Prallelement mit halbkugelförmiger Spitze und einer relativen Prallelementgröße von $D_\mathrm{P}/D \geqslant 10$ konnte aus den Experimenten das folgende Kriterium für eine anliegende Strömung erhalten werden:

$$\mathrm{We} \lessapprox 5000 \tag{6.8}$$

Bei Einhaltung dieses Kriteriums fließt der aus dem Strahl geformte Flüssigkeitsfilm den zylindrischen Prallkörper hinab und es kommt nicht zur Zerstäubung.

Eine weitere Voraussetzung für das sichere Ableiten von Prallstrahlen ohne Sprayerzeugung ist, dass der Strahl auf das Prallelement trifft, bevor dessen Oberflächenstörungen infolge des voranschreitenden Zerfalls zu stark ausgeprägt sind. Dies kann sichergestellt werden, indem eine kritische Strahllänge nicht überschritten wird. Auch bezüglich dieses Phänomens wurden Versuche durchgeführt. Diese zeigten, dass für den Abstand s zwischen dem Düsenaustritt und dem Prallelement das folgende Kriterium erfüllt sein muss:

$$s < 0{,}75Z \tag{6.9}$$

Das Symbol Z repräsentiert hierin die Strahlaufbruchlänge bei natürlichem Zerfall. Zur Vorhersage dieser erfolgten ebenfalls Untersuchungen, siehe Kapitel 4.

Zusammenfassung des Betriebsbereiches in einem gemeinsamen Oh-Re-Diagramm

Die in den vorherigen Teilabschnitten aufgeführten strömungsmechanischen Phänomene werden alle durch den modulierenden Tropfenprallzerstäuber zur Anwendung gebracht. Sämtliche Grenzkriterien müssen somit simultan eingehalten werden. Der Zerstäuber arbeitet mit einem konstanten Düsenvolumenstrom und somit auch bei einer festen Ohnesorge- und Reynoldszahlkombination. Alle aufgeführten Kriterien wurden in eine Form gebracht, welche die Ohnesorge, -Reynolds und/oder -Weberzahl als Argumente enthält. Somit können diese Grenzbedingungen in ein gemeinsames Oh-Re-Diagramm eingetragen werden, siehe Abbildung 2.8. Der Arbeitsbereich des Zerstäubersystems wird in dem Diagramm in Form einer grau hinterlegten Fläche veranschaulicht. Das Diagramm zeigt folglich, dass ein Bereich existiert, in dem alle genannten Phänomene gemeinsam auftreten. Der Betrieb des modulierenden Tropfenprallzerstäubers ist somit theoretisch möglich.

In Abbildung 2.9 sind für eine bestimmte Ohnesorge-Reynoldszahl-Kombination fotografische Aufnahmen einer aufprallenden Tropfenkette und eines Prallstrahles abgebildet. Diese Fotos zeigen, dass sich die theoretisch ermittelten Ergebnisse auch in die Praxis übertragen lassen und somit die Realisierung eines modulierenden Tropfenprallzerstäubers möglich ist. Um zu zeigen, dass das Funktionsprinzip auch bei verhältnismäßig hohen Aufprallgeschwindigkeiten realisierbar ist, wurde für die Fotos bewusst ein relativ hoher Druck von ca. 24 bar verwendet. Die damit einhergehende hohe Tropfengeschwindigkeit ist der Grund für die unscharfe Darstellung der Primärtropfen in Abbildung 2.9b. Der in der Bildunterschrift aufgeführte Parameter U^* wird in Abschnitt 6.2 erläutert (siehe Gl. 6.2). Zur Veranschaulichung, an welcher Stelle im Oh-Re-Diagramm

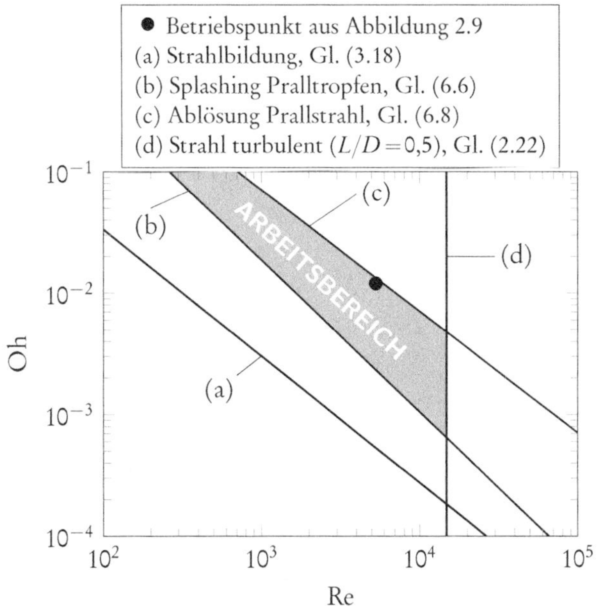

Abbildung 2.8: Möglicher Betriebsbereich des Tropfenprallzerstäubers im Oh-Re-Diagramm.

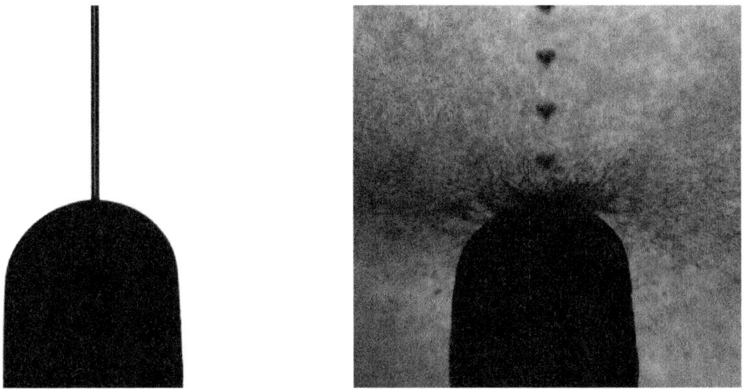

(a) Zerstäubung deaktiviert, Prallstrahl

(b) Zerstäubung aktiviert, Pralltropfen

Abbildung 2.9: Aufnahmen einer aufprallenden Tropfenkette und eines aufprallenden Strahles bei gleichen Oh- und Re-Zahlen (Oh = 0,012; Re = 5300; Flüssigkeit: Wasser; $D = 100\,\mu$m; $d = 194\,\mu$m; $U = 53$ m/s; $f_G = 108$ kHz; $U^* = 41{,}8$).

die gezeigten Vorgänge ablaufen, ist der entsprechende Betriebspunkt auch in Abbildung 2.8 eingetragen.

3 Tropfenbildung an Rundlochdüsen

3.1 Grenzkriterium zwischen Tropfen- und Strahlbildung

Wie bereits in der Einleitung erwähnt, war am Anfang der durchgeführten Arbeiten ein grundlegendes Studium der physikalischen Vorgänge bei der Tropfenbildung und dem Abtropfen an Rundlochdüsen notwendig. Abtropfen tritt ein, wenn der die Düse durchströmende Massenstrom einen kritischen Wert, das sog. Strahlkriterium, unterschreitet. In diesem Abschnitt wird zunächst eben dieses Strahlkriterium als obere Massenstromgrenze des Abtropfens beschrieben. Anschließend erfolgt die Darlegung der Ergebnisse theoretischer und experimenteller Untersuchungen zur statischen und dynamischen Tropfenbildung.

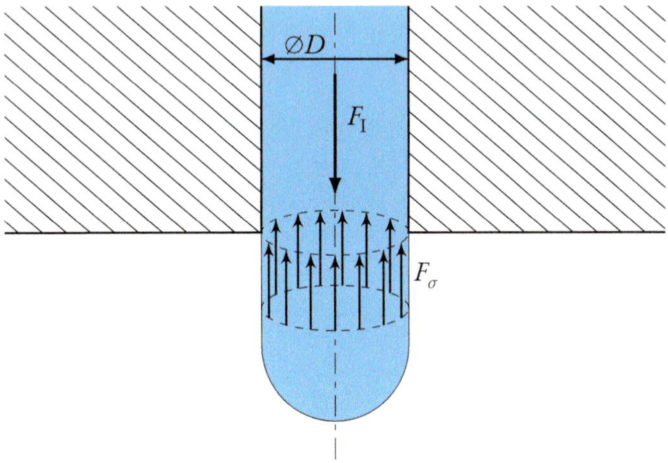

Abbildung 3.1: Strömung durch eine Rundlochdüse mit eingetragenen Impuls- und Oberflächenspannungskräften.

Damit sich an einer Rundlochdüse ein Flüssigkeitsstrahl ausbilden kann, muss die Kraft infolge des Impulsflusses F_I des aus der Düse austretenden Massenstroms $\dot{m}$ größer sein als die Kraft infolge der Oberflächenspannung F_σ, die in entgegengesetzter Richtung wirkt:

$$F_I > F_\sigma \tag{3.1}$$

Abbildung 3.1 veranschaulicht diesen Zusammenhang. Es ist eine axialsymmetrische Düse mit dem Durchmesser D dargestellt. Die beiden oben genannten Kräfte sind eingezeichnet. Die Oberflächenspannungskraft wirkt entlang des Düsenumfangs. Die Richtung des Kraftvektors wird als parallel zur Symmetrieachse der Düse angenommen. Somit gilt für die beiden Kräfte:

$$\dot{m} U > \pi D \sigma \tag{3.2}$$

$$\rho \frac{\pi}{4} D^2 U^2 > \pi D \sigma \tag{3.3}$$

Die obige Ungleichung erlaubt es, eine Grenzgeschwindigkeit für die Ausbildung von Strahlen zu formulieren. Diese charakteristische Düsengeschwindigkeit wird mit U_c bezeichnet.

$$U_c = \sqrt{\frac{4\sigma}{\rho D}} \tag{3.4}$$

Wenn die Düsengeschwindigkeit den Wert U_c einnimmt, sind die Kräfte infolge der Oberflächenspannung und des Impulses gleich groß. Damit sich ein Strahl an einer Düse bilden kann, muss die Geschwindigkeit der Flüssigkeit U größer sein als U_c, andernfalls kommt es an der Düse zur Tropfenbildung. Das Strahlkriterium lautet somit:

$$U > U_c = \sqrt{\frac{4\sigma}{\rho D}} \tag{3.5}$$

Die Gleichung (3.4) kann durch die Einführung der charakteristischen Weberzahl We_c auch dimensionslos dargestellt werden:

$$\mathrm{We}_c = 4 \tag{3.6}$$

Zur Erfüllung des Strahlkriteriums muss die Weberzahl der Düsenströmung größer sein als die charakteristische Weberzahl:

$$\frac{\rho U^2 D}{\sigma} = \mathrm{We} > \mathrm{We}_c = 4 \tag{3.7}$$

Die Weberzahl kann auch mit Hilfe von Reynolds- und Ohnesorgezahl angegeben werden. Der Zusammenhang dieser beiden Kennzahlen mit der Weberzahl lautet:

$$\mathrm{Re}^2 \mathrm{Oh}^2 = \mathrm{We} \tag{3.8}$$

Das Strahlkriterium in Abhängigkeit von Reynolds- und Ohnesorgezahl wird somit zu:

$$\mathrm{Re}\,\mathrm{Oh} > 2 \tag{3.9}$$

Dieses theoretische Strahlkriterium ist eine Anpassung der theoretischen Behandlung der Stabilität von flachen Flüssigkeitsvorhängen von Brown [28] für Rundstrahlen. Flüssigkeitsvorhänge werden an schlitz- bzw. rechteckförmigen Düsen gebildet und dienen zur gleichmäßigen Beschichtung flächiger Substrate. Die Kräftebilanz aus [28] wurde hier auf die axialsymmetrische Geometrie übertragen.

In der Literatur sind eine Reihe von Erweiterungen und auch alternative Herleitungen des Strahlkriteriums verfügbar, die folgend kurz erläutert werden. In einer zu Gleichung (3.6) analogen Darstellung berücksichtigten Clanet & Lasheras [36] zusätzlich Gravitationskräfte, indem sie einen von der Bondzahl abhängigen Korrekturfaktor einführten. Die Bondzahl gibt das Verhältnis von Oberflächen- zu Gravitationskräften an. Clanet & Lasheras verwendeten folgende Definition für die Bondzahl:

$$\mathrm{Bo} = \sqrt{\frac{g\rho D^2}{2\sigma}} \tag{3.10}$$

Die charakteristische Weberzahl ist nach Clanet & Lasheras [36]:

$$\mathrm{We_c} = 4\frac{\mathrm{Bo_o}}{\mathrm{Bo}}\left[1 + C_0\mathrm{Bo_o}\mathrm{Bo} - \sqrt{[1 + C_0\mathrm{Bo_o}\mathrm{Bo}]^2 - 1}\right]^2 \tag{3.11}$$

Die Bondzahlen $\mathrm{Bo_o}$ und Bo werden hier mit dem Außen- und dem Innendurchmesser der Düse berechnet. C_0 ist eine stoffabhängige Konstante.

Lindblad & Schneider [105] berechneten das Strahlbildungskriterium aus einer Energiebilanz. Die Autoren verglichen dazu die notwendige Leistung zur Bildung der freien Oberfläche des Strahles mit der Leistung der Düsenströmung. Sie folgerten, dass zur Bildung eines Strahles die zeitliche Änderung der kinetischen Energie größer sein muss als die zeitliche Änderung der Oberflächenenergie:

$$\frac{1}{2}\dot{m}U^2 > \sigma\pi D U \tag{3.12}$$

$$\frac{1}{2}\rho\frac{\pi}{4}D^2 U\, U^2 > \sigma\pi D U \tag{3.13}$$

$$\mathrm{We} > 8 \tag{3.14}$$

Mit dieser Ungleichung folgt die charakteristische Weberzahl nach Lindblad & Schneider [105] somit zu $\mathrm{We}_c = 8$.

Einen weiterer Ansatz zur Berechnung des Strahlkriteriums wurde von Ranz [134] angegeben. Er bilanzierte den dynamischen Druck der Düsenströmung mit dem Druck, der innerhalb eines an der Düse hängenden Tropfens entsteht. Bei einem halbkugelförmigen Tropfen mit dem Kugelradius $D/2$ kann dessen Innendruck mit der Young-Laplace-Gleichung (3.21) berechnet werden (unter Vernachlässigung der Gewichtskraft). Eine detaillierte Herleitung des Drucks in hängenden Tropfen erfolgt in Abschnitt 3.2.1. Das Strahlkriterium nach Ranz [134] basierend auf dieser Druckbilanz lautet:

$$\frac{\rho}{2}U^2 > \frac{4\sigma}{D} \tag{3.15}$$

Daraus folgt für die charakteristische Weberzahl das gleiche Kriterium wie nach Lindblad & Schneider [105]:

$$\mathrm{We}_c = 8 \tag{3.16}$$

Der Einfluss der Viskosität auf die Strahlausbildung wurde von Walzel [178] experimentell untersucht. Basierend auf seinen Ergebnissen konnte Walzel das folgende empirische Strahlkriterium formulieren:

$$\mathrm{We} > 14{,}5\mathrm{Oh}^{0{,}08} \tag{3.17}$$

Diese Beziehung wird vorliegend zur Repräsentation des Strahlkriteriums für das Arbeitsfenster des modulierenden Tropfenprallzerstäubers verwendet (siehe Abbildung 2.8). In Abhängigkeit von Reynolds- und Ohnesorgezahl lautet das Kriterium:

$$\mathrm{ReOh}^{0{,}96} > 3{,}81 \tag{3.18}$$

In einer weiteren Publikation [180] gibt Walzel einen Bereich der charakteristischen Weberzahl von $8 < \mathrm{We}_c < 10$ an, welcher für praktische Anwendungen gilt. Dieser Weberzahlbereich gilt gemäß der Ungleichung (3.17) für Ohnesorgezahlen zwischen $5{,}91 \cdot 10^{-4}$ und $9{,}61 \cdot 10^{-3}$.

Abbildung 3.2 zeigt ein Oh-Re-Diagramm mit dem eingetragenen theoretischen Strahlkriterium nach Gleichung (3.6) und den Kriterien nach Lindblad & Schneider [105] bzw. Ranz [134] und Walzel [178] in doppelt logarithmischer Auftragung. Die Strahlkriterien erscheinen somit jeweils als Gerade. Unterhalb der Geraden kann sich kein Strahl ausbilden, die Flüssigkeit tropft von der Düse

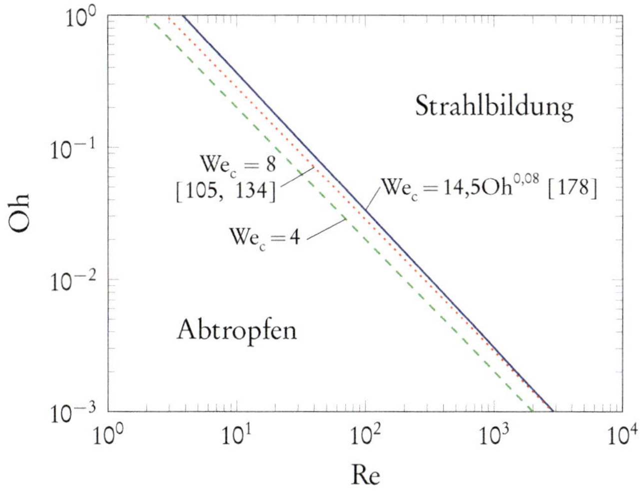

Abbildung 3.2: Oh-Re-Diagramm zur Darstellung der verschiedenen Strahlkriterien.

ab. Oberhalb dieser Linien kommt es zur Strahlbildung. Es ist zu erkennen, dass die unterschiedlichen Kriterien in dieser logarithmischen Darstellung nur wenig voneinander abweichen.

Um die notwendige Strömungsgeschwindigkeit zur Strahlbildung aufzubringen, muss die Flüssigkeit mit Überdruck durch eine Düse gefördert werden. Die Ausbildung eines Flüssigkeitsstrahles, ausgehend vom drucklosen Zustand, ist ein instationärer Strömungsvorgang, bei dem eine zunächst ruhende Flüssigkeitsmenge beschleunigt wird. Dieser Beschleunigungsvorgang sowie kompressible Effekte durch die Elastizität der Leitungen und der Flüssigkeit verursachen eine zeitliche Verzögerung zwischen Druckbeaufschlagung (z.B. durch das Öffnen eines Ventils) und dem Erreichen der notwendigen charakteristischen Geschwindigkeit zur Strahlbildung U_c.

Die in Abbildung 3.3 gezeigten zeitabhängigen Druckverläufe von Dieselinjektoren verdeutlichen diese Thematik. Das Diagramm stammt aus einer Veröffentlichung von Durst & Han [52], in der es zur Veranschaulichung der zeitabhängigen Spraybildungseigenschaften von Doppelstrahlinjektoren diente. Dem Diagramm kann entnommen werden, dass alle drei Kurven ihren Maximaldruck erst nach einer signifikanten Zeitverzögerung erreichen. Da die Düsengeschwindigkeit proportional mit der Wurzel des Düsendrucks ($U \sim \sqrt{\Delta p}$) zusammenhängt, wird nicht nur die gewünschte Spraybildung verzögert, sondern auch die Strahlbildung.

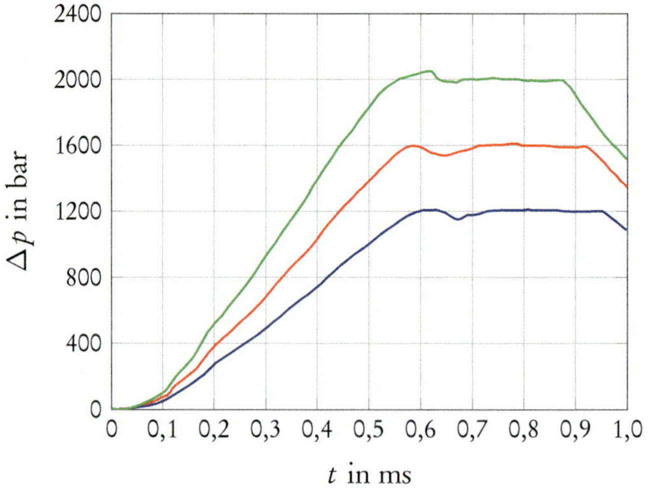

Abbildung 3.3: Zeitabhängige Druckverläufe eines Dieselinjektors für unterschiedliche Raildrücke (aus [52]).

Der im vorigen Absatz beschriebene Effekt der verzögerten Strahlausbildung tritt prinzipiell bei allen Düsen auf, die gepulst betrieben werden. Zum Zeitpunkt $t = 0$ der Druckbeaufschlagung ist die Düsengeschwindigkeit Null. Während des Anstiegs der Geschwindigkeit muss somit das Gebiet des statischen bzw. dynamischen Abtropfens durchlaufen werden. Es bildet sich dabei zunächst ein an der Düsenaußenfläche hängender Tropfen, der anschließend vom Strahl mitgerissen wird und die Düsenoberfläche verlässt. In Abbildung 3.4 ist dieser Vorgang an einer Düse mit einem Durchmesser von 500 µm durch fotografische Aufnahmen zu unterschiedlichen Zeitpunkten nach der Druckbeaufschlagung dargestellt. Es ist zu erkennen, wie sich zunächst ein anhaftender Tropfen ausbildet, dessen Durchmesser am Düsenaustritt größer ist als der Düsenkanaldurchmesser (gelb markiert). Dieser Vorgang wird als Auslaufen bezeichnet und verursacht Verschmutzungen der Düsenaußenfläche. Mit fortschreitender Zeit wächst der Tropfen an und wird schließlich vom entstehenden Strahl mitgerissen. Die am Anfang des Vorgangs entstandenen Verschmutzungen bleiben allerdings teilweise an der Düse haften. Durch eine große Anzahl an Dosierungen wächst somit über längere Zeit eine unvorteilhafte Verschmutzungsschicht am Düsenauslass an. Diese Verschmutzungsschicht kann beispielsweise bei der Brennstoffeinspritzung zu verstärkter Rußbildung führen und ist somit nachteilig für eine schadstoffarme Verbrennung (siehe Miklautschitsch et al. [115]).

Während des Anfahrvorgangs bzw. der Strahlausbildung an einer Düse muss also stets das Gebiet des Abtropfens durchlaufen werden, wenn auch nur sehr

(a) t_1 (b) t_2 (c) t_3 (d) t_4 (e) t_5

Abbildung 3.4: Aufnahmen eines Tropfens/Strahles zu unterschiedlichen Zeitpunkten nach Druckbeaufschlagung einer Düse ($t_1 < t_2 < t_3 < t_4 < t_5$).

kurz. In den nächsten Abschnitten dieses Kapitels werden das statische und das dynamische Abtropfen als Teil der Strahlausbildung sowohl theoretisch als auch experimentell untersucht.

3.2 Statische Tropfenbildung

3.2.1 Theoretische und numerische Betrachtungen

Wie im vorigen Abschnitt beschrieben, bleibt am Anfang der Strahlausbildung die ausfließende Flüssigkeit an der Düse hängen und bildet einen Tropfen. Die Form des Tropfens ist abhängig vom Düsendurchmesser und von der ausgedrückten Flüssigkeitsmenge bzw. dem Tropfenvolumen. Diese beiden Größen bestimmen neben den Flüssigkeitseigenschaften den Kontaktwinkel des Tropfens zur Düse. In der Regel wird angestrebt, dass die Flüssigkeit bzw. der Tropfen im Inneren der Düse verbleibt und nicht ausläuft, um Verschmutzungen der Düse zu vermeiden. Dies erfolgt, solange der Kontaktwinkel einen von Düsenmaterial und Flüssigkeit abhängigen Grenzwert nicht überschreitet. In diesem Abschnitt wird eine allgemeingültige Darstellung für den Kontaktwinkel theoretisch hergeleitet und experimentell verifiziert.

Die Gestalt und damit der Kontaktwinkel des hängenden Tropfens kann für den statischen Fall durch das Lösen einer gewöhnlichen Differentialgleichung ermittelt werden. Die statische Tropfenbildung wurde bereits von vielen Autoren behandelt, so z.B. durch Bashforth & Adams [4] (1883) und Fordham [64] (1948). Siemes [160] und Durst & Beer [51] führten theoretische und experimentelle Untersuchungen zur statischen Blasenbildung in Flüssigkeiten durch (die statische Blasen- und Tropfenbildung sind zueinander analoge Vorgänge). Zusammenfassende Darstellungen der möglichen Tropfen- oder Blasenformen wurden durch Hartland & Hartley [78] gegeben. Andere Autoren untersuchten die Masse bzw. das Gewicht der Tropfen nach dem Ablösen von der Düse.

Lohnstein [107] (1906) gab einen theoretischen Zusammenhang für das Gewicht des von einer Düse abreißenden Tropfens an. Harkins & Brown [76] führten einen Korrekturfaktor ein, um ihre gemessenen Tropfenvolumina mit theoretischen Werten zu korrelieren. Lando & Oakley [91] ermittelten aus diesem in Form von Tabellenwerten vorliegenden Faktor durch Ausgleichsrechnung eine analytische Gleichung.

Die Einflussgrößen des hängenden Tropfens sind die Oberflächenspannung σ, die Fallbeschleunigung g, die Dichtedifferenz zwischen der Flüssigkeit des Tropfens und der umgebenden Gasphase $\Delta\rho$ und der Düsenradius r_D. Eine mit diesen Größen durchgeführte Dimensionsanalyse liefert das folgende dimensionslose Längenmaß:

$$\Pi = \frac{r_\mathrm{D}}{\sqrt{\frac{\sigma}{\Delta\rho g}}} \tag{3.19}$$

Mit der Gravitationsbeschleunigung als Bestimmungsvariable lässt sich, bei gleichen Einflussgrößen, die Bondzahl ermitteln ($\mathrm{Bo} = g\Delta\rho r_\mathrm{D}^2/\sigma$).

Für Betrachtungen zur statischen Tropfen- oder Blasenbildung ist die Laplacekonstante[1] $b = \sqrt{\frac{2\sigma}{\Delta\rho g}}$ zum Normieren von Längenskalen üblich, die bis auf den Faktor $\sqrt{2}$ dem Nenner der rechten Seite von Gleichung (3.19) entspricht. So erfolgt es auch in diesem Abschnitt.

Abbildung 3.5 zeigt die Lage des Koordinatensystems für die Berechnung der Tropfenform und veranschaulicht, wie der Kontaktwinkel θ_D, der Düsenradius r_D, die Tropfenhöhe y_S und die verschiedenen Radien $R_{0,1,2}$ definiert sind. Der Tropfen ist rotationssymmetrisch. Somit sind nur die beiden Koordinaten y und r notwendig, um dessen Kontur vollständig zu beschreiben.

Der Flüssigkeitsdruck im Inneren des Tropfens $p_\mathrm{i}(y)$ muss an jeder Stelle der Tropfenkontur $y(r)$ stets genauso groß sein wie die Summe aus dem Druck infolge von Oberflächenspannungskräften $p_\sigma(r,y)$ und dem Umgebungsdruck p_g:

$$p_\mathrm{i}(y) = p_\sigma(r,y) + p_\mathrm{g} \tag{3.20}$$

Der Oberflächenspannungsdruck hängt von der Krümmung der Tropfenoberfläche ab und kann mit der Young-Laplace-Gleichung bestimmt werden. Diese gibt

[1] Zur Vermeidung von Verwechslungen mit dem Strahlradius a ist die Laplacekonstante hier von der üblichen Schreibweise abweichend mit b bezeichnet.

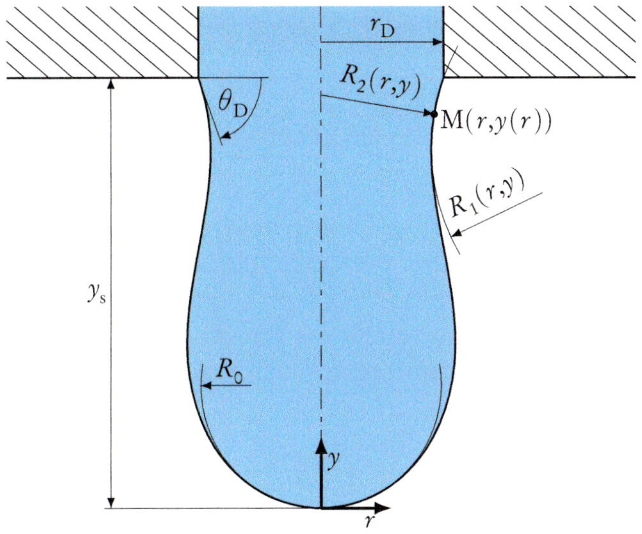

Abbildung 3.5: Radien und Abmessungen des hängenden Tropfens.

an, wie groß der Druck auf ein mit den beiden Radien R_1 und R_2 gekrümmtes Oberflächenelement ist. Sie lautet:

$$p_\sigma(r,y) = \sigma \left[\frac{1}{R_1} + \frac{1}{R_2} \right] \tag{3.21}$$

Der Druck im Inneren des Tropfens setzt sich aus dem Druck an der Tropfenspitze $p_i(y=0)$, dem sog. Scheiteldruck, und dem hydrostatischen Druck zusammen:

$$p_i(y) = p_i(y=0) - \Delta\rho g y \tag{3.22}$$

Einsetzen der beiden Gleichungen (3.21) und (3.22) in die Druckbilanz (3.20) liefert:

$$p_i(y=0) - \Delta\rho g y = \sigma \left[\frac{1}{R_1} + \frac{1}{R_2} \right] + p_g \tag{3.23}$$

An der Tropfenspitze bzw. bei $y=0$ sind die beiden Radien R_1 und R_2 gleich dem Scheitelradius R_0. Die Druckbilanz an der Tropfenspitze lautet somit:

$$p_i(y=0) = \frac{2\sigma}{R_0} + p_g \tag{3.24}$$

Durch Einsetzen dieser Gleichung in die Druckbilanz (3.23) wird diese zu:

$$\frac{2\sigma}{R_0} - \Delta\rho g y = \sigma\left[\frac{1}{R_1} + \frac{1}{R_2}\right] \tag{3.25}$$

Die beiden Radien R_1 und R_2 sind von r und y abhängig. Der Radius $R_1(r,y)$ kann direkt aus der Kurvenkrümmung von $y(r)$ abgeleitet werden. $R_2(r,y)$ ist der Abstand zur y-Achse, gemessen in senkrechter Richtung zur Tangenten am jeweiligen Punkt der Tropfenkontur. In Abbildung 3.5 sind zum besseren Verständnis für einen beliebigen Punkt der Tropfenkontur M die beiden Radien R_1 und R_2 eingezeichnet. Die entsprechenden mathematischen Zusammenhänge sind:

$$R_1(r,y) = \frac{\left[1 + y'^2\right]^{\frac{3}{2}}}{y''} \tag{3.26}$$

$$R_2(r,y) = \frac{r\left[1 + y'^2\right]^{\frac{1}{2}}}{y'} \tag{3.27}$$

Mit diesen Ausdrücken und der Gleichung (3.25) kann die Differentialgleichung (DGL) für die Tropfenkontur aufgestellt werden:

$$\sigma\left[\frac{y''}{\left[1 + y'^2\right]^{\frac{3}{2}}} + \frac{y'}{r\left[1 + y'^2\right]^{\frac{1}{2}}}\right] = \frac{2\sigma}{R_0} - \Delta\rho g y \tag{3.28}$$

Normieren mit der Laplacekonstante ($y^* = y/b$; $r^* = r/b$; $R_0^* = R_0/b$) führt zu einer dimensionslosen Form:

$$\frac{y^{*\prime\prime}}{\left[1 + y^{*\prime 2}\right]^{\frac{3}{2}}} + \frac{y^{*\prime}}{r^*\left[1 + y^{*\prime 2}\right]^{\frac{1}{2}}} = \frac{2}{R_0^*} - 2y^* \tag{3.29}$$

Diese DGL der Tropfenkontur wurde bereits von einer Vielzahl von Autoren hergeleitet [51, 78, 160].

Die Gleichung (3.29) kann ausgehend von der Anfangsbedingung $y^*(r=0)=0$ am Scheitelpunkt des Tropfens numerisch integriert werden. Im Rahmen dieser Arbeit wurde dazu das explizite Eulerverfahren verwendet. Die Berechnung der Tropfenvolumina aus den Konturen erfolgte mit der Trapezmethode. Die Integration der DGL kann durchgeführt werden, bis ein bestimmtes Abbruchkriterium erfüllt ist. Dies kann zum Beispiel das Erreichen eines bestimmten Kontaktwinkels θ_D oder des Düsenradius r_D^* sein. Der Scheitelradius R_0^* geht als Parameter in

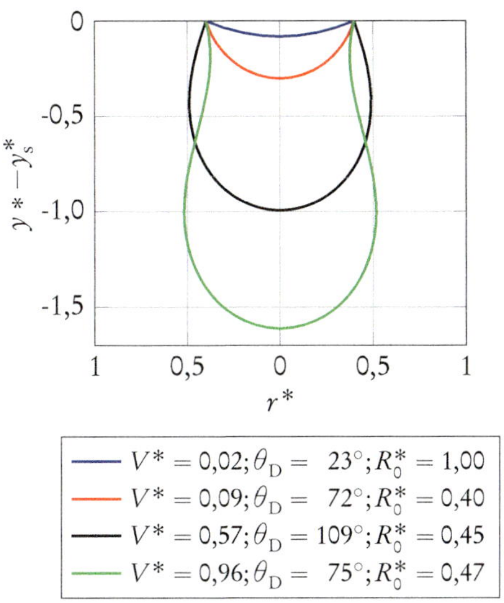

(a) Konstanter Düsenradius, $r_D^* = 0{,}4$

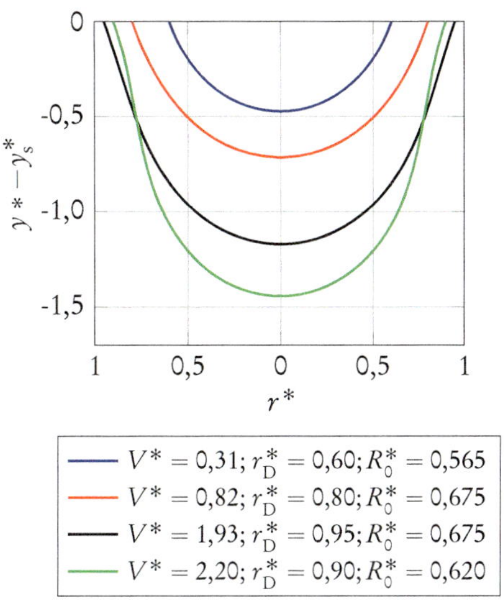

(b) Konstanter Kontaktwinkel, $\theta_D = 70°$

Abbildung 3.6: Mögliche Tropfenformen bei unterschiedlichen Scheitelradien und verschiedenen Abbruchkriterien.

die Berechnung ein. Die Beeinflussung des Berechnungsergebnisses durch R_0^* und die Wahl des Abbruchkriteriums wird in den folgenden Ausführungen erläutert.

Abbildung 3.6a zeigt beispielhaft, welche Lösungen sich für unterschiedliche Scheitelradien bei Verwendung des gleichen Düsenradius als Abbruchkriterium ergeben. Bei der roten und der blauen Kontur wurde die Berechnung beim erstmaligen Erreichen des Düsenradius gestoppt. Der Kontaktwinkel ist hier kleiner als 90°. Die schwarze Kurve zeigt die Tropfenform, wenn der Abbruch der Integration bei der zweiten Übereinstimmung von r^* und r_D^* erfolgt. Der Kontaktwinkel ist für diesen Fall mit 109° größer als 90°. Die grüne Kontur stellt einen Tropfen dar, bei dem die numerische Integration beim dritten Erreichen des Düsenradius angehalten wurde. Diese Form weist eine Einschnürung des Tropfens auf, wodurch der Kontaktwinkel wieder unter 90° sinkt, obgleich hier das Volumen maximal ist. Bei den in Abbildung 3.6b dargestellten Tropfenkonturen wurden unterschiedliche Düsenradien als Abbruchkriterien vorgegeben. Die Wahl des jeweiligen Scheitelradius erfolgte so, dass alle Konturen den gleichen Kontaktwinkel von 70° bildeten. Dieser Fall veranschaulicht, wie sich ein an einer waagerechten Platte hängender Tropfen mit steigendem Volumen verhält. Zunächst steigt der Durchmesser r_D^* an, um anschließend wieder abzunehmen.

Die beiden Fälle der Abbildung 3.6 zeigen, dass die Wahl von Abbruchkriterium und Scheitelradius R_0 eine entscheidende Rolle bei der Berechnung der

Tropfenkontur spielt. Bei praktischen Problemstellungen sind allerdings weder R_0 noch das notwendige Abbruchkriterium bekannt. Es sind meist für einen vorgegebenen Düsendurchmesser bzw. -radius die Tropfenkontur oder nur der Düsenkontaktwinkel θ_D in Abhängigkeit des Tropfenvolumens V^* gesucht (um z.B. die Evolution des Tropfens bei einem konstanten Düsenvolumenstrom zu bestimmen). Das Tropfenvolumen ist allerdings keine Vorgabe der Berechnung, sondern geht als Ergebnis aus der numerischen Lösung der DGL (3.29) hervor. Es ist also nicht möglich, die Kontur eines Tropfens mit definiertem Volumen und Düsenradius zu berechnen, ohne einen umfangreichen iterativen Prozess unter Änderung des Scheitelradius R_0 und des Abbruchkriteriums zu durchlaufen.

Es sollte im Rahmen der vorliegenden Arbeit eine zusammenfassende Darstellung ermittelt werden, welche die Abhängigkeit des Kontaktwinkels θ_D vom Düsenradius r_D^* und vom Tropfenvolumen V^* veranschaulicht. In dieser Darstellung durften der Scheitelradius und/oder das Abbruchkriterium keine Rolle spielen, denn diese Informationen sind in praktischen Anwendungen, wie bereits erwähnt, nicht bekannt und auch nicht von Interesse. Dem Leser soll damit ermöglicht werden, das Verhalten eines hängenden Tropfens an einer Rundlochdüse direkt aus einem Diagramm abzulesen ohne eigene umfangreiche Berechnungen durchführen zu müssen.

Dazu wurden für feste Düsenradien das Anwachsen eines Tropfens von $V^* = 0$ bis zum Tropfenabriss durch eine Reihe von Berechnungen mit veränderlichem Scheitelradius und Abbruchkriterium simuliert. Anschließend konnte die Abhängigkeit des Kontaktwinkels vom Tropfenvolumen aufgetragen werden. Dies erfolgte für dimensionslose Düsenradien im Bereich von $r_D^* = 10^{-2}$ bis 2.

Zur Durchführung von Berechnungen mit steigendem Tropfenvolumen ist die Kenntnis des Zusammenhangs zwischen Scheitelradius, Abbruchkriterium und Tropfenvolumen erforderlich. Dabei muss zwischen großen Düsen mit einem Radius $r_D^* > 0{,}648$ und kleinen Düsen ($r_D^* \leqslant 0{,}648$) unterschieden werden [51, 160]. Bei großen Düsen kann die Integration stets beim erstmaligen Erreichen des Düsenradius gestoppt werden. Mit sinkendem Scheitelradius steigt hier das Tropfenvolumen und der Kontaktwinkel ist stets $\theta_D \leqslant 90°$. Bei kleinen Düsen steigt ebenfalls zunächst das Tropfenvolumen mit sinkendem Scheitelradius, bevor sich dieses Verhalten bei $\theta_D = 90°$ umkehrt. Anschließend muss also der Scheitelradius wieder erhöht werden, um einen positiven Volumenstrom durch die Düse zu simulieren. Schlussendlich erreicht der Kontaktwinkel wieder einen Wert von $\theta_D = 90°$ und das Tropfenvolumen steigt erneut bei sinkendem Scheitelradius. In diesem letzten Bereich erfolgt die in Abbildung 3.6a dargestellte Einschnürung (grüne Kontur). Das Abbruchkriterium kann das erste, zweite oder dritte Erreichen des Düsenradius sein, je nachdem welche Tropfenform

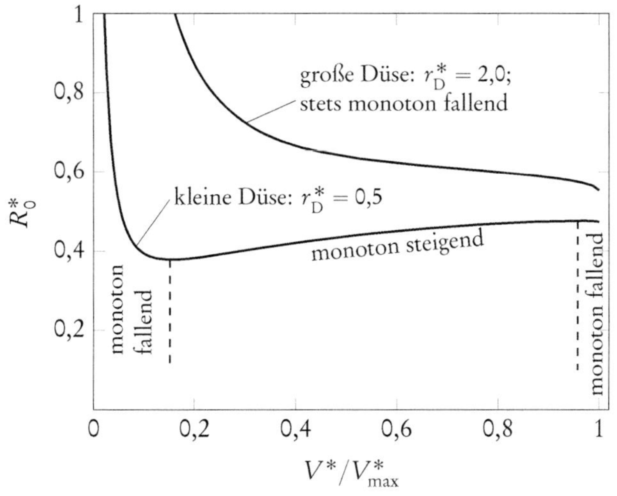

Abbildung 3.7: Abhängigkeit des Scheitelradius vom Tropfenvolumen für eine große und eine kleine Düse.

berechnet werden soll. Der Wechsel des Abbruchkriteriums muss bei $\theta_D = 90°$ erfolgen.

Zum besseren Verständnis veranschaulicht Abbildung 3.7 die o.g. Zusammenhänge durch ein Diagramm, das die Abhängigkeit des Scheitelradius R_0^* vom Tropfenvolumen beispielhaft für eine große ($r_D^* = 2$) und eine kleine Düse ($r_D^* = 0{,}5$) darstellt. Für die Kurve der großen Düse ist zu erkennen, dass diese im gesamten Bereich monoton fällt. Bei der kleinen Düse weist der Scheitelradius während der Vergrößerung des Tropfenvolumens zunächst auch ein monoton fallendes Verhalten auf, bevor die Kurve anschließend ansteigt. Kurz vor Erreichen des Maximalvolumens gibt es ein kurzes Gebiet mit fallender Monotonie. An jedem lokalen Extrempunkt der R_0^*-Kurve beträgt der Kontaktwinkel 90° und das Abbruchkriterium wechselt. Das Diagramm zeigt, dass sich je nachdem ob r_D^* größer oder kleiner als 0,648 ist, das Verhalten während des Tropfenwachstums grundsätzlich ändert.

Obige Erkenntnisse ermöglichten die Implementierung eines Algorithmus zur vollständig automatisierten Berechnung des Tropfenwachstums. Die Programmierung erfolgte im Rahmen dieser Arbeit mittels „C++". Das erstellte Programm ermittelte die Tropfenevolution für 101 logarithmisch verteilte Düsenradien im Intervall $r_D^* = [0{,}01; 2]$. Die Tropfenvolumenänderung zwischen zwei Berechnungsschritten wurde so gewählt, dass sich je Größenordnung bzw. Zehnerpotenz 179 linear verteilte Tropfenvolumenschritte ergaben. Diese Berechnungsfeinheit genügte, um eine ausreichend genaue Darstellung zu erhalten.

Abbildung 3.8 zeigt das aus den Ergebnissen erstellte Diagramm. Da der Düsenradius als Ordinate und das Tropfenvolumen als Abszisse dargestellt sind, ergibt sich das Tropfenanwachsen bei konstantem Düsenradius auf einer Parallelen zur Abszisse. Es kann so nachvollzogen werden, wie sich der Kontaktwinkel während des Tropfenwachstums ändert. Es sind zusätzlich Isolinien gleichen Kontaktwinkels eingezeichnet. Diese bilden ein Tropfenwachstum bei gleichem Kontaktwinkel aber veränderlichem Düsenradius ab. Unter- und oberhalb des Diagramms sind zum besseren Verständnis für einen Düsenradius $r_D^* = 0{,}1$ und für einen Kontaktwinkel von 100° ausgewählte Tropfenkonturen dargestellt. Diese Abbildungen dienen der Verdeutlichung, welche Tropfenformen sich in den unterschiedlichen Bereichen des Diagramms ergeben.

Die Differentialgleichung (3.29) ist nicht für jede beliebige Tropfenvolumen-Düsenradius-Kombination lösbar. In Abbildung 3.8 ist der Bereich ohne Lösung weiß dargestellt und vom Gebiet mit Lösungen durch eine schwarze Linie abgetrennt. Es existiert somit für jeden Düsenradius eine Tropfenkontur mit einem maximalen Volumen V_{max}^*.

Infolge der Gewichtskraft kann der Tropfen von der Düse abreißen. Er bleibt solange an der Düse hängen, wie seine Gewichtskraft kleiner ist als die ihn haltende Oberflächenspannungskraft an der Düsenöffnung. In dimensionsbehafteter Notation lautet dieses Kriterium:

$$\Delta\rho g V \leqslant 2\pi\sigma r_D \sin\theta_D \qquad (3.30)$$

Die rechte Seite dieser Ungleichung entspricht der rechten Seite von Gleichung (3.3) für den Spezialfall $\theta_D = 90°$, denn beim Tropfenabriss wird in Analogie zum Strahlbildungskriterium eine von der Düse weg gerichtete Kraft mit der Oberflächenspannungskraft verglichen. Da es sich in diesem Abschnitt um eine Betrachtung zu einem statischen Vorgang handelt, ist hier diese Kraft auf der linke Seite der Ungleichung nicht die Impulskraft, sondern die Gewichtskraft. Mit der Laplacekonstanten b lässt sich das Kriterium (3.30) dimensionslos machen und umformulieren:

$$V^* \leqslant \pi r_D^* \sin\theta_D \qquad (3.31)$$

Diese Ungleichung wurde bei jeder numerischen Berechnung der Tropfenkontur geprüft. Die Volumina bei der ersten Nichterfüllung des Kriteriums, beim Tropfenabriss also, sind in Abbildung 3.8 als rote Linie dargestellt. Es ist zu erkennen, dass diese Linie nur für Düsenradien im Bereich $r_D^* = [0{,}90; 1{,}62]$ existiert. Offenbar reißen Tropfen, die durch Düsen mit $r_D^* < 0{,}90$ gebildet werden, niemals durch ihr Eigengewicht ab. Experimentelle Untersuchungen mit Kanülen mit

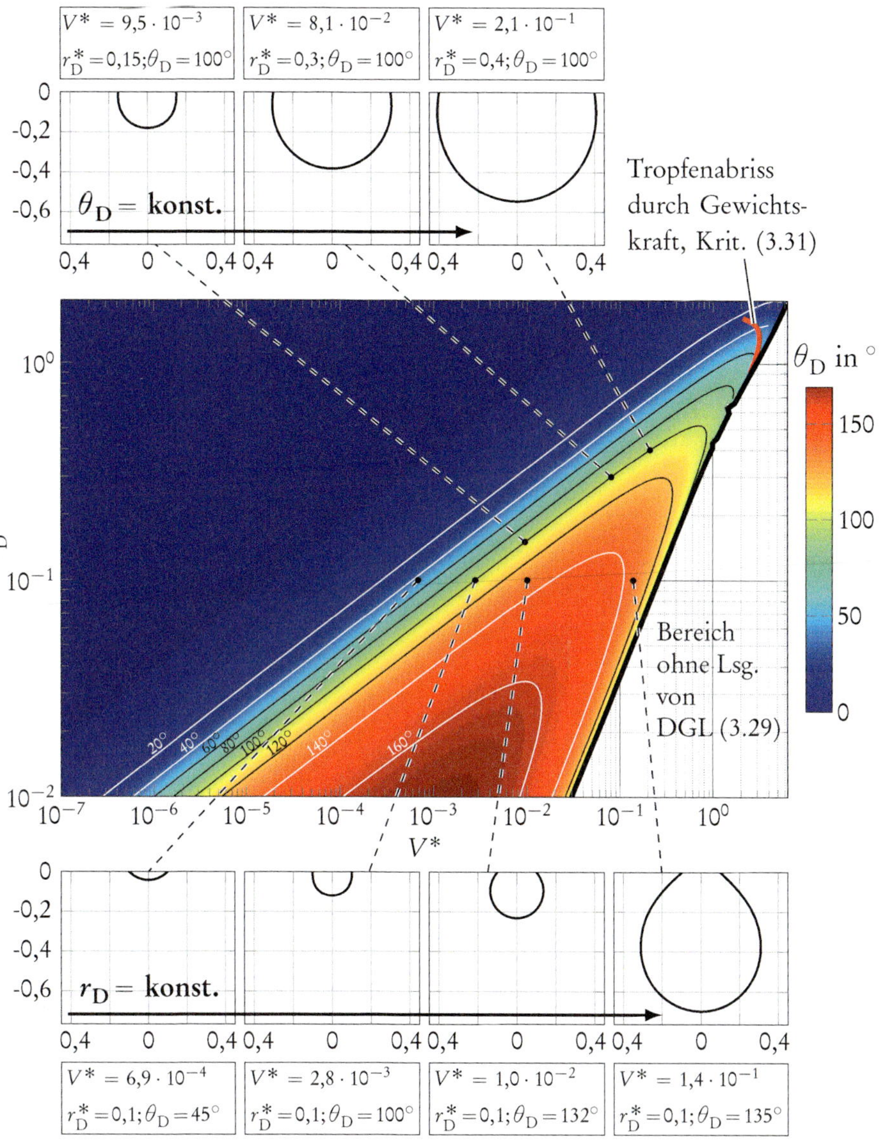

Abbildung 3.8: Entwicklung des Kontaktwinkels θ_D in Abhängigkeit von Düsenradius r_D^* und Tropfenvolumen V^* sowie ausgewählte beispielhafte Lösungen der Gleichung (3.29).

$r_D^* < 0{,}90$ zeigten, dass die Tropfen beim Erreichen der schwarzen Linie abreißen. Dies geschieht somit, obwohl die Tropfen nicht genug Eigengewicht zum Überwinden der Oberflächenspannung aufbringen. Im nächsten Abschnitt 3.2.2 wird diese Thematik anhand experimenteller Untersuchungen vertieft.

Auslaufverhalten von großen Düsen

Für Düsen mit $r_D^* > 1{,}62$ ist die Ungleichung (3.31) schon beim jeweils ersten Berechnungs- bzw. Tropfenvolumenschritt nicht erfüllt. Das heißt die Oberflächenspannungskräfte sind zu gering, um eine geschlossene Oberfläche an der Düsenmündung zu bilden. Es kann Luft in die Düse eindringen und die Flüssigkeit läuft aus. Eine Tropfenbildung ist an derartig großen Düsen somit nicht möglich. Die durch die Lösung der Differentialgleichung (3.29) für $r_D^* = [1{,}62; 2]$ berechneten Lösungen sind demzufolge für die Praxis nicht relevant.

Das Auftreten des als Auslaufen bezeichneten Verhaltens bei $r_D^* > 1{,}62$ kann durch eine analytische Betrachtung erklärt werden. Bei Annahme der Tropfengestalt beim Start des Wachstums als Kugelsegment mit dem Kugelradius R_0^* und dem Basiskreisradius r_D^* können das Tropfenvolumen und der Kontaktwinkel direkt berechnet werden:

$$V^* = \frac{\pi}{3}\left[R_0^* - \sqrt{R_0^{*2} - r_D^{*2}}\right]^2 \left[2R_0^* + \sqrt{R_0^{*2} - r_D^{*2}}\right] \tag{3.32}$$

$$\theta_D = \arcsin \frac{r_D^*}{R_0^*} \tag{3.33}$$

Am Anfang der Tropfenbildung hat der Tropfen ein infinitesimales Volumen, der Scheitelradius muss also als unendlich groß angenommen werden. Zur Bestimmung des Abrissverhaltens wird somit der Grenzwert des Kriteriums (3.31) für $R_0^* \to \infty$ bestimmt:

$$\lim_{R_0^* \to \infty} \frac{V^*}{\pi r_D^* \sin \theta_D} \leqslant 1 \tag{3.34}$$

Einsetzen der Gleichungen (3.32) und (3.33) liefert:

$$\frac{r_D^{*2}}{4} \leqslant 1 \tag{3.35}$$

Dieses Kriterium zeigt, dass Düsen nur dann in der Lage sind eine geschlossene Flüssigkeitsoberfläche zu bilden, wenn sie einen Radius von $r_D^* \leqslant 2$ aufweisen. Die numerischen Rechnungen lieferten einen Grenzwert von $r_D^* \leqslant 1{,}62$. Die

Abweichung ist durch die Annahme der Tropfenkontur als Kugelsegment zu erklären. Die analytische Herleitung konnte dennoch verdeutlichen, dass ab einem bestimmten Düsenradius aufgrund der Gewichtskraft kein Tropfen und damit kein geschlossener Film ausgebildet werden kann und es zum Auslaufen kommt.

Walzel & Michalski [177] führten experimentelle Untersuchungen zum Auslaufverhalten bei verschiedenen Düsenströmungsgeschwindigkeiten durch. Die experimentellen Ergebnisse wurden von den Autoren als Bondzahl $Bo = g\rho D^2/\sigma$ in Abhängigkeit von einer dimensionslosen Geschwindigkeit $U^* = U^4\rho/[g\sigma]$ aufgetragen. Für sehr kleine Durchsätze, den statischen Fall also, ergab sich ein Grenzwert von $Bo = 28$, was einem dimensionslosen Düsenradius von $r_D^* = 1{,}87$ entspricht (mit $D = 2r_D^* b$ und $\rho \approx \Delta\rho$). Die experimentellen Ergebnisse von Walzel & Michalski [177] liegen mit $r_D^* = 1{,}87$ in befriedigender Nähe zu den Werten der analytischen Vereinfachung ($r_D^* = 2$) und der numerischen Berechnung ($r_D^* = 1{,}62$) dieser Arbeit.

Größe des Tropfens beim Abriss

Oftmals ist nur die Größe des sich von der Düse ablösenden Tropfens von Interesse. Mit den numerischen Berechnungsergebnissen dieser Arbeit kann für jeden Düsenradius ein maximal mögliches Tropfenvolumen V_{max}^* angegeben werden. Dieses ergibt sich entweder aus der Lösung der DGL (3.29) mit maximalem Volumen oder aus dem Abrisskriterium (3.31). Bei Annahme eines kugelförmigen Tropfens lässt sich daraus ein maximaler Tropfenradius $r_{Tropfen}^*$ berechnen. In Abbildung 3.9 ist der relative Tropfenradius $r_{Tropfen}^*/r_D^*$ als Funktion vom Düsenradius r_D^* dargestellt. Es sind hier für die beiden genannten Ansätze die vollständigen Kurven angegeben. Der jeweils kleinere Tropfenradius ist entscheidend. Für kleine r_D^*-Werte ist der Tropfen bis zu 20-mal so groß wie die Düse. Mit zunehmendem Düsenradius sinkt der Tropfenradius bis auf nur noch 60% des Düsenradius.

Diesbezügliche experimentelle Arbeiten führten Harkins & Brown [76] durch. Das Ziel ihrer Untersuchungen bestand in der Bestimmung der Oberflächenspannung aus der Masse der abfallenden Tropfen. Ausgangspunkt der Autoren war eine Bilanz aus Tropfengewichtskraft und Oberflächenspannungskraft ohne Berücksichtigung der Tropfenkontur bzw. des Kontaktwinkels ($\Delta\rho V g = 2\pi\sigma r_D$, vgl. Kriterium 3.30). Um den Einfluss der Tropfenkontur abzubilden und die Ergebnisse mit experimentellen Werten zu korrelieren, führten sie den nach ihnen benannten Korrekturfaktor Φ ein. Die Gleichung für das Tropfenvolumen

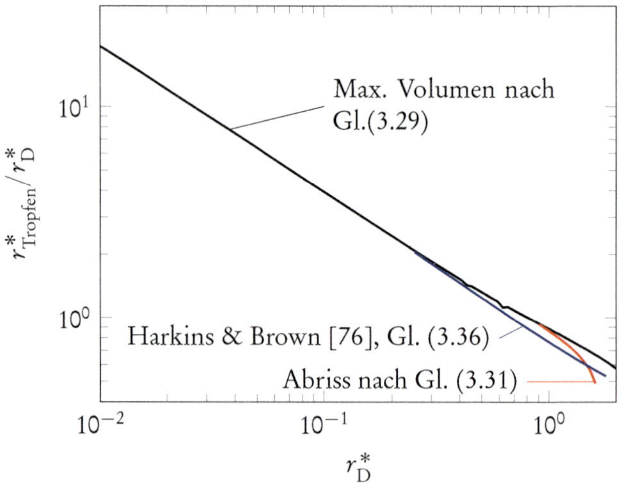

Abbildung 3.9: Abhängigkeit des maximalen Tropfenvolumens vom Düsenradius.

nach Harkins & Brown [76] lautet in dimensionsloser Schreibweise (mit der Definition von Φ nach Lando & Oakley [91]):

$$V^* = \frac{\pi r^*_{\mathrm{D}}}{\Phi} \tag{3.36}$$

Der sog. Harkins-Brown-Korrekturfaktor Φ wurde durch die Autoren in Tabellenform als Funktion von $r_{\mathrm{D}}/V^{1/3} (= r^*_{\mathrm{D}}/V^{*1/3})$ angegeben. Lando & Oakley [91] führten mit diesen Tabellenwerten eine Ausgleichsrechnung durch, um einen analytischen Zusammenhang zu ermitteln. Das Resultat ist folgende quadratische Funktion:

$$\frac{\Phi}{2\pi} = 0{,}14782 + 0{,}27896 \frac{r}{V^{\frac{1}{3}}} - 0{,}166 \left[\frac{r}{V^{\frac{1}{3}}} \right]^2 \tag{3.37}$$

Die obige im Bereich $r_{\mathrm{D}}/V^{1/3} = [0{,}3; 1{,}2]$ definierte Funktion wurde in dieser Arbeit genutzt, um das Tropfenvolumen nach Harkins & Brown [76] in Abhängigkeit vom Düsenradius zu bestimmen und mit den Werten dieser Arbeit zu vergleichen. Dabei mussten die Voluminawerte iterativ bestimmt werden, da die ursprünglich zur Berechnung der Oberflächenspannung dienende Gleichung sich nicht in einen expliziten Ausdruck für das Tropfenvolumen umformen lässt. Der o.g. Definitionsbereich entspricht einem Düsenradiusbereich von $r^*_{\mathrm{D}} = [0{,}25; 1{,}88]$. In Abbildung 3.9 sind die erhaltenen Werte nach Harkins &

Brown eingetragen. Es ist zu erkennen, dass die nach Gleichung (3.29) berechneten Abrissvolumina für kleine Düsenradien $r_D^* = 0{,}25$ sehr gut mit den Werten nach Harkins & Brown übereinstimmen. Bei größeren Düsenradien liegt eine Abweichung vor, wobei die Werte dieser Arbeit größere Tropfenabrissvolumina aufweisen.

Grenzen der statischen Tropfenbildung

Die Theorie der statischen Tropfenbildung basiert darauf, dass sich die Flüssigkeit im Tropfen in Ruhe befindet. Es sind keine Literaturstellen verfügbar, die eine quantitative Aussage zur Geschwindigkeitsobergrenze oder eine maximale Weberzahl enthalten, für die der Ansatz der statischen Tropfenbildung noch zulässig ist. Es ist meistens lediglich von ausreichend niedrigen Durchflussraten die Rede [16, 133, 156, 177]. Durch theoretische Betrachtungen basierend auf der Ähnlichkeitstheorie sollen an dieser Stelle die Grenzen der statischen Tropfenbildung genauer beleuchtet werden.

Die Tropfenkontur während der statischen Tropfenbildung wird allein durch Gewichts- und Oberflächenspannungskräfte bestimmt. Beschleunigungs- bzw. Trägheitskräfte müssen für die vorliegenden Betrachtungen vernachlässigbar sein. Ein Maß für das Verhältnis von Trägheits- zu Gewichtskräften stellt die Froudezahl dar (siehe Gl. 2.21). Wenn diese einen Wert $\ll 1$ annimmt, dominiert die Gewichtskraft. Da sich die Weberzahl aus Froude- und Bondzahl ausdrücken lässt, kann eine Grenzweberzahl für die statische Tropfenbildung $\mathrm{We}_{\mathrm{stat}}$ formuliert werden:

$$\mathrm{We}_{\mathrm{stat}} = \underbrace{\left[\frac{U}{\sqrt{gD}}\right]^2}_{\mathrm{Fr}^2} \underbrace{\frac{\Delta\rho g D^2}{\sigma}}_{\mathrm{Bo}} = \mathrm{Fr}^2\mathrm{Bo} \tag{3.38}$$

Mit dem Zusammenhang zwischen dimensionslosem Düsenradius und Bondzahl $\mathrm{Bo} = 8 r_D^{*2}$ und durch Festlegen eines kleinen Wertes für die Froudezahl mit $\mathrm{Fr} = 0{,}01$ folgt:

$$\mathrm{We}_{\mathrm{stat}} = 8 \cdot 10^{-4} r_D^{*2} \tag{3.39}$$

Die Bondzahl muss kleiner sein als 28, bzw. der dimensionslose Düsenradius darf den Wert 1,87 nicht übersteigen, da sonst ein Auslaufen der Flüssigkeit eintritt (siehe Betrachtungen zum Auslaufverhalten). Nach unten gibt es für r_D^*

theoretisch keine Grenze. Wenn eine kleine Froudezahl mit $\mathrm{Fr} = 0{,}01$ angenommen wird, kann somit die maximal mögliche Weberzahl zu $\mathrm{We}_{\mathrm{stat}} = 2{,}8 \cdot 10^{-3}$ berechnet werden (für $r_{\mathrm{D}}^* = 1{,}87$).

Dieses Kriterium lässt sich in einem Oh-Re-Diagramm darstellen. Die mittels Reynolds- und Ohnesorgezahl nicht erfasste Gewichtskraft geht dann als Parameter (über r_{D}^* oder Bo) in die Grenzlinie ein. In Abbildung 3.10 sind die sich ergebenden Grenzlinien beispielhaft für $r_{\mathrm{D}}^* = 0{,}25$ und 1,87 in ein Oh-Re-Diagramm eingezeichnet.

Die statische Tropfenbildung muss zusätzlich so langsam ablaufen, dass Viskositätskräfte ebenfalls keine Rolle spielen. Um diesen Einfluss zu erfassen, wurde mit den Stoffdaten Viskosität, Dichteunterschied und Oberflächenspannung eine Dimensionsanalyse durchgeführt und dabei eine Flüssigkeitsreaktionszeit $t_{\mathrm{resp}} = \eta^3/(\sigma^2 \Delta\rho)$ ermittelt. Diese Zeit muss kleiner sein als die für die Tropfenbildung notwendige Zeit, die sich durch den Quotienten aus dem Tropfenabrissvolumen V und dem Volumenstrom $\dot{V}$ durch die Düse ausdrücken lässt:

$$\frac{\eta^3}{\sigma^2 \Delta\rho} < \frac{V}{\dot{V}} \tag{3.40}$$

Bei Annahme des statischen Tropfenvolumens nach Gleichung (3.36) und durch Einsetzen von $\pi b^2 r_{\mathrm{D}}^{*2} U$ für den Volumenstrom kann die rechte Seite der Ungleichung wie folgt ersetzt werden:

$$\frac{\eta^3}{\sigma^2 \Delta\rho} < \frac{\frac{\pi r_{\mathrm{D}}^*}{\Phi} b^3}{\pi b^2 r_{\mathrm{D}}^{*2} U} = \frac{b}{\Phi r_{\mathrm{D}}^* U} \tag{3.41}$$

Umformulieren und Einsetzen liefert ein Kriterium in Abhängigkeit von Ohnesorge- und Reynoldszahl, wobei auch hier der dimensionslose Düsenradius berücksichtigt werden muss und zusätzlich der Harkins-Brown-Korrekturfaktor eingeht:

$$\mathrm{Oh}^4 \mathrm{Re} < \frac{1}{2 r_{\mathrm{D}}^* \Phi} \tag{3.42}$$

Ohnesorge- und Reynoldszahl sind hier mit dem Düsendurchmesser zu berechnen, obwohl auf der rechten Seite der Düsenradius vorkommt. Kriterium (3.42) ist ebenfalls in Abbildung 3.10 für $r_{\mathrm{D}}^* = 0{,}25$ und 1,87 dargestellt ($\Phi = 1{,}36$ und 1,53). Es ergeben sich damit im Oh-Re-Diagramm die Gebiete mit statischer und dynamischer Tropfenbildung (grün und blau markiert). Zusätzlich ist hier noch das Strahlbildungskriterium eingetragen, repräsentiert durch Gleichung (3.18). Das Diagramm zeigt, dass das Viskositätskriterium den Bereich der statischen

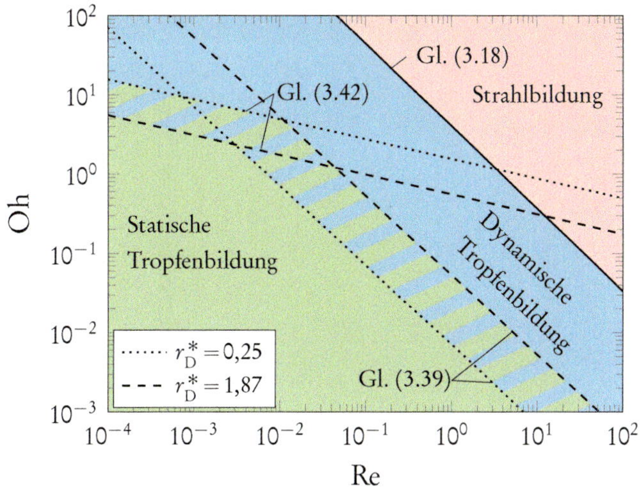

Abbildung 3.10: Grenzen der statischen Tropfenbildung im Oh-Re-Diagramm für zwei verschiedene dimensionslose Düsenradien; Kriterium auf Basis des Verhältnisses von Beschleunigungskraft zu Gewichtskraft nach Gleichung (3.39) und Viskositätskriterium nach Gleichung (3.42).

Tropfenbildung im Wesentlichen nach oben hin, also in Richtung großer Ohnesorgezahlen, begrenzt. Das Trägheitskriterium wiederum stellt eine Grenze in Richtung der Reynoldszahl dar.

An dieser Stelle wird darauf hingewiesen, dass die Kriterien nicht durch exakte oder numerische Lösung der zugrunde liegenden Massen- und Impulserhaltung ermittelt wurden, sondern durch Ähnlichkeitsbetrachtungen. Abweichungen gegenüber Messwerten aus Versuchen sind zu erwarten. Dennoch haben die obigen Betrachtungen ihre Berechtigung. Zum einen dienen sie der Abschätzung der Grenzen der statischen Tropfenbildung. Zum anderen werden die physikalischen Zusammenhänge veranschaulicht, was ein verbessertes Verständnis ermöglicht.

3.2.2 Experimentelle Ergebnisse

Die im vorigen Abschnitt erhaltenen Berechnungsergebnisse wurden durch experimentelle Untersuchungen verifiziert. Dazu erfolgte die Tropfenbildung an einer Kanüle bei definierten Randbedingungen und die optische Auswertung der dabei entstehenden Tropfenkontur. Mit der Kontur konnten das Tropfenvolumen und der Kontaktwinkel berechnet und mit den Berechnungsergebnissen verglichen werden.

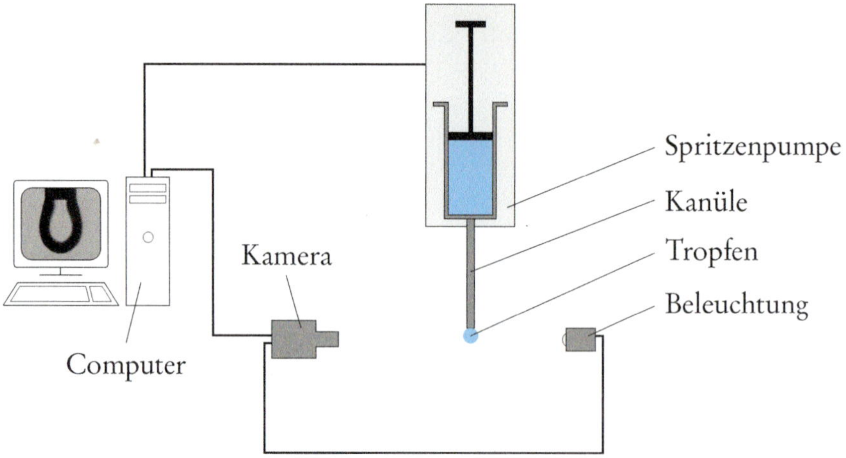

Abbildung 3.11: Versuchsaufbau zur Ermittlung der Tropfenkontur bei statischer Tropfenbildung.

Die Experimente wurden mit einem Oberflächenspannungsmessgerät (DSA30, KRÜSS GmbH) durchgeführt. Dieses Gerät besitzt eine integrierte Spritzenpumpe, an die eine Kanüle angeschlossen werden kann. An dieser konnten durch ein dosiertes Ausdrücken der Flüssigkeit hängende Tropfen bei verschiedenen Tropfenvolumina gezielt erzeugt werden. Die Formen der Tropfen wurden mit einer Kamera und einer entsprechenden Bildverarbeitungssoftware ermittelt. Die Bestimmung von Volumen und Kontaktwinkel der Tropfen erfolgte anschließend aus den ermittelten Konturen. Sowohl die Kamera als auch die Auswertungssoftware zur Ermittlung der Tropfenkonturen aus den Aufnahmen sind Bestandteil des Oberflächenspannungsmessgerätes. Als Düse kam eine Kanüle mit einem Außenradius von $r_D = 0{,}92\,\text{mm}$ und einer dünnen Wandstärke zum Einsatz, so dass der Außenradius als Düsenradius angenommen werden konnte. In Abbildung 3.11 ist der verwendete Versuchsaufbau schematisch dargestellt.

Die Experimente erfolgten mit reinem Wasser und zusätzlich mit Seifenlauge. Diese beiden Flüssigkeiten unterschieden sich in der Oberflächenspannung und demzufolge auch in der Laplacekonstanten. Da $r_D^* = r_D/b$ gilt, konnten mit der vorhandenen Kanüle mit einem festen Radius r_D zwei verschiedene dimensionslose Düsenradien untersucht werden. In Tabelle 3.1 sind die Versuchsparameter für Wasser und Seifenlauge zusammengefasst.

Die Ergebnisse des Versuches mit Wasser für den Düsenradius $r_D^* = 0{,}238$ zeigt das Diagramm in Abbildung 3.12a. Es ist zu erkennen, dass die berechneten und die gemessenen Werte sehr dicht beieinander liegen. Der Tropfenabriss erfolgte im Experiment bei $V^* > 0{,}57$, also bei dem laut Rechnung größtmöglichen Volumen.

Tabelle 3.1: Eigenschaften der verwendeten Flüssigkeiten.

Flüssigkeit	b in mm	σ in N/m	ρ in kg/m^3
Wasser	3,9	0,073	1000
Seifenlauge	2,9	0,042	1000

Bei diesem Volumen reicht die Oberflächenspannung zwar noch aus, um den Tropfen an der Düse zu halten (siehe Kriterium 3.31), die Differentialgleichung für die Tropfenkontur (3.29) hat jedoch bei diesem Düsenradius keine Lösung für größere Volumina. Mögliche Tropfenkonturen mit größerem Volumen lassen sich nur für Düsen mit einem Radius $r_\mathrm{D}^* > 0{,}238$ berechnen. Da im Experiment eine Kanüle verwendet wurde, konnte sich der Tropfen am Austritt seitlich nicht ausbreiten. Eine Vergrößerung von r_D^* war also nicht möglich. Somit kam es mit der Erhöhung des Volumens zum Abriss. Ein derartiges Verhalten wurde auch von Durst & Beer [51] für die statische Blasenbildung angegeben. Sie beschreiben, dass sich ein maximales Blasenvolumen ausbildet, welches das Ablösen der Blase einleitet. Dies konnte somit hier durch Experimente bestätigt werden, denn Ergebnisse der Betrachtungen zur statischen Tropfenbildung gelten gleichermaßen für die statische Blasenbildung.

Abbildung 3.12b zeigt die mit Seifenlauge erhaltenen Ergebnisse. Hier gibt es kleine Diskrepanzen, welche mit steigendem Volumen anwachsen und zu einer Stauchung der experimentellen Kurve in Richtung der Abszisse führen. Diese Stauchung ist mit einer Unsicherheit im gemessenen Oberflächenspannungswert zu erklären. Dieser ändert nämlich die Laplacekonstante, welche wiederum für die Umrechnung der gemessenen dimensionsbehafteten Voluminawerte in die dimensionslose Notation verwendet wurde ($V^* = V/b^3$). Das prinzipielle Verhalten wird jedoch auch hier durch die numerische Berechnung des Tropfenwachstums sehr gut wiedergegeben. Die in Abschnitt 3.2.1 erhaltenen theoretischen Ergebnisse konnten somit für zwei Düsenradien verifiziert werden. Es kann also davon ausgegangen werden, dass auch die restlichen Berechnungsdaten die statische Tropfenbildung realitätsnah beschreiben.

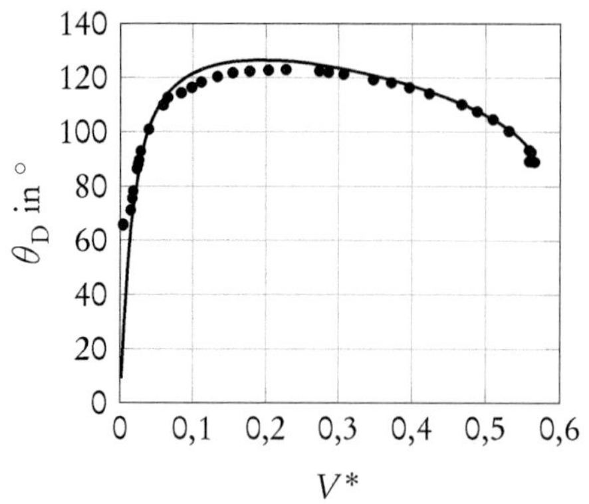

(a) Wasser; $r_D^* = 0{,}238$

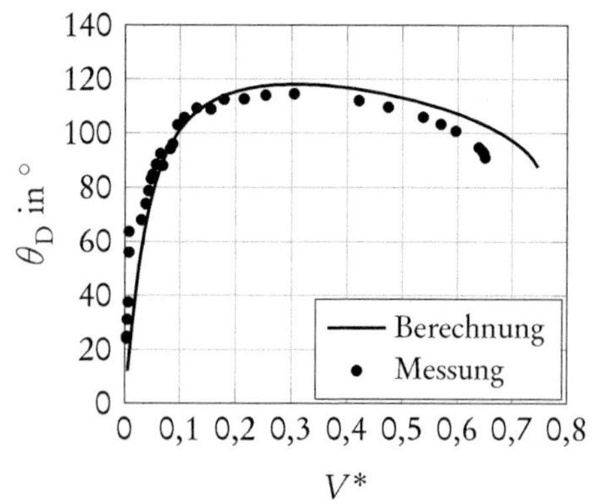

(b) Seifenlauge; $r_D^* = 0{,}316$

Abbildung 3.12: Gemessener und berechneter Kontaktwinkel in Abhängigkeit vom Tropfenvolumen für zwei verschiedene Düsenradien (Durchführung der Experimente: Gautam [67]).

3.3 Dynamische Tropfenbildung

3.3.1 Berechnung der Abtropffrequenz

Die dynamische Tropfenbildung ist grundsätzlich dadurch charakterisiert, dass der Massenfluss an einer nach unten gerichteten Düse nicht genug Geschwindigkeit aufbringt, um einen Strahl zu bilden. Bei bekanntem Durchmesser d der abreißenden Tropfen, die als sphärisch angenommen werden, kann ein Zusammenhang für die Abtropffrequenz f aus der Kontinuitätsgleichung abgeleitet werden. Dabei wird der Volumenstrom durch die Düse mit dem Volumenstrom nach dem Abtropfvorgang gleichgesetzt:

$$\frac{\pi}{4} D^2 U = \frac{\pi}{6} d^3 f \tag{3.43}$$

Es folgt somit für die Abtropffrequenz:

$$f = \frac{3}{2} \frac{D^2}{d^3} U \tag{3.44}$$

Am theoretischen Strahlkriterium (berechnet aus der Impulsbilanz, siehe Abschnitt 3.1), also wenn die charakteristische Geschwindigkeit U_c erreicht ist, kann Gleichung (3.43) wie folgt formuliert werden:

$$\frac{\pi}{4} D^2 U_c = \frac{\pi}{6} d^3 f_c \tag{3.45}$$

Die dabei vorliegende Frequenz wird als charakteristische Frequenz f_c bezeichnet. Durch Einsetzen der Gleichung (3.4) und Umformulieren folgt für diese charakteristische Frequenz:

$$f_c = \frac{3}{2}\frac{D^2}{d^3}\sqrt{\frac{4\sigma}{\rho D}} \tag{3.46}$$

Die Abtropffrequenz f nach Gleichung (3.44) kann mit dieser charakteristischen Frequenz normiert werden:

$$\frac{f}{f_c} = \sqrt{\frac{\rho D}{\sigma}\frac{U}{2}} \tag{3.47}$$

Die rechte Seite lässt sich durch die Weberzahl oder eine Kombination aus Reynolds- und Ohnesorgezahl ersetzen:

$$2\frac{f}{f_c} = \sqrt{\mathrm{We}} = \mathrm{ReOh} \tag{3.48}$$

Diese Gleichung erlaubt es, die dimensionslose Abtropffrequenz f/f_c in Abhängigkeit von Reynolds- und Ohnesorgezahl darzustellen. Bei doppelt logarithmischer Auftragung ergeben sich im Oh-Re-Diagramm für konstante Frequenzen Parallelen zum Strahlkriterium (ReOh = 2).

Zur Berechnung der Abtropffrequenz ist die Kenntnis der Tropfengröße erforderlich. Für den statischen Fall wurde in Abschnitt 3.2.1 die Berechnungsmethode nach Harkins & Brown [76] vorgestellt. Scheele & Meister [155] erweiterten deren Ansatz um dynamische Effekte. Sie gaben folgende Gleichung für das Tropfenvolumen an (bei Vernachlässigung der Gasdichte und Annahme der umgebenden Gasphase in Ruhe, siehe auch [200]):

$$V = \frac{1}{\Phi}\left[\frac{\pi\sigma D}{g\rho} - \frac{16\dot{V}^2}{3\pi g D^2} + 4{,}5\left[\frac{\dot{V}^2 D^2 \sigma}{g^2\rho}\right]^{\frac{1}{3}}\right] \tag{3.49}$$

Mit dieser Gleichung kann das Tropfenvolumen bei einem Volumenstrom $\dot{V}$ durch die Düse abgeschätzt werden. Dabei wird eine voll entwickelte, laminare Strömung innerhalb der Düse mit parabolischem Geschwindigkeitsprofil vorausgesetzt.

Tabelle 3.2: Eigenschaften der verwendeten Flüssigkeiten, das Tropfenvolumen der statischen Tropfenbildung V_0 und die charakteristische Abtropffrequenz f_c bei einem Kanülendurchmesser von 0,5 mm.

Flüssigkeit	η in mPas	σ in N/m	ρ in kg/m^3	V_0 in µl	f_c in 1/s
Wasser	1	0,073	1000	10,2	14,7
Wasser-Glycerin-Lösung	22	0,064	1185	7,6	16,7
Wasser-Glycerin-Lösung	50	0,063	1207	7,3	17,1
Wasser-Glycerin-Lösung	108	0,062	1227	7,1	17,6
Wasser-Glycerin-Lösung	220	0,063	1239	7,5	17,2

3.3.2 Experimentelle Ergebnisse

In Experimenten zur dynamischen Tropfenbildung wurden die Abtropffrequenzen bei verschiedenen Volumenströmen und Flüssigkeiten untersucht. Der verwendete Versuchsaufbau ist der gleiche wie für die Versuche zur statischen Tropfenbildung (siehe Abbildung 3.11). Die Frequenz der abfallenden Tropfen wurde mit einer Lichtschranke oder durch Abzählen (bei sehr kleinen Frequenzen) bestimmt. Es kamen fünf verschiedene Flüssigkeiten zum Einsatz, die sich insbesondere in der Viskosität unterschieden. Bei den getesteten Medien handelte es sich um Wasser und Wasser-Glycerin-Lösungen. Tabelle 3.2 fasst die Stoffeigenschaften der untersuchten Flüssigkeiten zusammen. Die Volumenströme durch die Kanüle (Länge 40 mm, Durchmesser 0,5 mm, dünne Wandstärke) wurden im Bereich von 0,062 bis 2,4 ml/min variiert. Die maximale Reynoldszahl betrug ≈ 100. Die Strömung innerhalb der Kanüle konnte als laminar, parabolisch und voll entwickelt angenommen werden, denn es wurde ein kleiner Kanülendurchmesser verwendet und für diesen war die maximale Reynoldszahl viel kleiner als die Grenz-Reynoldszahl $\mathrm{Re}_{\mathrm{krit}} = 2300$ für den Umschlag von laminarem zu turbulentem Geschwindigkeitsprofil. Die Länge der Kanüle war deutlich größer als die erforderliche Einlauflänge L_e für eine voll entwickelte Strömung ($L_e = 0{,}035 \cdot D \cdot \mathrm{Re} = 1{,}75\,\mathrm{mm} < 40\,\mathrm{mm}$; siehe Perry [126]).

Entscheidend für die Abtropffrequenz sind die Volumina der einzelnen Tropfen. Die Bestimmung dieser Volumina erfolgte auf die gleiche Weise wie bei den Versuchen zur statischen Tropfenbildung (siehe Abschnitt 3.2.2): Es wurde mit dem eingesetzten Oberflächenspannungsmessgerät der Firma KRÜSS GmbH und dem darin integrierten Kamerasystem die Tropfenkontur des größtmöglichen Tropfens ermittelt. Durch eine Integration der Kontur konnte das Tropfenvolumen V_0 für die statische Tropfenbildung vor jedem Experiment berechnet werden.

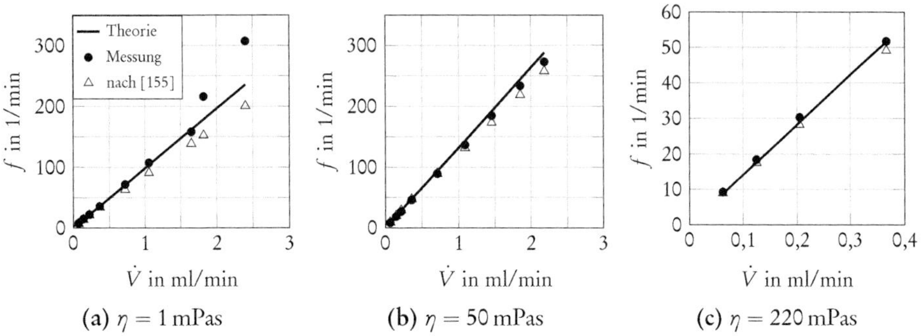

Abbildung 3.13: Experimentelle Ergebnisse für die Abtropffrequenz von einer Kanüle bei drei verschiedenen Viskositäten. Zusätzlich eingetragen sind theoretische Werte (berechnet mit statischem Tropfenvolumen) und Werte nach dem Modell von Scheele & Meister [155] (Durchführung der Experimente: Li [100]).

Um auch während des dynamischen Vorgangs des Abtropfens die Tropfenkonturen zu bestimmen, wies das Kamerasystem eine zu geringe Bildwiederholrate auf. In Tabelle 3.2 sind die für alle Flüssigkeiten ermittelten Tropfenvolumina aufgeführt. Die charakteristischen Frequenzen am Strahlbildungskriterium konnten bei bekanntem Tropfendurchmesser nach Gleichung (3.46) berechnet werden. Die erhaltenen Werte sind ebenfalls in Tabelle 3.2 eingetragen. Es wurde die Tropfengröße somit zunächst für den statischen Fall ermittelt, um dann für die Berechnung der Abtropffrequenz bei dynamischer Tropfenbildung herangezogen zu werden.

Zum Vergleich wurden die Tropfenvolumina auch mit der Gleichung (3.49) nach Scheele & Meister [155] ermittelt. Bei dieser Berechnungsvorschrift wird ebenfalls vom statischen Tropfen ausgegangen, allerdings erfolgt eine Anpassung durch eine Berücksichtigung des Düsenvolumenstroms.

Aus dem Tropfenvolumen V konnte die Abtropffrequenz f bei bekanntem Volumenstrom $\dot{V}$ wie folgt ermittelt werden:

$$f = \frac{\dot{V}}{V} \tag{3.50}$$

Dabei wird angenommen, dass keine Sekundärtropfen zwischen den Haupttropfen entstehen. Für das Tropfenvolumen wurden entweder die gemessenen Werte aus Tabelle 3.2 oder mittels Gleichung (3.49) berechnete Ergebnisse nach Scheele & Meister [155] eingesetzt.

In Abbildung 3.13 sind die experimentellen Ergebnisse für drei ausgewählte Flüssigkeiten gemeinsam mit den theoretischen Werten nach Gleichung (3.50), sowohl für die Berechnung mit dem gemessenen statischen Tropfenvolumen als auch mit dem Tropfenvolumen nach dem Modell von Scheele & Meister [155], dargestellt. Es ist zu erkennen, dass die mit dem statischen Tropfenvolumen berechneten theoretischen Frequenzen (durchgezogene Linien) gut mit den Messwerten übereinstimmen. Lediglich bei der kleinsten Viskosität sind bei den beiden höchsten Volumenströmen (1,82 und 2,40 ml/min) deutliche Abweichungen zu sehen. Die Tropfengrößen nach Scheele & Meister [155] sind etwas größer als die gemessenen (statischen) Tropfenvolumina. Dementsprechend ergeben sich für diese Berechnungsmethode kleinere Frequenzen als für die theoretischen Werte basierend auf den gemessenen statischen Tropfenvolumina. Die experimentell ermittelten Frequenzen liegen ebenfalls leicht über den Werten nach dem Modell von Scheele & Meister. Obwohl in die Gleichung (3.49) von Scheele & Meister [155] auch der Volumenstrom durch die Düse eingeht, kann diese Berechnungsmethode nicht die Erhöhung der Abtropffrequenz ab 1,82 ml/min bei Wasser voraussagen. Da die Abweichungen zwischen den theoretischen und den experimentellen Werten bei den größten Strömungsgeschwindigkeiten und der kleinsten Viskosität auftreten, ist davon auszugehen, dass überwiegende Trägheitskräfte zu einer Verringerung der Tropfenvolumina und somit zu einem Anstieg der Abtropffrequenz führen. Die Reynoldszahlen bei den beiden Betriebspunkten mit den starken Diskrepanzen betragen ca. 80 und 100.

In Abbildung 3.14 sind die gesamten Versuchsdaten (als Punkte) und die zugehörigen errechneten Werte (als Linien) im Oh-Re-Diagramm eingetragen. Die Punkte liegen auf fünf unterschiedlichen Ohnesorgezahlniveaus, wodurch die fünf getesteten Flüssigkeiten repräsentiert werden. Die unterschiedlichen Volumenströme resultieren in verschiedenen Abtropffrequenzen und Reynoldszahlen. Auf den Linien sind der Volumenstrom und die mit der charakteristischen Frequenz normierte Abtropffrequenz konstant. Die Linien sind nicht einwandfrei gerade, da es mit der Spritzenpumpe nicht möglich war den Volumenstrom bei den unterschiedlichen Viskositäten komplett identisch einzustellen. Insgesamt kann auch in dieser Darstellung festgestellt werden, dass die experimentellen Ergebnisse gut mit den theoretischen, berechneten Werten übereinstimmen. Die Abweichungen bei den beiden Punkten mit höchster Reynoldszahl erscheinen hier aufgrund der logarithmischen Skalierung kleiner.

Die in diesem Kapitel vorgestellten Untersuchungen und Ergebnisse beschreiben Strömungszustände an Rundlochdüsen, bei denen die notwendige Geschwindigkeit zur Ausbildung eines Strahles, das Strahlkriterium, unterschritten wird. Für den Fall mit vernachlässigbaren Einflüssen durch Trägheit und Flüssigkeitsviskosität konnte, basierend auf der bekannten Theorie der statischen Tropfenbildung, eine anschauliche Darstellung ermittelt werden. Das entsprechende

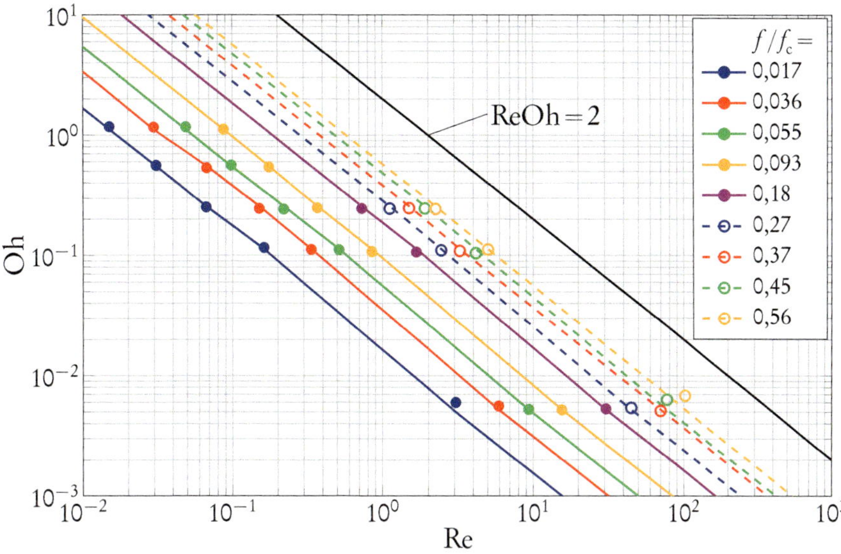

Abbildung 3.14: Darstellung der experimentellen Ergebnisse (Punkte) und der zugehörigen theoretischen Werte (Linien) im Oh-Re-Diagramm.

Diagramm ermöglicht ein direktes Ablesen des Kontaktwinkels zwischen Tropfen und Düse bei bekanntem Düsendurchmesser und Tropfenvolumen. Für den dynamischen Fall konnte ein theoretischer Zusammenhang zwischen der Abtropffrequenz und dem Produkt aus Reynolds- und Ohnesorgezahl der Düsenströmung hergestellt und experimentell verifiziert werden.

4 Natürlicher Zerfall von Flüssigkeitsstrahlen

4.1 Theoretische Betrachtung der Strahlinstabilität

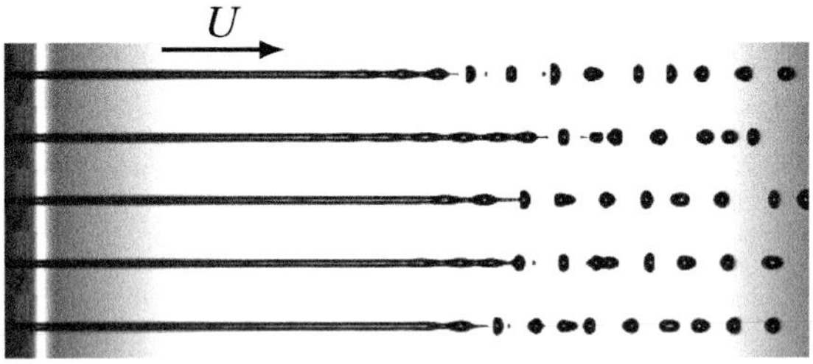

Abbildung 4.1: Natürlicher Zerfall eines Flüssigkeitsstrahles in Tropfen, fünf Aufnahmen zu unterschiedlichen Zeitpunkten.

Im vorherigen Kapitel wurde die Tropfenbildung infolge des Abtropfens von Rundlochdüsen beschrieben. An dieser Stelle werden nun die Vorgänge behandelt, die bei einer zur Strahlbildung ausreichenden Düsengeschwindigkeit auftreten. Strahlen sind inhärent instabil und zerfallen ebenfalls in Tropfen, wie Abbildung 4.1 beispielhaft anhand von fünf Fotografien eines Wasserstrahls zeigt. Dieser Sachverhalt wird zunächst für viskositätsfreie Strahlen im Vakuum hergeleitet. Anschließend erfolgt die Angabe von Erweiterungen dieser Theorie zur Berücksichtigung der Flüssigkeitsviskosität und der Interaktion mit dem ambienten Medium. Ergebnisse einiger wichtiger experimenteller Veröffentlichungen werden in Bezug zu den theoretischen Betrachtungen ebenfalls erläutert. Eine Darlegung theoretischer Grundlagen ist an dieser Stelle aus folgenden Gründen erforderlich: Zum einen, um experimentelle Ergebnisse korrekt einzuordnen und zum anderen, weil im Rahmen der vorliegenden Arbeit eine Weiterentwicklung der existierenden Theorie vorgenommen wurde. Diese modifizierte Theorie wird ebenfalls beschrieben und anhand von experimentellen Daten verifiziert.

Zerfall viskositätsfreier Strahlen in Vakuum

Die ersten Arbeiten zum Zerfall von Flüssigkeitsstrahlen wurden von Bidone [10] (1829), Savart [153] (1833) und Plateau [131] (1873) publiziert. Plateau fertigte fotografische Aufnahmen an und zeigte, dass ein Strahl gegen Störungen mit einer Wellenlänge größer als der Strahlumfang instabil ist. Auf Basis dieser Daten veröffentlichte Rayleigh [136, 137] in den Jahren 1878 und 1879 die erste mathematische Herleitung des Strahlzerfalls. Die untenstehende Herleitung orientiert sich im Wesentlichen an den Arbeiten von Rayleigh. Die beschriebene Instabilität von Flüssigkeitsstrahlen infolge der Oberflächenspannung wird als Plateau-Rayleigh-Instabilität bezeichnet.

Rayleigh ging von einem sich in Ruhe befindenden Flüssigkeitszylinder im Vakuum aus. Er nahm eine infinitesimale, sinusförmige Auslenkung bzw. Störung von der Zylinderform an, um das Stabilitätsverhalten in Abhängigkeit von der Wellenlänge der Auslenkung zu berechnen. Zur Vereinfachung wird an dieser Stelle von rotationssymmetrischen Störungen ausgegangen, d.h. alle Ableitungen nach dem Azimutalwinkel verschwinden. Diese Spezialisierung ist zulässig, da sich bei Berücksichtigung von nicht-rotationssymmetrischen Störungen zeigen lässt, dass diese stets zu einer Oberflächenvergrößerung führen und der Strahl somit gegen derartige Auslenkungen stabil ist. Für allgemeinere Darstellungen wird auf die Veröffentlichungen von Rayleigh [136, 137] verwiesen.

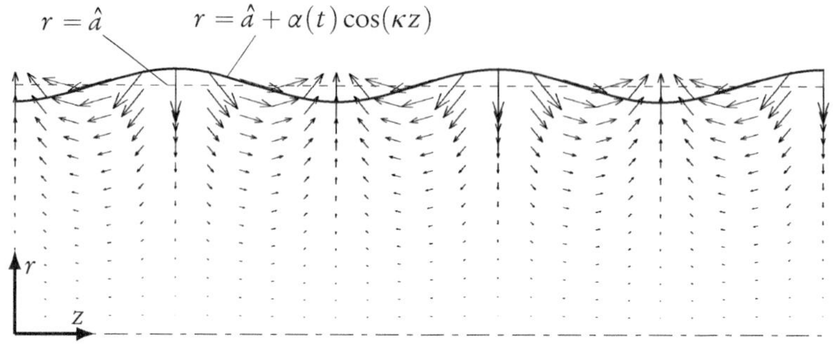

Abbildung 4.2: Skizze eines gestörten Strahlabschnittes mit eingezeichnetem Geschwindigkeitsfeld.

Die äußere Grenze der ungestörten Flüssigkeit kann in Zylinderkoordinaten durch $r(z,t) = a$ beschrieben werden. Durch die Addition einer infinitesimalen Störung mit der Amplitude $\alpha(t)$ und der Wellenlänge λ bzw. Wellenzahl $\kappa = 2\pi/\lambda$ folgt die Gleichung für die ausgelenkte Kontur:

$$r(z,t) = \hat{a} + \alpha(t)\cos(\kappa z) \tag{4.1}$$

Abbildung 4.2 zeigt eine Skizze zur Veranschaulichung der Problemstellung. Der mittlere Radius der gestörten Strahloberfläche $\hat{a}$ kann nicht mit dem Radius des ungestörten Strahles a gleichgesetzt werden, wenn das Volumen für beide

Fälle gleich groß sein soll. Der Zusammenhang zwischen $\hat{a}$ und a muss durch Gleichsetzen der Volumenintegrale von $r = a$ und Gleichung (4.1) errechnet werden. Das exakte Ergebnis und die zugehörige Reihenentwicklung an der Stelle $\alpha = 0$ lauten:

$$\hat{a} = \sqrt{a^2 - \frac{\alpha^2}{2}} \approx a\left[1 - \frac{\alpha^2}{4a^2}\right] \tag{4.2}$$

Um die Frage nach der Stabilität einer Flüssigkeitsmenge mit einer Kontur nach Gleichung (4.1) zu beantworten, ist das Verhalten der zeitabhängigen Störamplitude $\alpha(t)$ zu bestimmen. Zur Ermittlung der dafür notwendigen Differentialgleichung wendet Rayleigh den Lagrange-Formalismus an. Dabei wird die Lagrange-Funktion als Differenz aus kinetischer und potentieller Energie $\mathscr{L} = \mathscr{T} - \mathscr{D}$ gebildet. Die Differentialgleichung folgt dann aus der Lagrange-Gleichung:

$$\frac{\mathrm{d}}{\mathrm{d}t}\left(\frac{\partial \mathscr{L}}{\partial \dot{\alpha}}\right) - \frac{\partial \mathscr{L}}{\partial \alpha} = 0 \tag{4.3}$$

Die mit den Bewegungen der Strahloberfläche einhergehenden Geschwindigkeiten führen zum Eintrag der kinetischen Energie $\mathscr{T}$. Diese berechnet Rayleigh aus einem Geschwindigkeitspotential φ für die Strömung innerhalb des Strahles. Da sich die Strahloberfläche in z-Richtung periodisch mit $\cos(\kappa z)$ ändert, kann dies auch für das Potential angenommen werden. Die Veränderung in r-Richtung wird durch die zunächst unbekannte und zu bestimmende Funktion $\varphi_0(\kappa r)$ erfasst. Der Ansatz für das Potential lautet somit:

$$\varphi = \varphi_0(\kappa r)\cos(\kappa z) \tag{4.4}$$

Damit dieses Potentialfeld die Kontinuitätsgleichung erfüllt, muss die Laplace-Gleichung $\vec{\nabla}^2\varphi = 0$ gelten. In Zylinderkoordinaten ergibt sich somit folgende Differentialgleichung zur Bestimmung der gesuchten Funktion $\varphi_0(\kappa r)$:

$$\frac{\mathrm{d}^2\varphi_0}{\mathrm{d}r^2} + \frac{1}{r}\frac{\mathrm{d}\varphi_0}{\mathrm{d}r} - \kappa^2\varphi_0 = 0 \tag{4.5}$$

Dies ist die modifizierte Besselsche Differentialgleichung nullter Ordnung. Deren Lösung ist eine Linearkombination der Besselfunktion erster Gattung und nullter Ordnung J_0 mit rein imaginärem Argument und der modifizierten Besselfunktion zweiter Gattung und nullter Ordnung K_0 (MacDonald-Funktion): $\varphi_0(\kappa r) = \beta_0 J_0(i\kappa r) + \gamma_0 K_0(\kappa r)$. Damit auch auf der Strahllängsachse bzw. bei $r = 0$ das Geschwindigkeitspotential endlich ist, muss wegen $K_0(0) \to \infty$ für den zweiten

Summanden $\gamma_0 = 0$ gelten. Die Formel für das Geschwindigkeitspotential lautet also:

$$\varphi = \beta_0 J_0(i\kappa r)\cos(\kappa z) \tag{4.6}$$

Die Konstante β_0 kann aus einer Randbedingung bestimmt werden: Die radiale Geschwindigkeit an der Strahloberfläche muss berechnet nach $\left.\frac{\partial \varphi}{\partial r}\right|_{r=a}$ und $\left.\frac{\partial r}{\partial t}\right|_{r=a}$ gleich sein. Gleichsetzen der entsprechenden Ausdrücke (mit Gl. 4.1 und 4.6) liefert:

$$\left.\frac{\partial}{\partial r}\left[\beta_0 J_0(i\kappa r)\cos(\kappa z)\right]\right|_{r=a} = \frac{\partial}{\partial t}\left[\hat{a} + \alpha\cos(\kappa z)\right] \tag{4.7}$$

$$-\beta_0 i\kappa J_1(i\kappa a)\cos(\kappa z) = \dot{\alpha}\cos(\kappa z) \tag{4.8}$$

Die Konstante β_0 ist somit:

$$\beta_0 = -\frac{\dot{\alpha}}{i\kappa J_1(i\kappa a)} \tag{4.9}$$

Damit ist das Geschwindigkeitsfeld im Inneren des Strahles vollständig bestimmt. In Abbildung 4.2 ist es zur Veranschaulichung dargestellt. Nun kann die Bewegungsenergie dieses Feldes berechnet werden. Im Allgemeinen ist die kinetische Energie eines Geschwindigkeitsfeldes in einem abgeschlossenen Volumen durch folgendes Integral bestimmt:

$$\mathcal{T} = \frac{\rho}{2}\iiint\limits_{V} \vec{U}^2 \mathrm{d}V \tag{4.10}$$

Im hier vorliegenden Fall ist die Geschwindigkeit der Gradient des Potentialfeldes:

$$\mathcal{T} = \frac{\rho}{2}\iiint\limits_{V} \left[\vec{\nabla}\varphi\right]^2 \mathrm{d}V \tag{4.11}$$

Dieses Volumenintegral kann in ein Oberflächenintegral umgewandelt werden, indem der erste Greensche Integralsatz angewendet wird. Dieser liefert den Zusammenhang zwischen einem Volumen- und einem Flächenintegral zweier Skalarfelder. In allgemeiner Schreibweise lautet der Satz für die beiden Felder G_1 und G_2:

$$\iiint\limits_{V} \left[G_1\vec{\nabla}^2 G_2 + \vec{\nabla}G_1 \cdot \vec{\nabla}G_2\right]\mathrm{d}V = \oint\limits_{S} G_1\left[\vec{\nabla}G_2 \cdot \vec{n}\right]\mathrm{d}S \tag{4.12}$$

Der Vektor $\vec{n}$ ist hier der auf der Oberfläche S nach außen gerichtete Einheitsvektor. Werden die beiden Felder mit dem Potentialfeld gleichgesetzt ($G_1 = G_2 = \varphi$) fällt der erste Summand des Volumenintegrals wegen $\vec{\nabla}^2\varphi = 0$ weg und es ergibt sich folgende Gleichung:

$$\iiint\limits_V \left[\vec{\nabla}\varphi\right]^2 \mathrm{d}V = \oint\limits_S \varphi\left[\vec{\nabla}\varphi \cdot \vec{n}\right] \mathrm{d}S \tag{4.13}$$

Da die Theorie nach Rayleigh von kleinen Abweichungen von der Zylinderkontur ausgeht, kann der Klammerausdruck auf der rechten Seite mit der Geschwindigkeit in radialer Richtung bzw. mit $\mathrm{d}\varphi/\mathrm{d}r$ gleichgesetzt werden. In Zylinderkoordinaten gilt für ein Element auf der Oberfläche des Strahles $\mathrm{d}S = a\mathrm{d}\theta\mathrm{d}z$. Durch Zusammenführen mit Gleichung (4.11) folgt ein Ausdruck zur Berechnung der kinetischen Energie des gestörten Strahles:

$$\mathscr{T} = \frac{\rho}{2}\int_0^z \int_0^{2\pi} \left[\varphi\frac{\partial\varphi}{\partial r}\right]_{r=a} a\mathrm{d}\theta\mathrm{d}z \tag{4.14}$$

Mit den Gleichungen (4.6) und (4.9) ergibt sich daraus:

$$\mathscr{T} = \frac{\pi z \rho a i J_0(i\kappa a)\dot{\alpha}^2}{2\kappa J_1(i\kappa a)} \tag{4.15}$$

Die potentielle Energie des gestörten Strahles folgt aus der Erhöhung der Oberfläche infolge der Verformung durch die Störung. Die Oberfläche des ungestörten Strahles beträgt:

$$O = 2\pi \int_0^z a\mathrm{d}z = 2\pi a z \tag{4.16}$$

Bei Vernachlässigung von Gliedern der Ordnung $\mathscr{O}(\alpha^3)$ ist die Mantelfläche des gestörten Strahles:

$$\hat{O} = 2\pi \int_0^z r\sqrt{1 + \left[\frac{\mathrm{d}r}{\mathrm{d}z}\right]^2}\,\mathrm{d}z = 2\pi\hat{a}z + \frac{\pi}{2}\hat{a}\alpha^2\kappa^2 z \tag{4.17}$$

Durch Ersetzen des Radius des gestörten Strahles mit Gleichung (4.2) und durch Subtrahieren von Gleichung (4.16) ergibt sich bei Vernachlässigung von Gliedern mit $\mathscr{O}(\alpha^4)$ die Änderung der Oberfläche durch die Störung zu:

$$\Delta O = \hat{O} - O = \frac{\pi\alpha^2 z}{2a}\left[\kappa^2 a^2 - 1\right] \tag{4.18}$$

Die Änderung der Oberflächen- bzw. der potentiellen Energie infolge der Verformung des Strahles durch die Störung ist somit:

$$\mathcal{D} = \sigma \frac{\pi \alpha^2 z}{2a} \left[k^2 - 1\right] \tag{4.19}$$

Das Produkt aus Wellenzahl und Strahlradius κa ist dimensionslos und wurde hier durch die dimensionslose Wellenzahl k ersetzt.

Mit den nun bekannten Ausdrücken der kinetischen und der potentiellen Energie kann die Lagrange-Funktion $\mathcal{L} = \mathcal{T} - \mathcal{D}$ und damit nach Gleichung (4.3) die Differentialgleichung für die Störamplitude α berechnet werden:

$$\ddot{\alpha} + \frac{\sigma}{\rho a^3} \frac{ikJ_1(ik)}{J_0(ik)} \left[1 - k^2\right] \alpha = 0 \tag{4.20}$$

Dies ist eine homogene lineare gewöhnliche Differentialgleichung 2. Ordnung. Dieser Gleichungstyp tritt beispielsweise auch bei der Beschreibung von ungedämpften Schwingungen auf. Der Koeffizient des zweiten Summanden kann mit dem Quadrat der Kreisfrequenz ω ersetzt werden:

$$\omega^2 = \frac{\sigma}{\rho a^3} \frac{ikJ_1(ik)}{J_0(ik)} \left[1 - k^2\right] = \frac{\sigma}{\rho a^3} \frac{kI_1(k)}{I_0(k)} \left[k^2 - 1\right] \tag{4.21}$$

I_0 und I_1 repräsentieren hier modifizierte Besselfunktionen erster Gattung und erlauben eine Darstellung ohne die imaginäre Einheit. Die zur Lösung notwendigen Anfangsbedingungen lauten:

$$\alpha(0) = C \tag{4.22}$$

$$\dot{\alpha}(0) = 0 \tag{4.23}$$

Die Konstante C steht für die infinitesimale Amplitude der Anfangsstörung von der zylinderförmigen Strahlkontur.

In Abhängigkeit des Vorzeichens von ω^2 ergibt sich ein unterschiedliches Stabilitätsverhalten der Lösung der DGL. In Gleichung (4.21) ist das Verhältnis $I_1(k)/I_0(k)$ stets positiv, das Vorzeichen von ω^2 hängt somit vom Klammerterm $k^2 - 1$ ab. Bei Störungen mit einer dimensionslosen Wellenzahl $k > 1$ ist ω^2 positiv und ω folglich reell. Die Lösung der DGL ist dann stabil und lautet $\alpha(t) = C \cos(\omega t)$. Die Amplitude derartiger Störungen kann also nicht anwachsen, die Oberflächenspannung wirkt den Auslenkungen entgegen. Diese Aussage kann bereits der Gleichung für die Änderung der Oberflächenenergie (4.19) entnommen werden. Sie zeigt, dass sich bei Störungen mit $k > 1$ die Strahloberfläche vergrößern würde. Da aber die Oberflächenenergie stets einem minimalen Wert zustrebt, können Störungen mit $k > 1$ nicht anwachsen. Die Störungsamplitude bleibt konstant auf dem Wert der Anfangsstörung. Bei praktischen Strahlen mit endlicher Viskosität würden die Störungen bei $k > 1$ abklingen.

Bei Störungswellenzahlen $k < 1$ ist ω^2 negativ und ω somit imaginär. Das Verhalten von $\alpha(t)$ muss folglich instabil sein. Die akkurate Lösung des Anfangswertproblems ist eine Kombination von zwei linear unabhängigen Basisfunktionen des Typs $e^{\pm\omega t}$ und lautet:

$$\alpha(t) = C \cosh(\omega_\mathrm{I} t) \tag{4.24}$$

Hierin bezeichnet ω_I den Imaginärteil von ω. Diese exakte Lösung mit einem Wellenwachstum repräsentiert durch einen Kosinus hyperbolicus wird insbesondere bei nichtlinearen Betrachtungen angegeben (die hier beschriebene lineare Theorie entspricht der ersten Ordnung der nichtlinearen Theorie, siehe z.B. [53, 88, 111] und Abschnitt 5.2). In der Literatur zum natürlichen, als linear angenommenen Strahlzerfall wird häufig ein exponentieller Ansatz für das Wachstum der Oberflächenwellen gewählt, siehe z.B. [30, 162, 182]. An dieser Stelle wird letztgenannter, üblicher Ansatz verwendet:

$$\alpha(t) = C e^{\omega_\mathrm{I} t} \tag{4.25}$$

Rayleigh kehrt in seiner Veröffentlichung [136] das Vorzeichen der rechten Seite von Gleichung (4.21) um, sodass das Wellenwachstum im instabilen Fall reell wird. Die Lösung des viskositätsfreien Strahlzerfalls in Vakuum lautet somit:

$$\alpha(t) = C e^{\omega t} \tag{4.26}$$

mit

$$\omega^2 = \frac{\sigma}{\rho a^3} \frac{k I_1(k)}{I_0(k)} \left[1 - k^2\right] \tag{4.27}$$

Obige Gleichungen zeigen, dass langwellige Auslenkungen mit $\lambda > 2\pi a$ bzw. $k < 1$ stetig anwachsen. Die Kreisfrequenz ω ist in diesem Fall ein Maß für die Schnelligkeit des Wellenwachstums bzw. die Wachstumsrate. Abbildung 4.3 zeigt $\omega^* = \omega\sqrt{\rho a^3/\sigma}$ in Abhängigkeit von k, berechnet nach Gleichung (4.27) (blaue Volllinie). Die maximale Wachstumsrate liegt bei einer dimensionslosen Wellenzahl von $k = 0{,}697$ vor und beträgt $\omega^*_{\max} = 0{,}343$.
Die obigen Ausführungen konnten zeigen, dass bestimmte Störungen auf Strahloberflächen stets anwachsen und Strahlen somit in Tropfen zerfallen müssen. Für

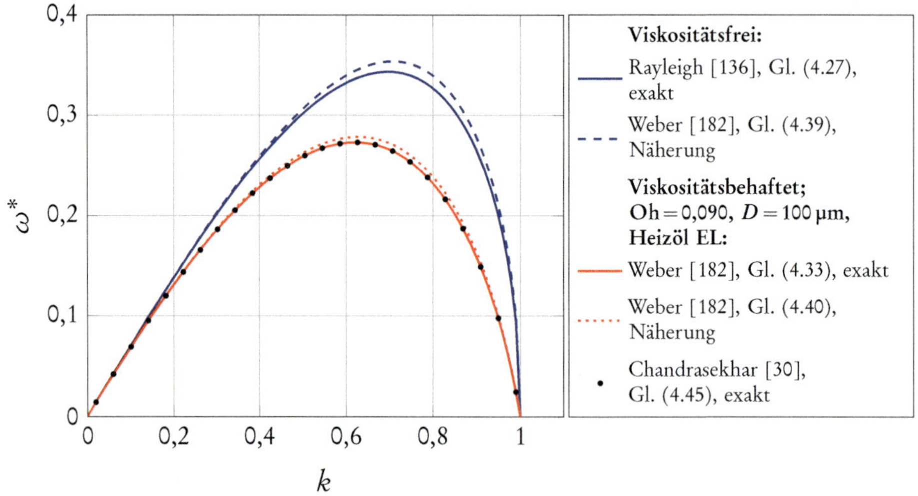

Abbildung 4.3: Theoretische Wachstumsrate der Störwellen in Abhängigkeit von der dimensionslosen Wellenzahl nach Rayleigh, Weber und Chandrasekhar in evakuierter Atmosphäre für den viskositätsfreien und einen viskositätsbehafteten Fall.

die Wachstumsrate der Störungen existiert eine Dispersionsrelation $\omega(k)$. Diese definiert den möglichen Wellenzahlbereich, in dem die Störungen liegen müssen und wie schnell diese anwachsen. Der natürliche Strahlzerfall erfolgt somit nicht bei einer bestimmten, sondern bei verschiedenen Wellenzahlen innerhalb dieses Bereiches. Dies verdeutlichen auch die in Abbildung 4.1 gezeigten Strahlen, die bei gleichen Einstellungen zu verschiedenen Zeitpunkten aufgenommen wurden. Es ist zu erkennen, dass sich die Strahlkonturen und -längen von Bild zu Bild unterscheiden. Der natürliche Strahlzerfall ist somit ein zufälliger Vorgang gemäß der Dispersionsrelation $\omega(k)$, wobei die wahrscheinlichste Wellenzahl und Wachstumsrate durch den Hochpunkt von $\omega(k)$ definiert sind.

Die theoretische Betrachtung des Strahlzerfalls erlaubt auch eine Berechnung der Zerfallszeit t_b und damit der Zerfallslänge $Z = U t_\mathrm{b}$. Ein Strahl zerfällt, wenn der Radius des gestörten Strahles Null wird. Nach Gleichung (4.1) erfolgt dies, wenn $z\kappa = [\pi + 2\pi m; m \in \mathbb{N}]$ und die Störamplitude α dem ungestörten Strahlradius entspricht: $\alpha = \hat{a} \approx a$. Mit Gleichung (4.26) für das Störungswachstum kann somit folgende Gleichung für den Strahlzerfall aufgestellt werden:

$$a = C e^{\omega t_\mathrm{b}} \tag{4.28}$$

Daraus folgt für die Zerfallszeit und die Zerfallsstrecke (mit $D = 2a$ und $Z = U\,t_b$):

$$t_b = \frac{1}{\omega} \ln \frac{D}{2C} \tag{4.29}$$

$$Z = \frac{U}{\omega} \ln \frac{D}{2C} \tag{4.30}$$

Da die Wellenzahl mit maximaler Wachstumsrate im zeitlichen Mittel am häufigsten angeregt wird, ist für ω der Maximalwert der Dispersionsrelation (4.27) einzusetzen. Für die Strahlzerfallslänge ergibt sich somit die folgende Gleichung:

$$Z = \frac{U}{0{,}343\sqrt{\sigma/[\rho a^3]}} \ln \frac{D}{2C} \tag{4.31}$$

Oder in dimensionsloser Darstellung:

$$\frac{Z}{D} = 1{,}03 \ln \frac{D}{2C} \sqrt{\mathrm{We}} \tag{4.32}$$

Bei dieser Zerfallslänge handelt es sich um einen Durchschnittswert, der sich bei einer zeitlichen Mittelung von unendlich vielen Ereignissen ergibt.

Zerfall viskositätsbehafteter Strahlen in Vakuum

Die vorherigen Ausführungen setzten keine oder eine vernachlässigbare Flüssigkeitsviskosität voraus. Die Auswirkungen viskoser Effekte auf den Strahlzerfall wurden durch Rayleigh [139] selbst und insbesondere durch Weber [182] (1931) betrachtet. Weber ging von den Navier-Stokes-Gleichungen aus und leitete daraus ebenfalls eine Wachstumsrate von sinusförmigen Störungen auf der Strahloberfläche in Abhängigkeit von der Wellenzahl k ab. Er gab folgende exakte Lösung für die Dispersionsrelation $\omega(k)$ an:

$$F_1\omega^2 + \frac{\eta k^2}{\rho a^2} F_2\,\omega = \frac{\sigma}{2\rho a^3}\left[1 - k^2\right] k^2 \tag{4.33}$$

mit

$$F_1 = \frac{k\, I_0(k)}{2\, I_1(k)} \tag{4.34}$$

$$F_2 = \frac{2k I_0(k)}{I_1(k)} - 1 + \frac{2k^2}{k_1^2 - k^2}\left[\frac{k I_0(k)}{I_1(k)} - \frac{k_1 I_0(k_1)}{I_1(k_1)}\right] \tag{4.35}$$

$$k_1 = \sqrt{\frac{\omega \rho a^2}{\eta} + k^2} \tag{4.36}$$

Für $\eta = 0$ entspricht Gleichung (4.33) der Formel (4.27) nach Rayleigh. Weber vereinfachte seine Gleichungen durch die folgenden Näherungen, die im Bereich $0 \leqslant k \leqslant 1$ gültig sind:

$$F_1 \approx 1 \tag{4.37}$$

$$F_2 \approx 3 \tag{4.38}$$

Er erhielt dadurch folgende vereinfachte Formel der Wachstumsrate ohne Zähigkeitseinfluss:

$$\omega^2 = \frac{\sigma}{2\rho a^3}[1 - k^2]k^2 \tag{4.39}$$

Die höchste Wachstumsrate ergibt sich hier mit $\omega_{max} = \sqrt{\sigma/[8\rho a^3]} = 0{,}353\sqrt{\sigma/[\rho a^3]}$ bei $k_{opt} = \sqrt{0{,}5} = 0{,}71$ und nähert damit die (exakte) Lösung von Rayleigh gut an. In Abbildung 4.3 ist die vereinfachte Dispersionsrelation (4.39) geplottet (blaue Strichlinie). Es ist zu erkennen, dass diese sehr nahe an der exakten Lösung liegt. Für den viskositätsbehafteten Fall gilt nach Weber:

$$\omega = -\frac{3\eta k^2}{2\rho a^2} \pm \sqrt{\frac{\sigma}{2\rho a^3}[1 - k^2]k^2 + \left[\frac{3\eta k^2}{2\rho a^2}\right]^2} \tag{4.40}$$

Auch diese Näherung für den viskosen Zerfall weicht nur sehr wenig (max. 7%) von der exakten Lösung (Gl. 4.33) ab. Je höher die Viskosität ist, desto geringer ist die Abweichung [53]. In Abbildung 4.3 sind die exakte und die angenäherte Lösung nach Weber für ein Beispiel dargestellt (rote Voll- und Punktlinie). Die geringe Diskrepanz zwischen den beiden Lösungen ist gut zu erkennen. Es wird somit im Rahmen der Betrachtungen zum Strahlzerfall ohne Lufteinfluss innerhalb der vorliegenden Arbeit stets auf die vereinfachte Lösung (4.40) von Weber zurückgegriffen.

Der Hochpunkt der Dispersionsrelation ist beim viskosen Strahlzerfall eine Funktion der Stoffparameter und nicht mehr konstant wie bei der viskositätsfreien Betrachtung. Der Optimalwert lässt sich aus Gleichung (4.40) ermitteln und kann als Funktion der Ohnesorgezahl ausgedrückt werden:

$$k_{opt} = \left[\sqrt{2\left[1 + \sqrt{\frac{9}{2}\frac{\eta^2}{\sigma \rho a}}\right]}\right]^{-1} = \left[\sqrt{2[1 + 3\mathrm{Oh}]}\right]^{-1} \tag{4.41}$$

Die Ohnesorgezahl ist hier mit dem Strahldurchmesser $2a = D$ berechnet. Die maximale Wachstumsrate beträgt:

$$\omega_{\max} = \left[\sqrt{\frac{8\rho}{\sigma}} a^{1,5} + \frac{6\eta}{\sigma} a \right]^{-1} \tag{4.42}$$

Durch Einsetzen von $\omega_{\max}$ in Gleichung (4.30) folgt für die Strahlaufbruchlänge des viskositätsbehafteten Strahlzerfalls:

$$Z = U \left[\sqrt{\frac{8\rho}{\sigma}} a^{1,5} + \frac{6\eta}{\sigma} a \right] \ln \frac{D}{2C} \tag{4.43}$$

Umformen liefert eine dimensionslose Gleichung für die Zerfallslänge in Abhängigkeit von Weber- und Ohnesorgezahl:

$$\frac{Z}{D} = \ln \frac{D}{2C} [1 + 3\mathrm{Oh}] \sqrt{\mathrm{We}} \tag{4.44}$$

Die Strahlzerfallslänge Z lässt sich somit durch die Theorien von Rayleigh und Weber bei bekannten Anfangsstörungen berechnen, wobei diese durch den Faktor $\ln(D/2C)$ repräsentiert werden. Zur Berechnung von Z wird üblicherweise angenommen, dass $\ln(D/2C)$ keine Funktion der Strahlgeschwindigkeit ist [162, 182]. Weber [182] verwendete in seiner Veröffentlichung die experimentellen Ergebnisse von Haenlein [73] und berechnete aus diesen einen Anfangsstörfaktor von $\ln(D/2C) = 12$. Auf weitere diesbezügliche experimentelle Ergebnisse wird in Abschnitt 4.2.1 eingegangen.

Eine Lösung des Problems des viskosen Strahlzerfalls legte auch Chandrasekhar [30] (1962) vor. Er erhielt eine implizite Gleichung für k_1 in Abhängigkeit von k und Oh:

$$\begin{aligned} 2k^2[k^2 + k_1^2] \frac{I_1'(k)}{I_0(k)} \left[1 - \frac{2kk_1}{k^2 + k_1^2} \frac{I_1(k)}{I_1(k_1)} \frac{I_1'(k_1)}{I_1'(k)} \right] \\ - [k^4 - k_1^4] = \frac{1}{2\mathrm{Oh}^2} \frac{kI_1(k)}{I_0(k)} [1 - k^2] \end{aligned} \tag{4.45}$$

Durch numerisches Lösen dieser Gleichung und ein Hinzuziehen der Beziehung (4.36) kann die gesuchte Funktion $\omega(k)$ bestimmt werden. Eine im Rahmen dieser Arbeit durchgeführte numerische Vergleichsrechnung mit der exakten Lösung (4.33) nach Weber [182] und der Lösung (4.45) nach Chandrasekhar

[30] ergab, dass beide Gleichungen dieselben Ergebnisse liefern. Die in Abbildung 4.3 als Punkte eingetragenen Berechnungsergebnisse für die Theorie von Chandrasekhar verdeutlichen dies.

Der Vollständigkeit halber sei erwähnt, dass es auch eine Dispersionsrelation für viskose Strahlen im Vakuum von Levich [98] (1962) gibt. Er gelangt zu einer ähnlichen Näherungslösung wie Weber, die nur bzgl. der Vereinfachung des Faktors F_2 abweicht. Levich nimmt $F_2 \approx 2$ an und bei Weber ist $F_2 \approx 3$.

Die Ausführungen dieses Teilabschnittes und die beispielhaften Berechnungsergebnisse in Abbildung 4.3 zeigen, dass ein Vorhandensein bzw. eine Erhöhung der Viskosität zu einer Verringerung der maximalen Wachstumsrate führt. Für die Zerfallslänge der Strahlen bedeutet dies eine Vergrößerung. Außerdem verschiebt sich die optimale Wellenzahl in Richtung kleinerer Werte. Es wurde deutlich, dass eine universelle Nutzung der einfachen Gleichung (4.40) für alle Anwendungsfälle ohne große Einbußen bezüglich der Genauigkeit möglich ist, wenn keine signifikante Interaktion mit der umgebenden Gasphase vorliegt.

Zerfall viskositätsbehafteter Strahlen in gasförmiger Umgebung

Der bis hierhin beschriebene Strahlzerfall ist nur getrieben durch die Wirkung der Oberflächenspannung. In diesem Teilabschnitt wird der theoretischen Betrachtung die Verstärkung des Zerfalls durch den Impulsaustausch mit einem gasförmigen ambienten Medium hinzugezogen. Bereits Weber [182] erweiterte seine Theorie, indem er den Einfluss von Trägheit und Kompressibilität des als viskositätsfrei angenommenen Gases in der Strahlumgebung berücksichtigte. Der Strahl zerfällt auch hier durch zur Strahllängsachse rotationssymmetrische Störungen. Im Wesentlichen erhielt Weber am Ende seiner Ableitungen einen zusätzlichen Summanden auf der rechten Seite von Gleichung (4.33), der die Einflüsse des umgebenden Gases repräsentiert. Weber wendete in seiner Veröffentlichung auch für diesen Fall die Vereinfachungen durch die Gleichungen (4.37) und (4.38) an. Diese sind allerdings hier nicht mehr zulässig, da die dimensionslose Wellenzahl k auch Werte deutlich größer 1 annehmen kann [72].

Eine akkurate Herleitung auf Basis der Ableitungen von Weber führten Sterling & Sleicher [162] (1975) durch. Sie gingen von einer komplexen Anregungsamplitude $\omega = \omega_R + \omega_I i$ aus und gaben damit folgenden Ansatz für die Strahloberfläche an:

$$r = \hat{a} + C\Re\{e^{\omega t + i\kappa z}\} \tag{4.46}$$

$$r = \hat{a} + C e^{\omega_R t} \cos(\omega_I t + \kappa z) \tag{4.47}$$

Der Realteil von ω ist hier die Störungswachstumsrate. Der Imaginärteil ω_I repräsentiert die Kreisfrequenz der Oberflächenwelle, die sich mit der Phasengeschwindigkeit ω_I/κ auf dem Strahl ausbreitet. Sterling & Sleicher [162] verzichteten auf viele von Weber angewendete Vereinfachungen und erhielten folgende Dispersionsrelation:

$$F_1\omega^2 + [F_{21} + iF_{22}]\omega = \frac{\sigma}{2\rho a^3}\left[1 - k^2\right]k^2 + \frac{\rho_g U^2}{2\rho a^2}k^3 F_3 \tag{4.48}$$

mit

$$F_1 = \frac{k}{2}\frac{I_0(k)}{I_1(k)} + \frac{\rho_g k}{2\rho}\frac{K_0(k)}{K_1(k)} \tag{4.49}$$

$$F_{21} = \frac{\eta k^2}{\rho a^2}\left[\frac{2kI_0(k)}{I_1(k)} - 1 + \frac{2k^2}{k_1^2 - k^2}\left[\frac{kI_0(k)}{I_1(k)} - \frac{k_1 I_0(k_1)}{I_1(k_1)}\right]\right] \tag{4.50}$$

$$F_{22} = \frac{U\rho_g k^2}{\rho a}\frac{K_0(k)}{K_1(k)} \tag{4.51}$$

$$F_3 = \frac{H_0^{(1)}(ik)}{iH_1^{(1)}(ik)} = \frac{K_0(k)}{K_1(k)} \tag{4.52}$$

Der Faktor F_3 ist hier durch ein Verhältnis aus Besselfunktionen 3. Gattung (Hankel-Funktionen) bzw. modifizierten Besselfunktionen (MacDonald-Funktionen) definiert. Der zusätzliche Summand auf der rechten Seite von Gleichung (4.48) führt bei großen Geschwindigkeiten U zu einer Erhöhung der Wachstumsrate bei einer gleichzeitigen Vergrößerung der optimalen Wellenlänge. Die Definition von k_1 nach Gleichung (4.36) gilt auch hier. Da die Herleitung der Gleichungen (4.48) bis (4.52) auf der ursprünglichen Form von Weber basiert, erfolgt die Kennzeichnung zugehöriger Berechnungsergebnisse im weiteren Verlauf mit „Weber [182]“.

Bei kleinen Strahlgeschwindigkeiten besitzt ω keinen Imaginärteil. Das heißt, dass die Oberflächenwellen keine Phasen- und damit keine Relativgeschwindigkeit bezüglich eines sich mit der Strahlgeschwindigkeit U bewegenden Koordinatensystems aufweisen. Bei großen Strahlgeschwindigkeiten besitzt ω einen negativen Imaginärteil und die Oberflächenwellen bewegen sich mit ω_I/κ auf der Strahloberfläche entgegen der Strahlausbreitungsrichtung. Sie reduzieren somit die Relativgeschwindigkeit U_{rel} zwischen dem Strahl und der ruhenden Luft. Bei der Berechnung von ω muss somit iteriert werden (durch Änderung von U), bis

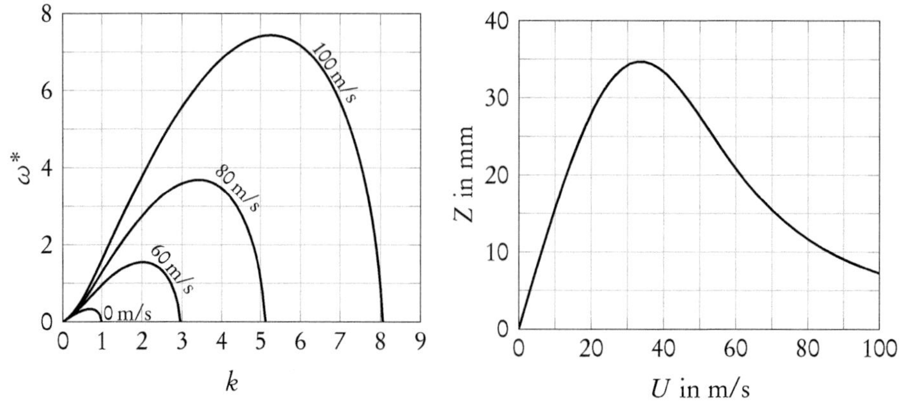

(a) Wachstumsraten (b) Strahlaufbruchlänge

Abbildung 4.4: Theoretischer Strahlzerfall mit Einfluss der umgebenden Gasphase für einen Wasserstrahl in Luft ($\rho_g = 1{,}2\,\mathrm{kg/m^3}$; $D = 100\,\mu\mathrm{m}$ und $\ln(D/2C) = 13$) nach Weber [182] (Gl. 4.48).

$U_{rel} = U + \omega_I/\kappa$ gilt. Durch Berechnungen bei verschiedenen Randbedingungen zeigten Sterling & Sleicher allerdings, dass die Phasengeschwindigkeit stets weniger als 0,2% von der Relativgeschwindigkeit beträgt und somit einen sehr geringen Einfluss auf die Lösung hat. Berechnungen im Rahmen dieser Arbeit konnten dies bestätigen. Alle vorliegend dokumentierten Berechnungsergebnisse wurden somit ohne die Berücksichtigung des Imaginärteils von ω ermittelt.

Das Ergebnis der numerisch durchzuführenden Berechnungen für verschiedene k ist eine Funktion $\omega(k)$. Mit deren Maximalwert ω_{max} und der Gleichung (4.30) kann daraus die Strahlaufbruchlänge berechnet werden. Abbildung 4.4 veranschaulicht dies anhand eines gewählten Beispiels für einen Wasserstrahl mit einem Durchmesser von 100 µm. In Abbildung 4.4a ist zu erkennen, dass mit steigender Strahlgeschwindigkeit die Wachstumsraten deutlich ansteigen und sich die Kurven in Richtung größerer Wellenzahlen verschieben. Bei 100 m/s beträgt die maximale Wachstumsrate $\omega^*_{max} = 7{,}4$. Dieser Wert ist um einen Faktor von ≈ 23 größer als ohne Lufteinfluss bei 0 m/s. Die Stelle des Maximums liegt für $U = 100$ m/s bei $k_{opt} = 5{,}3$. Das Zertropfen ist hier somit auch bei Wellenlängen möglich, die kleiner als der Strahlumfang sind, was auch kleinere Tropfen zur Folge hat. Abbildung 4.4b zeigt in einem Diagramm die Strahlaufbruchlänge in Abhängigkeit von der Strahlgeschwindigkeit. Die Kurve veranschaulicht, dass die Strahllänge mit steigender Geschwindigkeit zunächst anwächst. Anschließend nimmt der Einfluss der umgebenden Gasphase zu, was eine Verringerung der Aufbruchlänge mit steigender Geschwindigkeit zur Folge hat.

Weber erwähnte bereits, dass sein Modell zu kurze Strahllängen voraussagt. Dies begründete er damit, dass die Luft vom Strahl mitgerissen wird. Die Folge daraus ist eine Verringerung der Relativgeschwindigkeit zwischen Gas und Flüssigkeit. Der Impulsaustausch zwischen beiden Medien wird gedämpft, was die Wachstumsrate der Störungen verringert. Sterling & Sleicher [162] nahmen eine Anpassung von Webers Theorie zur Berücksichtigung derartiger Effekte vor, indem sie die Auswirkungen der Gasviskosität hinzuzogen. Dies erfolgte durch ein Multiplizieren des zweiten Summanden auf der rechten Seite von Gleichung (4.48), der aerodynamische Einflüsse repräsentiert, mit einem Korrekturfaktor $\mathscr{C}$. Der modifizierte Term lautet dann:

$$\mathscr{C}\frac{\rho_g U^2}{2\rho a^2}k^3 F_3 \tag{4.53}$$

Den Betrag des Faktors ermittelten Sterling & Sleicher [162] aus experimentellen Daten von Fenn & Middleman [62] zu $\mathscr{C} = 0{,}175$. Im Wesentlichen handelt es sich bei der Modifikation somit um ein Vermindern des Summanden, der die Einflüsse durch das umgebende Gas repräsentiert.

Die Theorie von Sterling & Sleicher wurde vielfach von anderen Autoren experimentell (siehe Abschnitt 4.2.1) und numerisch bestätigt. Gordillo & Pérez-Saborid [71] (2005) führten Simulationen des Strahlzerfalls unter Einbeziehung des ambienten Mediums durch. Sie zeigten, dass eine Grenzschicht in der Strahlumgebung entsteht, die den Zerfall dämpft. Außerdem definierten sie einen Faktor analog zum Korrekturfaktor von Sterling & Sleicher und ermittelten für diesen einen Wert von $\mathscr{C} = 0{,}14$, was in akzeptabler Nähe von 0,175 liegt. Somit konnte die Notwendigkeit des Korrekturfaktors $\mathscr{C}$ und dessen Betrag numerisch bestätigt werden.

Ein weiteres theoretisches Modell des Strahlzerfalls in Gasatmosphäre veröffentlichten Reitz & Bracco [142, 143] auf Basis der Ableitungen von Levich [98] und Sterling & Sleicher [162]. Die Besonderheit bei Reitz & Bracco [142, 143] ist, dass die Gasphase ein Geschwindigkeitsprofil in Abhängigkeit der radialen Koordinate haben darf. Dieses Geschwindigkeitsprofil nahmen Reitz & Bracco [142, 143] jedoch am Ende der Herleitung als konstant an. Das schlussendlich erzielte Modell ist dem von Weber [182] somit sehr ähnlich und wird deshalb vorliegend nicht weiter betrachtet.

Restriktionen der Theorie

Die vorgestellten theoretischen Modelle zur Beschreibung des Strahlzerfalls basieren auf einer Reihe von Annahmen. Diese Annahmen werden hier diskutiert, wobei der Fokus auf den daraus resultierenden Einschränkungen auf die Anwendbarkeit der Theorie liegt.

Bei der in diesem Abschnitt beschriebenen rein zeitabhängigen Betrachtungsweise wird angenommen, dass die Störungsamplitude α auf den gesamten Strahl an jeder Stelle z wirkt. Dies ist in der Praxis genaugenommen nicht der Fall, da beispielsweise an der Düse zu jedem Zeitpunkt $\alpha = 0$ gelten muss. Es lässt sich jedoch zeigen, dass eine räumliche Strahlstabilitätsanalyse im Vergleich zur temporären Analyse nur bei sehr kleinen Weberzahlen zu unterschiedlichen Ergebnissen führt (siehe beispielsweise Keller et al. [86] und Bogy [12]). Schon bei einer Weberzahl von ≈ 100 stimmen die Ergebnisse der räumlichen Theorie in etwa mit der zeitlichen Theorie überein [70]. Da sich die vorliegende Arbeit mit Strahlen beschäftigt, die eine vergleichsweise hohe Weberzahl aufweisen, wird lediglich die temporäre Strahlinstabilität betrachtet.

Der grundlegende Ansatz der Strahlkontur nach Gleichung (4.1) geht von monochromatischen Störungen aus und wird als linear bezeichnet. Es sind auch nichtlineare Theorien verfügbar, die den Strahlzerfall beim Vorhandensein höherer Harmonischer beschreiben. Diese Theorien werden insbesondere für Betrachtungen zum Auftreten von Satellitentropfen bei kontrolliertem Strahlzerfall herangezogen. Eine Darlegung der nichtlinearen Berechnungsweise und zugehöriger Literaturstellen erfolgt in Abschnitt 5.2.

Der lineare Ansatz setzt außerdem voraus, dass die Amplitude der Störungen infinitesimal ist. Es lässt sich zeigen, dass aufgrund des exponentiellen Wachstums die Störamplitude bei einem üblichen Anfangsstörfaktor von $\ln(D/2C) = 13$ während 82% der Zerfallszeit kleiner als 5% des Strahlradius ist. So lange nicht die exakte Strahlkontur, insbesondere kurz vor dem Abschnüren der Tropfen, gefordert wird, ist der lineare Ansatz mit infinitesimalen Störungen zur Berechnung des Strahlzerfalls ausreichend.

Alle genannten Zerfallsmodelle gehen von einem Flüssigkeitszylinder ohne Strömungen im Inneren aus. Bei der Übertragung der Modelle auf Flüssigkeitsstrahlen dürfen letztere gegenüber einem mit der Strahlgeschwindigkeit mitbewegten Koordinatensystem somit keine Relativgeschwindigkeit aufweisen. Dies gilt an jeder Stelle innerhalb der Strahlen und für alle drei Raumrichtungen. Daraus folgt, dass das Geschwindigkeitsprofil der Strahlen gegenüber einem feststehenden Koordinatensystem rechteckförmig sein muss. Zur Erzeugung derartiger Geschwindigkeitsprofile eignen sich Düsen mit einem kleinen Verhältnis aus Kanallänge zu Durchmesser L/D, da sich aufgrund der fehlenden Einlauflänge keine voll entwickelte Strömung nach Hagen-Poiseuille (mit parabolischer Geschwindigkeitsverteilung) ausbilden kann. Parabolische Profile führen außerdem zu einer starken Relaxation unmittelbar nach dem Strahlaustritt aus der

Düse, weil am Umfang plötzlich keine Schubspannungen mehr auf eine Wand übertragen werden können. Als Relaxation wird in diesem Zusammenhang der Übergang der (parabolischen) Geschwindigkeitsverteilung der Strömung innerhalb der Düse in ein Rechteckprofil außerhalb der Düse bezeichnet. Je stärker das Profil in der Düse von einem Rechteckprofil abweicht, umso intensiver sind die Relaxation und die dadurch aufgebrachten Störungen der Strahloberfläche (siehe auch McCarthy & Molloy [112]). Derartige Effekte traten während der Experimente im Rahmen dieser Arbeit nicht auf, da stets Düsen mit kurzen Kanallängen verwendet wurden. Eine genauere Beleuchtung des Strahlzerfalls durch Relaxationserscheinungen erfolgt somit nicht.

Die beschriebene Theorie von Sterling & Sleicher [162] berücksichtigt zwar die Interaktion des Strahles mit der umgebenden Gasphase, wodurch das Abschnüren von Tropfen beschleunigt wird. Eine zu extreme Strahlgeschwindigkeit ruft allerdings zusätzliche Zerfallsmechanismen hervor. So können infolge der Kelvin-Helmholtz-Instabilität kurzwellige Störungen auf der Strahloberfläche anwachsen, die zum direkten Abschnüren feinster Tröpfchen führen. Der Strahlzerfall erfolgt dann zusätzlich oder ausschließlich aufgrund dieser weiteren Zerfallsart. Die Strahlaufbruchlänge folgt dabei rechnerisch über eine Bilanzierung des Düsenvolumenstroms mit dem Volumenstrom der von der Oberfläche abgeschnürten Tröpfchen [98]. Des Weiteren können bei großen Geschwindigkeiten turbulente Geschwindigkeitsprofile und/oder Kavitation innerhalb der Düse auftreten, was durch die beschriebene Theorie von Sterling & Sleicher [162] ebenfalls nicht berücksichtigt ist.

Ohnesorge [124] publizierte eine erste Abgrenzung verschiedener Strahlzerfallsmodi, die später von Reitz [143] (siehe auch [142]) erweitert wurde. Reitz führte vier verschiedene Zerfallsregimes ein, die in Tabelle 4.1 zusammenfassend dargestellt sind. Die zugehörigen charakteristischen Eigenschaften und die jeweiligen Grenzkriterien sind darin aufgeführt. Zur Abgrenzung der Regimes verwendete Reitz Angaben von Ranz [134] und aus den Literaturstellen [106, 114, 162]. Die Übergangskriterien des Rayleigh- und des ersten windinduzierten Zerfalls (EWZ) von Ranz [134] basieren auf Abschätzungen von Kräften (bzw. Spannungen), die auf und im Strahl wirken. Am oberen Grenzkriterium $We_g > 0{,}4$ des Rayleigh-Zerfalls beträgt die Trägheitskraft des Gases 10% der Oberflächenspannungskraft und am oberen Grenzkriterium $We_g > 13$ des EWZ sind beide Kräfte gleich groß. Die übrigen Kriterien in Tabelle 4.1 sind empirische Korrelationen. Das obere Grenzkriterium des zweiten windinduzierten Zerfalls (ZWZ) leitete Reitz aus einer Angabe von Littaye [106] (erwähnt in Miesse [114]) ab und erhielt dabei $We_g > 40{,}3$. Ein Nachvollziehen dieser Ableitung aus der

Tabelle 4.1: Regimes des Strahlzerfalls nach Reitz [143].

Bezeichnung	Charakteristik	Oberes Grenzkriterium
Rayleigh-Zerfall	getrieben durch Oberflächenspannung	$We_g > 0{,}4$ [134] $We_g > 1{,}2 + 3{,}41 Oh^{0,9}$ [162]
Erster windinduzierter Zerfall (EWZ)	getrieben durch Oberflächenspannung, verstärkt durch Interaktion mit umgebender Gasphase	$We_g > 13$ [134]
Zweiter windinduzierter Zerfall (ZWZ)	getrieben durch Interaktion mit umgebender Gasphase, gedämpft durch Oberflächenspannung	$We_g > 80{,}6$ [106, 114]
Zerstäubung	vollständiger Strahlzerfall direkt an Düsenaustritt	

Originalangabe ($U\sqrt{2\rho a/\sigma}\sqrt{\rho_g/[2\rho]} > 6{,}35$) ergab jedoch die in Tabelle 4.1 eingetragene ambiente Weberzahl von 80,6.

Der oben beschriebene Zerfall, bei dem feine Tröpfchen direkt von der Strahloberfläche infolge der Kelvin-Helmholtz-Instabilität abgelöst werden, tritt nach Reitz [143] ab dem zweiten windinduzierten Regime auf. Da die vorgestellten Modelle dies nicht berücksichtigen, können diese den Strahlzerfall für den Rayleigh- und den ersten windinduzierten Bereich voraussagen.

Eine weitere Einschränkung stellt der schrauben- oder helixförmige Strahlzerfall dar, der von Weber [182] auch als „Zerwellen" bezeichnet wurde. Dabei handelt es sich um eine Zerfallsform, bei der die Längsachse des Strahles sinusförmige Deformationen aufweist. Das Zerwellen ist nicht axialsymmetrisch und wird folglich durch die beschriebenen Theorien nicht abgedeckt. Eine beispielhafte Aufnahme eines sich im Zerwellen befindenden Strahles zeigt Abbildung 4.5. Aufgrund der verhältnismäßig großen Wellenlänge (ca. 7,3 mm) reicht der Kameraausschnitt zur Darstellung einer kompletten Welle nicht aus. Die sinusförmige Auslenkung der Strahlmittelachse ist dennoch gut zu erkennen. Das Zerwellen tritt nur bei besonders dickflüssigen Medien und durch die Wechselwirkung mit

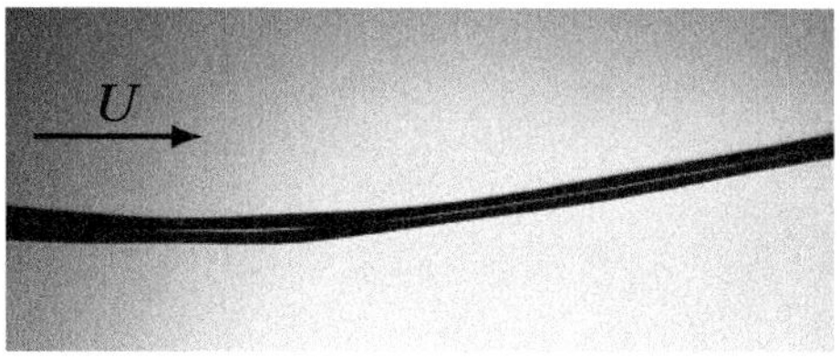

Abbildung 4.5: Zerwellen eines Flüssigkeitsstrahles (Wasser-Glycerin-Lösung, Oh = 3,8, $\mathrm{We}_\mathrm{g} = 0{,}48$): sinusförmige Deformation der Strahllängsachse, sichtbar ist nur ein Teil einer kompletten Wellenlänge.

der Gasphase auf. Yarin [194] formulierte ein entsprechendes Kriterium für das Auftreten des Zerwellens:

$$\rho a^2 \rho_\mathrm{g} U^2 \ll \eta^2 \tag{4.54}$$

Aus dieser Gleichung kann ein Kriterium in Abhängigkeit von Ohnesorge- und ambienter Weberzahl abgeleitet werden:

$$\mathrm{Oh}^2 \gg \frac{1}{4}\mathrm{We}_\mathrm{g} \tag{4.55}$$

Für das Beispiel von Abbildung 4.5 ist diese Ungleichung erfüllt ($\mathrm{Oh}^2 = 14{,}4 \gg 0{,}12 = \mathrm{We}_\mathrm{g}/4$). Das Auftreten des Zerwellens bei den Betriebsparametern des Beispiels steht somit in Einklang mit dem Kriterium von Yarin [194].

Aus der Ungleichung (4.55) kann geschlussfolgert werden, dass die Ohnesorgezahl $\ll 1{,}8$ sein muss, damit die beschriebenen theoretischen (axialsymmetrischen) Modelle für den Rayleigh- und den EWZ im gesamten zulässigen ambienten Weberzahlbereich $\mathrm{We}_\mathrm{g} < 13$ angewendet werden können.

Für den Geltungsbereich des allgemeinsten der vorgestellten Modelle (viskositätsbehaftet und mit Gaseinfluss, nach Gl. 4.48 und 4.53) kann wie folgt zusammenfassend formuliert werden:

- Zulässigkeit der temporären Analyse $\Rightarrow \mathrm{We} \gtrapprox 100$
- Rechteckiges Strahlgeschwindigkeitsprofil, keine Relaxation $\Rightarrow L/D \approx 0$
- Kein Zerfall in Feinsttröpfchen von der Strahloberfläche, Gültigkeit nur für Rayleigh-Zerfall und EWZ $\Rightarrow \mathrm{We}_\mathrm{g} < 13$
- Nur axialsymmetrische Störungen, kein Zerwellen $\Rightarrow \mathrm{Oh}^2 \ll \mathrm{We}_\mathrm{g}/4$

4.2 Experimentelle Analyse der Strahlstabilitätskurve

4.2.1 Literaturübersicht

Die Stabilität von Flüssigkeitsstrahlen wurde von einer Vielzahl von Autoren experimentell untersucht. Es sind bereits zusammenfassende Darstellungen verfügbar, die auch theoretische Inhalte umfassen. Sehr ausführliche Literaturübersichten veröffentlichten McCarthy & Molloy [112] (1974), Lefebvre [94] (1988) und Lin & Reitz [104] (1998). Übersichtsbeiträge neueren Datums sind die Arbeiten von Eggers & Villermaux [54] (2008), Dumouchel [50] (2008) und Birouk & Lekic [11] (2009).

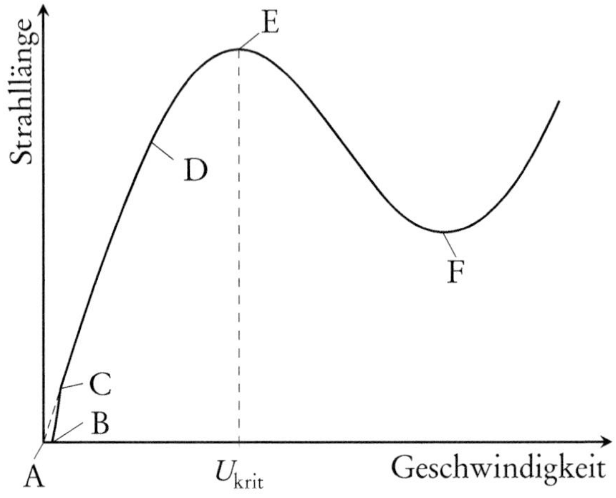

Abbildung 4.6: Allgemeine Stabilitätskurve von Flüssigkeitsstrahlen (nach [72]).

Der Strahlzerfall kann durch eine sog. Stabilitätskurve beschrieben werden. Eine solche Kurve ist in Abbildung 4.6 dargestellt. Sie gibt einen Zusammenhang zwischen Strahlgeschwindigkeit und -länge wieder. Die Kurve lässt sich in verschiedene Bereiche unterteilen. Unterhalb des Punktes B ist die Geschwindigkeit zu niedrig, um einen Strahl zu formen. Der Abschnitt zwischen C und D ist annähernd eine Gerade und beschreibt den Rayleigh-Zerfall. Oftmals wird dieser lineare Bereich bis zum Koordinatenursprung A durchgezogen. Ab dem Punkt D beginnt der erste windinduzierte Zerfall (EWZ). Die Stabilitätskurve verlässt dabei den linearen Bereich und wächst unterproportional an. Wenn der kritische Punkt E bzw. die kritische Geschwindigkeit U_{krit} erreicht ist, führt eine weitere Geschwindigkeitserhöhung zu einer Reduktion der Strahllänge. Bei sehr großen Strahlgeschwindigkeiten kann innerhalb der Düse auftretende Turbulenz zu einer Stabilisierung der Strahlströmung führen, was eine erneut ansteigende Strahllänge ab dem Punkt F zur Folge hat.

Eine essentielle Größe für quantitative Vergleiche von experimentellen und theoretischen Strahlstabilitätskurven ist die Anfangsstörung, die durch den Faktor $\ln(D/2C)$ repräsentiert wird. Smith & Moss [161] ermittelten durch Experimente, dass $\ln(D/2C) = 12{,}6$ gilt. Zwei darauf aufbauende Studien von Tyler & Richardson [171] und Merrington & Richardson [113] bestätigten dieses Ergebnis. Weber [182] berechnete aus Experimenten von Haenlein [73] $\ln(D/2C) = 12$. Grant & Middleman [72] (1966) erhielten in ihren Experimenten in einem Ohnesorgezahlbereich zwischen $4{,}3 \cdot 10^{-3}$ und $6{,}5 \cdot 10^{-1}$ unterschiedliche Störfaktoren im Bereich von 10,7 bis 22,2. Relativ zur Variation der Ohnesorgezahl um einen Faktor von 150 ist die gemessene Änderung von $\ln(D/2C)$ um einen Faktor von nur 2,1 hier allerdings gering. Basierend auf Daten von Phinney & Humphries [129] und Fenn & Middleman [62] ermittelten Mahoney & Sterling [110] $\ln(D/2C)$-Werte in Bereichen zwischen 7,1 bis 9,7 bzw. 12,8 bis 13,8. Die obigen Angaben machen deutlich, dass die Anfangsstörungen des Strahlzerfalls von Autor zu Autor und von Versuch zu Versuch nicht sehr stark variieren.

Grant & Middleman [72] (1966) verglichen ihre experimentellen Stabilitätskurven mit der Theorie nach Weber [182] und stellten keine Übereinstimmung fest. Sterling & Sleicher [162] zeigten später, dass die Ursache dafür die Relaxation infolge langer Düsenkanäle ist. Die Abweichungen veranlassten Grant & Middleman eine Korrektur von Webers Theorie vorzunehmen, indem sie den Faktor F_3 (siehe Gl. 4.52) durch eine Funktion in Abhängigkeit von der Ohnesorgezahl ersetzten. Eine weitere Modifikation der originalen Modellgleichung von Weber, die ebenfalls für Relaxationseinflüsse bzw. für lange Düsenkanäle gilt, legten Leroux et al. [97] (1996) vor. Die Autoren schufen zwar das bis dato allgemeingültigste Zerfallsmodell, allerdings reduziert sich dieses für kurze Düsen auf das Modell von Sterling & Sleicher [162]. Da im Rahmen der vorliegenden Arbeit stets sehr kurze Düsen Verwendung fanden, sind die Modifikationen von Grant & Middleman [72] und Leroux et al. [97] für das Verständnis der eigenen Messwerte nicht von Interesse und werden somit auch nicht weiter behandelt.

Sterling & Sleicher [162] (1975) verifizierten ihre Theorie für kurze Düsen ohne Relaxationseinfluss durch eigene Experimente. Sie führten dazu Versuche mit sehr kurzen Düsen ($L/D = 0{,}25$) durch und stellten eine gute Übereinstimmung fest. Bei Experimenten, in denen ab einer gewissen Geschwindigkeit eine raue Strahloberfläche zu beobachten war, sagte das Modell eine zu hohe maximale Strahllänge (am Punkt E der Stabilitätskurve) voraus. Die beobachtete raue Oberfläche deutete aber darauf hin, dass ein zusätzlicher theoretisch nicht berücksichtigter Effekt auftrat. Außerdem verglichen Sterling & Sleicher ihre

Theorie mit relaxationsfreien Experimenten von Fenn & Middleman [62]. Auch hier konnten sie eine gute Übereinstimmung zwischen Theorie und Experiment dokumentieren.

In einer weiterführenden Arbeit ermittelten Mahoney & Sterling [110] (1978) einen expliziten Ausdruck für die direkte Berechnung der Strahlstabilitätskurve nach Sterling & Sleicher [162]. Ein Vergleich mit experimentellen Daten von Phinney & Humphries [129] zeigte auch hier eine gute Übereinstimmung zwischen den Messergebnissen und der Theorie von Sterling & Sleicher.

Eine sehr sorgfältige experimentelle Studie mit kurzen Düsen führten Kalaaji et al. [85] (2003) durch. Sie maßen direkt die Wachstumsraten und verglichen diese mit theoretischen Werten. Dabei stellten sie ebenfalls eine sehr gute Übereinstimmung zum Modell von Sterling & Sleicher [162] fest.

Zusammenfassend kann festgehalten werden, dass die Theorie nach Sterling & Sleicher [162] anhand vieler experimenteller Daten [62, 85, 129, 162] (und numerischer Rechnungen [71], siehe Abschnitt 4.1) bestätigt wurde und somit als gegenwärtiger Stand des Wissens bezeichnet werden kann.

Ein zu starkes Repräsentieren der aerodynamischen Einflüsse durch die originale Theorie von Weber [182] zeigten ebenfalls eine Vielzahl von Autoren [62, 72, 85, 97, 162].

4.2.2 Stabilitätskurven der vorliegend verwendeten Düsen

Die Ausführungen des vorangegangenen Abschnittes verdeutlichen, dass das Stabilitätsverhalten von Strahlen bereits durch eine Vielzahl von Autoren über einen langen Zeitraum untersucht wurde und dass umfassendes theoretisches und praktisches Wissen existiert. Darauf basierend wurde das Strahlstabilitätsverhalten der im Rahmen der vorliegenden Arbeit verwendeten Düsen bewertet. Dazu dienten die bei der FMP Technology GmbH im Rahmen der Bachelorarbeit von Chen [34] durchgeführten und in [58] publizierten Experimente. Diese bestanden aus Messungen der Strahlaufbruchlängen für verschiedene Geschwindigkeiten mittels einer optischen Methode, basierend auf der Streuung eines Laserstrahles. Es konnten so für verschiedene Düsendurchmesser die Strahlstabilitätskurven ermittelt werden. Als Flüssigkeit kam Wasser zum Einsatz. Der Messaufbau und die -methode zur Bestimmung der Strahllängen werden vorliegend nicht weiter erläutert, da sie nicht Bestandteil dieser Dissertation waren. Es wird dafür auf die Arbeit von Chen [34] und auf die Publikation [58] verwiesen. Da aber zur Bewertung und Modellierung der Experimente die Geometrien von Düse und Zulauf wichtig sind, zeigt Abbildung 4.7 eine entsprechende Skizze. Darin ist zu erkennen, dass dünne Düsenplättchen Verwendung fanden, die gemeinsam mit einem zusätzlichen Stützplättchen im Düsenhalter eingebaut waren. Bei dem

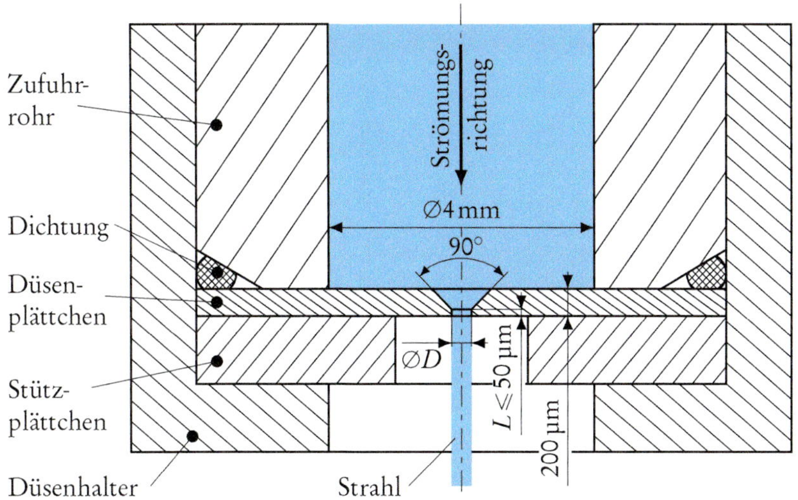

Abbildung 4.7: Geometrie der Düse und des Zulaufs bei den Experimenten aus [34, 58].

abgebildeten Ausschnitt handelt sich um die Spitze des Tropfengenerators, der auch für die Versuche der Kapitel 5 und 6 eingesetzt wurde (allerdings ohne Piezoaktor).

Die eingesetzten Düsenplättchen hatten alle eine Kanallänge von $L \lessapprox 50\,\mu m$ und unterschiedliche Düsendurchmesser D. Es kamen sechs verschiedene Düsendurchmesser zum Einsatz: 50; 75; 100; 150; 200 und 500 µm. Die normierte Kanallänge L/D war somit für jede Düse anders. Sie variierte im Bereich von 0,1 bis 1, konnte aber dennoch stets als kurz bezeichnet werden. Parabolische Strahlgeschwindigkeitsprofile und Relaxationserscheinungen konnten somit ausgeschlossen werden.

Die experimentellen Daten aller Düsendurchmesser sind in Abbildung 4.8 als Punkte dargestellt. Qualitativ stimmen alle Messungen mit dem bekannten Strahlstabilitätsverhalten sehr gut überein: Ausgehend von $U = 0$ m/s nehmen nach einem längeren linearen Teil die Anstiege der Kurven zunächst ab. Oberhalb einer kritischen Geschwindigkeit U_{krit} sinken die Strahllängen mit steigender Geschwindigkeit. An den Enden steigen die Stabilitätskurven nach einem lokalen Tiefpunkt erneut an.

Zusätzlich sind in Abbildung 4.8 die Modelle von Sterling & Sleicher [162] und das modifizierte Modell dieser Arbeit (siehe nächster Abschnitt) eingetragen. Mit den in der Bildunterschrift genannten Modellgleichungen erfolgte die numerische Berechnung der Wachstumsraten ω. Für das Modell von Sterling & Sleicher [162] konnten anschließend die Strahllängen mit Gleichung (4.30) bestimmt

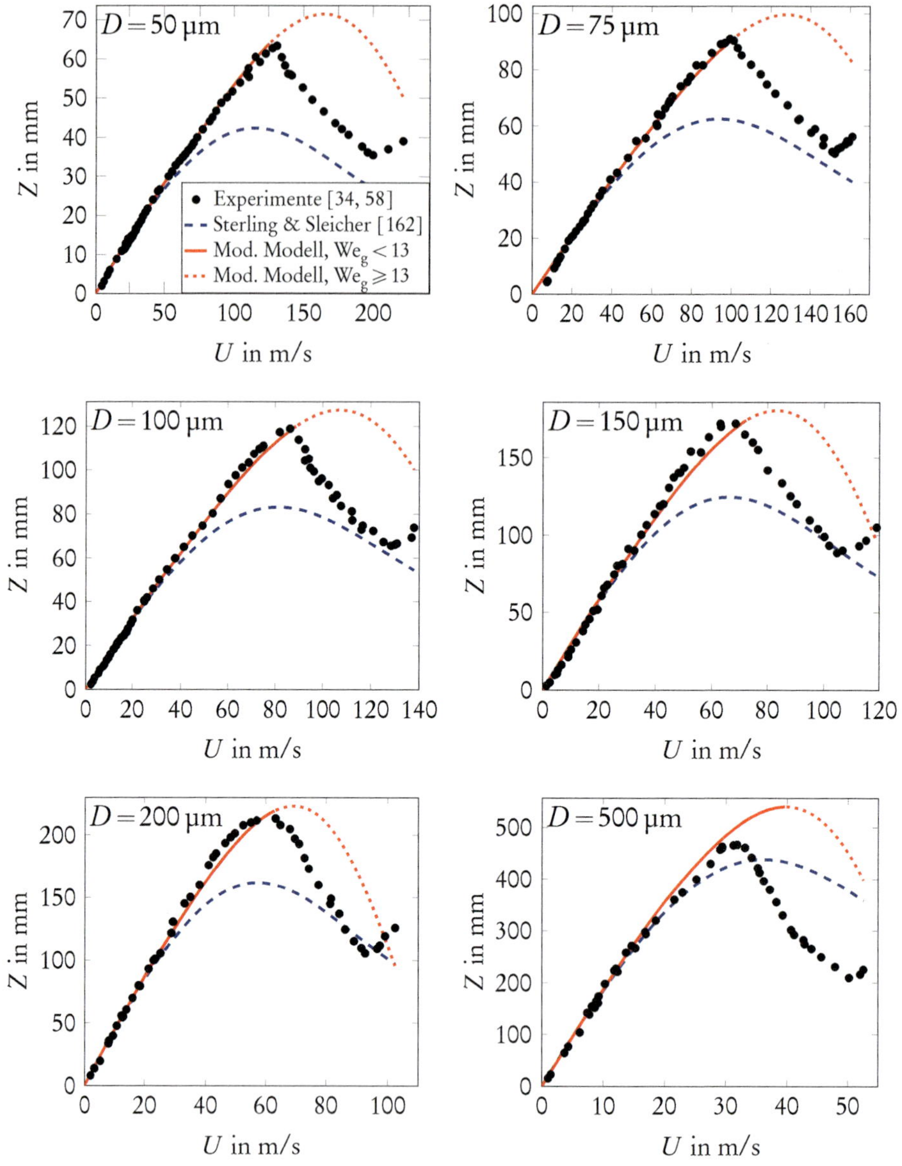

Abbildung 4.8: Gemessene Strahlaufbruchlängen aus [34, 58] (Punkte) sowie Vergleich mit dem Modell nach Sterling & Sleicher [162] (Gl. 4.48 und 4.53, $\mathcal{C} = 0{,}175$; Strichlinien) und mit dem modifizierten Modell dieser Arbeit (Gl. 4.48, 4.53 und 4.75, $\psi = 0{,}189$; Voll- und Punktlinien).

werden. Die Berechnung der Strahllängen für das modifizierte Modell wird in Abschnitt 4.3 gesondert erläutert. Die numerische Lösung der entsprechenden Gleichungen erfolgte mittels „Python 2.7". Die dafür erstellten Programme wurden zu deren Verifikation mittels theoretischer Kurven aus Kalaaji et al. [85] für das Sterling & Sleicher-Modell überprüft. Auf die Darstellung von Ergebnissen für das ursprüngliche Modell von Weber [182] wird verzichtet, da es erwiesenermaßen reale Stabilitätskurven nicht beschreiben kann. Die bei den Berechnungen verwendeten Stoffeigenschaften sind in Tabelle 4.2 aufgeführt.

Tabelle 4.2: Zur Berechnung der theoretischen Kurven der Abbildung 4.8 verwendete Stoffeigenschaften.

Stoffeigenschaft	Symbol	Wert	Einheit
Flüssigkeitsviskosität	η	1	mPas
Flüssigkeitsdichte	ρ	1000	kg/m^3
Oberflächenspannung	σ	73	mN/m
Ambiente Gasviskosität	η_g	0,015	mPas
Ambiente Gasdichte	ρ_g	1,2	mPas

Rayleigh-Zerfallsbereich

Zur Berechnung der Modellkurven für Abbildung 4.8 mussten die Anfangsstörfaktoren ermittelt werden. Dies erfolgte durch Fitten der Gleichung (4.44) an die Messwerte der linearen Kurvenabschnitte im Rayleigh-Zerfallsbereich, respektive an Messwerte, für die $U < 0{,}5\,U_{\text{krit}}$ zutrifft. Tabelle 4.3 fasst die dabei ermittelten $\ln(D/2C)$-Werte zusammen. Sie stimmen gut mit den Anfangsstörfaktoren der Literaturstudie überein. Die Abweichungen der Messwerte Z_{exp} von den zugehörigen Berechnungs- bzw. Fitergebnissen Z_{mod} sind in Abbildung 4.9 über der Strahlgeschwindigkeit geplottet. Die Darstellung zeigt, dass die meisten experimentellen Werte um ± 5 mm von der jeweiligen Ausgleichsgerade abweichen. Lediglich für wenige Messpunkte bei der 150 und der 500 µm-Düse sind die Beträge der Abweichungen bis zu 10 mm groß. Da die Richtigkeit dieses Ansatzes für den Geschwindigkeitsbereich ohne nennenswerte Interaktion mit dem umgebenden Medium außer Frage steht, können diese Abweichungen auch als Maß für die experimentelle Streuung aufgefasst werden.

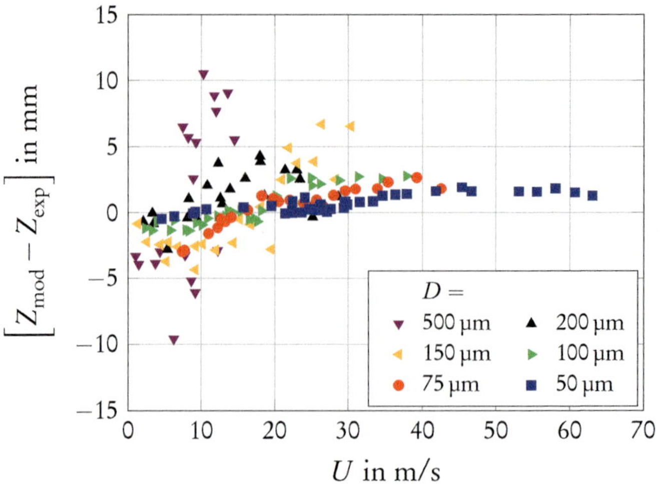

Abbildung 4.9: Abweichungen der mit Gl. (4.44) und Werten aus Tabelle 4.3 berechneten Zerfallslängen von den Messwerten bei $U < 0{,}5\,U_{krit}$.

Tabelle 4.3: Anfangsstörfaktoren der experimentellen Stabilitätskurven.

D in µm	$\ln(D/2C)$
50	12,9
75	12,8
100	12,9
150	13,0
200	12,7
500	13,9

Erster windinduzierter Zerfall (EWZ)

Die Diagramme der Abbildung 4.8 zeigen deutlich, dass das Modell von Sterling & Sleicher [162] (blaue Strichlinien) die Messungen sehr schlecht beschreibt. Übereinstimmung kann nur für kleine Geschwindigkeiten, also im Bereich ohne signifikante Wechselwirkung mit der Umgebungsluft erkannt werden. Bei größeren Geschwindigkeiten sind die theoretischen Strahllängen deutlich zu kurz. Dies erscheint zunächst nicht konsistent mit der Schlussfolgerung aus der Literaturrecherche, dass für kurze Düsenkanallängen und den EWZ das Sterling & Sleicher-Modell hervorragend geeignet ist.

Zur Klärung dieser Fragestellung erfolgte ein Vergleich der Messwerte der 75 µm-Düse dieser Arbeit bzw. aus [34, 58] mit experimentellen Daten von

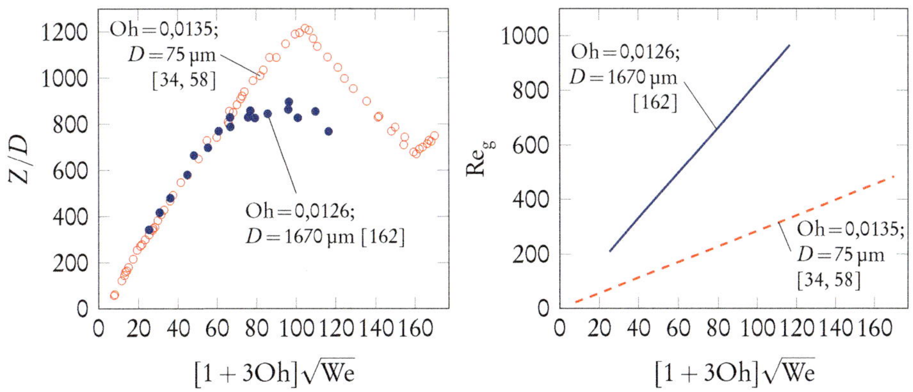

(a) Strahlaufbruchlängen

(b) Ambiente Reynoldszahlen

Abbildung 4.10: Vergleich von Experimenten der 1670 µm-Düse aus [162] mit der 75 µm-Düse aus [34, 58].

Sterling & Sleicher (Fig. 7 in [162]; $D = 1670\,\mu\text{m}$; Isopropanol in Luft: $\rho = 784\,\text{kg/m}^3$; $\eta = 2{,}13\,\text{mPas}$; $\sigma = 21{,}7\,\text{mN/m}$; $\rho_g = 1{,}2\,\text{kg/m}^3$; $\eta_g = 0{,}015\,\text{mPas}$). Diese Daten wurden gewählt, weil die Ohnesorgezahlen für beide Experimente mit 0,0135 und 0,0126 in etwa übereinstimmen. Die beiden Stabilitätskurven sind in Abbildung 4.10a in einem gemeinsamen Diagramm aufgetragen. Die Strahllängen wurden mit dem jeweiligen Düsendurchmesser dimensionslos gemacht. Als Abszisse dient der Term $[1+3\text{Oh}]\sqrt{\text{We}}$, der für kurze Düsen alle internen Strahleigenschaften berücksichtigt. Der Vergleich der Experimente offenbart, dass die 75 µm-Düse dieser Arbeit mit $(Z/D)_{\text{max}} \approx 1200$ eine deutlich größere maximale Strahlaufbruchlänge aufweist als die 1670 µm-Düse aus [162] mit $(Z/D)_{\text{max}} \approx 900$. Der lineare Anstieg der Stabilitätskurve der 75 µm-Düse ist erheblich länger. Trotz nahezu gleicher Ohnesorgezahlen liegen deutliche Unterschiede in den Strahllängenmessungen vor.

Die Betrachtung der ambienten Reynoldszahlen $\text{Re}_g = \rho_g U D / \eta_g$ beider Experimente kann die Ursache dieses Sachverhaltes aufdecken. Abbildung 4.10b zeigt das entsprechende Diagramm. Beide Versuche erfolgten in Luft bei Standardbedingungen. Das Diagramm offenbart, dass die bei den Versuchen abgedeckten Bereiche der ambienten Reynoldszahlen erheblich voneinander abweichen. In den Experimenten von Sterling & Sleicher lagen deutlich höhere Werte vor, was auf eine intensivere Interaktion des Strahles mit der Gasphase im EWZ hinweist. Dies erklärt die kürzeren relativen Strahllängen der 1670 µm-Düse bei den höheren Geschwindigkeiten, da hier die Verstärkung des Zerfalls aufgrund der Interaktion mit der Umgebungsluft stärker auftrat als bei der 75 µm-Düse. Der Hauptunterschied zwischen den beiden Experimenten sind die Strahldurchmesser, die um einen Faktor von ca. 22 voneinander abweichen. Die verschiedenen Stoffeigenschaften der verwendeten Flüssigkeiten führen dazu, dass bei einem Vergleich der Ohnesorgezahlen (wie bei Studien zum Strahlzerfall üblich) die Düsendurchmesservariation kompensiert wird. Dies ist für die ambiente Reynoldszahl allerdings nicht der Fall, denn hier ändert sich lediglich das charakteristische Längenmaß bzw. der Durchmesser. Somit ergeben sich signifikante Unterschiede hinsichtlich der Luftumströmung der Strahlen, die im EWZ ins Gewicht fallen und die Stabilitätskurven beeinflussen.

Die Ausführungen des vorherigen Absatzes erklären auch die Unterschiede zwischen den experimentellen und den modellierten Stabilitätskurven nach Sterling & Sleicher [162]. Der empirische Korrekturfaktor $\mathscr{C} = 0{,}175$ des Modells zur Skalierung der ambienten Einflüsse wurde nämlich anhand von Experimenten mit verhältnismäßig großen Düsen bestimmt. Es dienten dazu Daten von Fenn & Middleman [62], ermittelt mit einer 864 µm-Düse (bei einem relativen Unterdruck von ca. -0,5 bar). Dieser Düsendurchmesser ist größer als die Durchmesser von Abbildung 4.8, was die Diskrepanzen zwischen dem bei $D = 864$ µm ermittelten Modell nach Sterling & Sleicher [162] und den Experimenten mit kleineren Düsen und damit kleineren ambienten Reynoldszahlen erklärt. Bei der 500 µm-Düse ist der Durchmesserunterschied zu 864 µm nicht sehr groß. Hier sind auch die Diskrepanzen zwischen Modell und Experiment am kleinsten, insbesondere unterhalb der kritischen Geschwindigkeit.

Die Tatsache, dass Kalaaji et al. [85] in ihren Experimenten mit einem Düsendurchmesser von nur 70 µm das Modell von Sterling & Sleicher [162] bestätigten, widerspricht zunächst den obigen Schlussfolgerungen. Kalaaji et al. führten Messungen durch, aus denen sie direkt die Wachstumsrate bestimmten. Die dabei ermittelten Werte stimmten sehr gut mit dem Sterling & Sleicher-Modell überein. Sie verwendeten allerdings eine künstliche Anregung, die den Störfaktor $\ln(D/2C)$ und damit die Strahlaufbruchlängen gegenüber dem natürlichen Zerfall reduzierte. Durch Messungen bei verschiedenen Anregungsintensitäten konnten die Autoren zwar die korrekte Wachstumsrate bestimmen, allerdings bei sehr kurzen Strahlaufbruchlängen. Ein möglicher Effekt, der sich durch ein Mitreißen der Umgebungsluft entlang des Strahles ausbildet und somit von der ambienten Reynoldszahl abhängt, konnte sich folglich nicht so stark ausbilden wie beim natürlichen Zerfall. Insofern sind die Messungen von Kalaaji et al. [85] nicht mit den experimentellen Ergebnissen der Abbildung 4.8 vergleichbar. Des Weiteren betrugen die maximalen Geschwindigkeiten bei Kalaaji et al. [85]

Tabelle 4.4: Ambiente Weberzahlen bei den kritischen Geschwindigkeiten.

D in µm	$We_{g,krit}$
50	14,1
75	12,1
100	12,2
150	11,6
200	13,1
500	8,3

ca. 33 m/s, was im Vergleich zum Experiment mit der ähnlich großen 75 µm-Düse aus Abbildung 4.8 nicht besonders hoch ist. Geschwindigkeitseffekte im Zusammenhang mit dem ambienten Gas konnten sich somit nicht sehr stark auswirken.

Die obigen Beobachtungen und Schlussfolgerungen aus den experimentellen Ergebnissen führten dazu, dass im Rahmen der vorliegenden Arbeit eine Modifikation der bestehenden Strahlzerfallstheorie erfolgte. Es wurde dazu die Grenzschicht berücksichtigt, die in der Gasphase entlang des Strahles entsteht. Die Herleitung dieses Modells wird in Abschnitt 4.3 dargelegt.

Zweiter windinduzierter Zerfall (ZWZ)

In Tabelle 4.4 sind alle ambienten Weberzahlen für die kritischen Punkte der Stabilitätskurven aufgeführt. Bis auf den Wert der 500 µm-Düse liegen alle relativ nahe an $We_g = 13$. Dies ist das Kriterium für das Einsetzen des ZWZ von Reitz [143].

Abbildung 4.11 zeigt alle experimentellen Stabilitätskurven in einem gemeinsamen Diagramm in linearer und in doppelt logarithmischer Skalierung. Es wird so ersichtlich, dass alle monoton fallenden Kurvenabschnitte (bis auf der für die 500 µm-Düse) in etwa auf einer gemeinsamen Linie liegen. Ein weiteres von Reitz [143] herausgestelltes Kriterium für den ZWZ ist, dass kein Einfluss des Strahldurchmessers auf die Dispersionsrelation vorliegt. Offenkundig ist auch dieses Kriterium für die Düsen mit $D \leqslant 200$ µm erfüllt, da hier alle monoton fallenden Äste der experimentellen Stabilitätskurven zusammenfallen. Eine Abhängigkeit bzgl. des Düsendurchmessers liegt nicht vor. Levich [98] gibt in

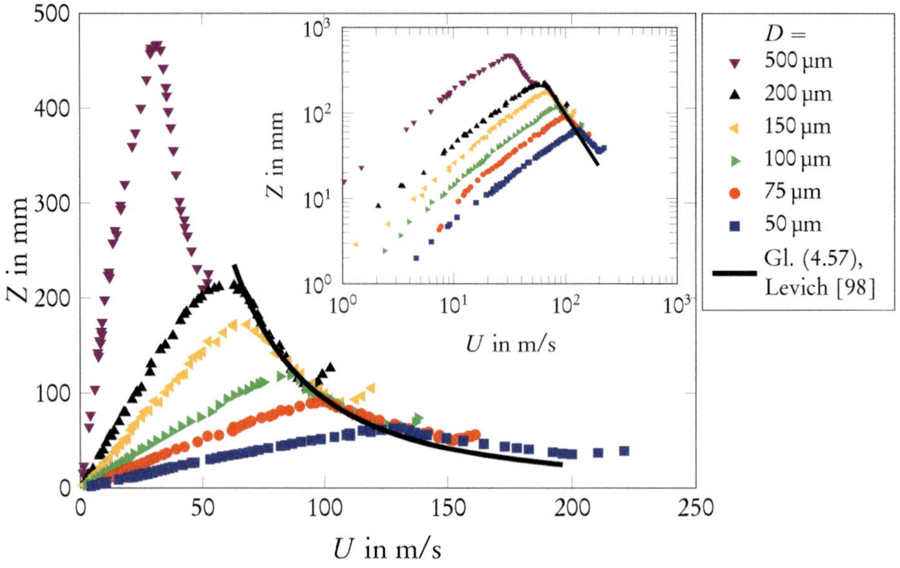

Abbildung 4.11: Experimentelle Stabilitätskurven aller Düsendurchmesser aus [34, 58] (Punkte) und Kurve nach Levich [98] (Volllinie) für den ZWZ in linearer und logarithmischer Skalierung.

seinen Herleitungen für den Strahlzerfall bei großen Geschwindigkeiten folgende Näherungsgleichung für die maximale Wachstumsrate an:

$$\omega_{\text{max}} = 0{,}4\frac{U^3}{\sigma}\sqrt{\frac{\rho_g^3}{\rho}} \tag{4.56}$$

Diese Gleichung gilt nur bei vernachlässigbarer Flüssigkeitsviskosität, wie im hier vorliegenden Fall. Der Düsendurchmesser geht nicht ein und ist folglich kein einflussnehmender Parameter. Einsetzen der Gleichung (4.56) in (4.30) liefert eine Näherung für die Strahlzerfallslänge im ZWZ:

$$Z = 2{,}5\ln\left(\frac{D}{2C'}\right)\sigma\sqrt{\frac{\rho}{\rho_g^3}}\frac{1}{U^2} \tag{4.57}$$

Der Ansatz bei der Herleitung von Gleichung (4.57) (bzw. bei der zugrunde liegenden Gl. 4.30) setzt ein Anwachsen von rotationssymmetrischen Störungen bis zum mittigen Abschnüren von Tropfen wie im Rayleigh-Zerfallsbereich und im EWZ voraus. Genaugenommen gilt dies nicht im ZWZ. In Abschnitt 4.1 wurde bereits erwähnt, dass der Strahlzerfall im ZWZ auch durch das Abschnüren feinster Tröpfchen direkt von der Strahloberfläche infolge der Kelvin-Helmholtz-Instabilität auftritt. Dennoch wurde hier der beschriebene Ansatz nach Gleichung (4.57) gewählt, um die fallenden Abschnitte der experimentellen Stabilitätskurven für $D \leqslant 200\,\mu m$ mit einer Theorie zu vergleichen. Aufgrund des geänderten Zerfallsmechanismus hängt hier die Anfangsstörung nicht mit den Werten des EWZ zusammen. Zur Kennzeichnung ist die initiale Störamplitude des ZWZ in Gleichung (4.57) mit C' bezeichnet. Durch Fitten der theoretischen Kurve nach Gleichung (4.57) an die experimentellen Ergebnisse konnte für den Anfangsstörfaktor $\ln(D/2C') = 214$ ermittelt werden. Die entsprechende Kurve ist in Abbildung 4.11 eingetragen. Es ist zu erkennen, dass diese die experimentellen Werte sehr gut beschreibt. Lediglich einige Messpunkte bei Geschwindigkeiten über 150 m/s für $D = 50\,\mu m$ weisen größere Abweichungen auf. Die Ursache dafür könnte sein, dass der oben beschriebene zusätzliche Zerfallsmechanismus dominanter wird. Es könnten ebenfalls kompressible Effekte in der Luftströmung auftreten, da die vom Strahl mitgerissene Luft bei Geschwindigkeiten über 150 m/s bereits Machzahlen über 0,4 aufweist (bei einer Schallgeschwindigkeit der Umgebungsluft von 343 m/s).

Die obigen Ausführung machen deutlich, dass die kritischen Geschwindigkeiten und die fallenden Kurvenabschnitte der Experimente mit dem Einsetzen des ZWZ zu erklären sind, da diese die entsprechenden Kriterien erfüllen (außer bei der 500 µm-Düse). Ein Vergleich der theoretischen Modelle mit den experimentellen Stabilitätskurven in Abbildung 4.8 ist somit nur für die steigenden Äste bei $U < U_{\text{krit}}$ zulässig.

Turbulenter Zerfall

Alle experimentellen Stabilitätskurven in Abbildung 4.8 weisen bei hohen Geschwindigkeiten einen erneut monoton steigenden Abschnitt auf. Die Ursache dafür ist der laminar-turbulente Umschlag der Düsenströmungen. Die lokalen Tiefpunkte am Anfang der steigenden Kurvenäste bei hohen Geschwindigkeiten definieren dabei die kritischen Geschwindigkeiten bzw. Reynoldszahlen. In Abschnitt 2.3 wurde mit der Gleichung (2.22) bereits ein zugehöriges Kriterium von Van de Sande & Smith [174] aufgeführt, das von der relativen Düsenkanallänge abhängt.

Im Diagramm der Abbildung 4.12 sind die kritischen Reynoldszahlen der Messungen und die Korrelation von Van de Sande & Smith [174] dargestellt. Die Abszisse repräsentiert darin die relative Kanallänge L/D, wobei für die experimentellen Daten die Düsenkanallängen nicht mit absoluter Sicherheit bekannt sind. Zur Berechnung der theoretischen Stabilitätskurven für den Rayleigh- und den EWZ war lediglich die Information notwendig, dass die Kanallänge sehr kurz

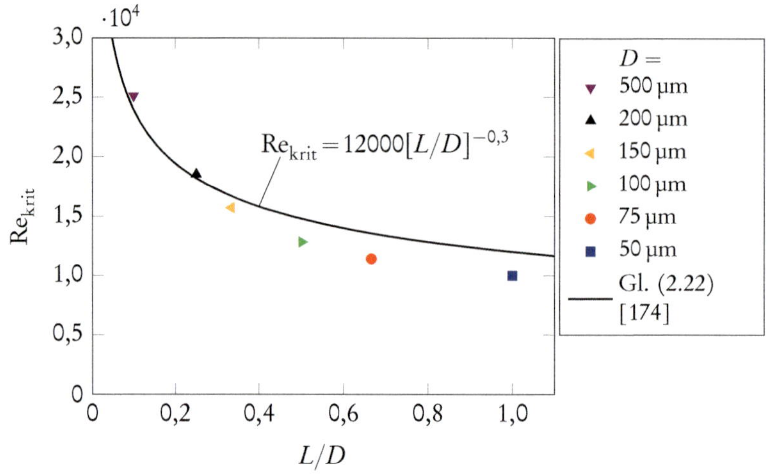

Abbildung 4.12: Kritische Reynoldszahlen für den laminar-turbulenten Umschlag der Experimente aus [34, 58] und Korrelation nach Van de Sande & Smith [174].

ist. Hier sind jedoch absolute Werte für L erforderlich. Der Hersteller der Düsenplättchen gibt eine Kanallänge von $\approx 20\,\mu m$ an. Messungen mit einem optischen Lichtmikroskop im Rahmen der vorliegenden Arbeit ergaben jedoch eine Länge von $\approx 50\,\mu m$. Für die Erstellung des Diagramms der Abbildung 4.12 wurde der Wert $L = 50\,\mu m$ angenommen. Das Diagramm zeigt, dass die experimentellen Werte für Re_{krit} mit steigender relativer Kanallänge abnehmen. Die Kurve nach Van de Sande & Smith [174] kann die Messwerte ausreichend gut beschreiben. Die Messergebnisse können somit als Bestätigung der Angabe von Van de Sande & Smith [174] angesehen werden. Dabei muss natürlich berücksichtigt werden, dass die Kanallängen für die Messwerte nicht sicher vorliegen.

4.3 Erweiterung der existierenden Theorie

4.3.1 Herleitung des Modells

Die Ausführungen des vorigen Abschnitts zum EWZ konnten zeigen, dass das in der Literatur anerkannte Strahlzerfallsmodell von Sterling & Sleicher [162] die experimentellen Ergebnisse nicht wiedergeben kann. Als Ursache dafür wurden Effekte infolge des Verhältnisses aus Trägheits- zu Viskositätskräften der umgebenden Gasphase angeführt, das durch die ambiente Reynoldszahl Re_g repräsentiert wird. Die Berücksichtigung dieses Einflusses erfolgt in der Dispersionsrelation von Sterling & Sleicher durch den konstanten Korrekturfaktor $\mathscr{C}$. Insbesondere

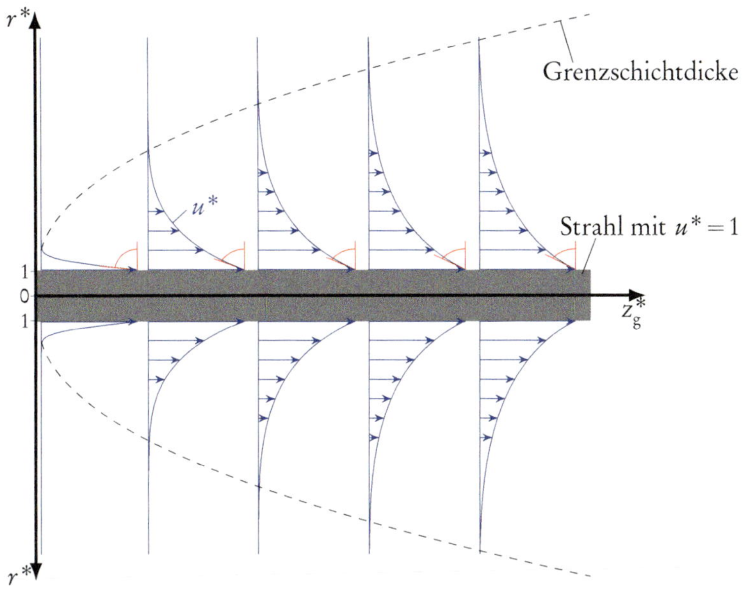

Abbildung 4.13: Grenzschicht um einen Strahl.

bei kleinen Strahlen führte dies zu einer Überbewertung der Gaskräfte auf den Strahl.

Die Existenz eines Zusammenhangs zwischen dem Korrekturfaktor und der Reynoldszahl der Gasphase stellten Sterling & Sleicher [162] basierend auf Ergebnissen von Benjamin [6] mit $\mathscr{C} = 1 - \mathscr{F}(k, \mathrm{Re}_g)$ bereits heraus. Die Funktion $\mathscr{F}$ steigt hierin mit steigender Wellenzahl k und fällt mit steigender Reynoldszahl Re_g. Bei großen Strahlgeschwindigkeiten (und folglich großen Werten für Re_g) liegen auch große Wellenzahlen vor (siehe Abbildung 4.4). Eine auftretende Erhöhung von Re_g, welche stets auch eine Erhöhung von k nach sich zieht, hat somit zwei gegensätzliche Auswirkungen auf $\mathscr{F}(k, \mathrm{Re}_g)$. Sterling & Sleicher kamen zu der Schlussfolgerung, dass sich diese beiden Effekte gegenseitig ausgleichen und somit $\mathscr{F}(k, \mathrm{Re}_g) = \mathrm{const.}$ bzw. $\mathscr{C} = \mathrm{const.}$ gilt. Die vorliegend beschriebene Modifikation der Theorie von Sterling & Sleicher behandelt den Korrekturfaktor $\mathscr{C}$ als Funktion u.a. von der ambienten Reynoldszahl und folgt damit nicht dieser Schlussfolgerung. Die in diesem Abschnitt beschriebene theoretische Herleitung wurde von den numerischen Ergebnissen von Gordillo & Pérez-Saborid [71] inspiriert.

Zur Ermittlung des Ansatzes für $\mathscr{C}$ musste zunächst der Strömungszustand des Gases in der Strahlumgebung betrachtet werden. Es handelt sich dabei um eine Strömung großer Reynoldszahl und damit um eine Grenzschichtströmung.

Entlang des Strahles bildet sich eine axialsymmetrische Grenzschicht aus, deren Dicke mit steigender Entfernung von der Strahlentstehung anwächst. Die Geschwindigkeitsverteilung der Grenzschicht wird als laminar angenommen. Für den Reynoldszahlbereich mit laminarem Geschwindigkeitsprofil wurden verschiedene Maximalwerte veröffentlicht. Rao & Keshavan [135] geben eine maximale Reynoldszahl von $\mathrm{Re}_{g,\mathrm{krit}} \approx 30000$ an, wohingegen Tutty et al. [170] einen deutlich kleineren Wert dokumentierten: $\mathrm{Re}_{g,\mathrm{krit}} \approx 2120$. Die maximale Reynoldszahl des Gases der hier betrachteten experimentellen Strahlstabilitätskurven liegt mit ≈ 1050 allerdings deutlich unter dem kleineren der beiden Literaturwerte. Die Annahme einer laminaren Grenzschichtströmung ist somit zulässig. Zur Veranschaulichung zeigt Abbildung 4.13 schematisch eine axialsymmetrische Grenzschicht um einen zylinderförmigen Strahl. Die dimensionslosen Koordinaten r^* und z_g^* sind in der Abbildung sowie in den weiteren Ausführungen dieses Abschnitts folgendermaßen definiert (siehe auch [71]):

$$r^* = \frac{r}{a} \tag{4.58}$$

$$z_g^* = \frac{z\eta_g}{U\rho_g a^2} = \frac{z}{a}\frac{2}{\mathrm{Re}_g} \tag{4.59}$$

Die Normierung der axialen Geschwindigkeitskomponente u erfolgt mit der Strahlgeschwindigkeit U:

$$u^* = \frac{u}{U} \tag{4.60}$$

In Abbildung 4.13 ist gut zu erkennen, wie die Grenzschichtdicke entlang des Strahles anwächst. Die eingetragenen Profile der Axialgeschwindigkeit u^* weisen an der Strahloberfläche unterschiedlich große Gradienten $\partial u^*/\partial r^*$ auf. Dies verdeutlichen die rot eingetragenen Winkel. In Richtung der Strahlausbreitung werden die Winkel spitzer, was einer Verringerung des Geschwindigkeitsgradienten entspricht. Im Bereich kleiner z_g^* ist die Änderung des Gradienten besonders hoch. Die Kraftübertragung von der Gasphase auf den Flüssigkeitsstrahl hängt von der Schubspannung τ_w an der Grenzfläche (bei $r = a$) ab, die durch den entsprechenden Geschwindigkeitsgradienten und die Gasviskosität definiert ist:

$$\tau_w = \eta_g \left.\frac{\partial u}{\partial r}\right|_{r=a} \tag{4.61}$$

Auch hier wird die mit Hilfe von $\tau^* = a\tau/[\eta_g U]$ ermittelte dimensionslose Schreibweise bevorzugt:

$$\tau_w^* = \left.\frac{\partial u^*}{\partial r^*}\right|_{r^*=1} \tag{4.62}$$

Diese Gleichung besagt, dass die dimensionslose Schubspannung mit dem dimensionslosen Geschwindigkeitsgradienten gleichgesetzt werden kann. Da letztgenannter in Richtung ansteigender Werte für z_g^* abnimmt, sinkt die Belastung der Strahloberfläche durch die Relativbewegung zwischen Flüssigkeit und Gas in Strahlausbreitungsrichtung. Dies muss eine Dämpfung der Wachstumsrate der Störungen ω zur Folge haben. Die Dispersionsrelation $\omega(k)$ besitzt somit einen funktionalen Zusammenhang zur axialen Koordinate z_g^*.

Basierend auf den obigen Überlegungen wurde als Ansatz für den Korrekturfaktor $\mathscr{C}$ eine direkt proportionale Funktion des Geschwindigkeitsgradienten an der Strahloberfläche gewählt:

$$\mathscr{C} = \psi \left.\frac{\partial u^*}{\partial r^*}\right|_{r^*=1} = \psi \tau_w^* \tag{4.63}$$

Bei ψ handelt es sich um eine Konstante zur Skalierung der einwirkenden Kräfte. Der Wert für ψ muss 0,189 betragen. Die Bestimmung dieses Wertes wird in Abschnitt 4.3.2 erklärt.

Zur Berechnung des zunächst noch unbekannten Geschwindigkeitsgradienten in Gleichung (4.63) wurde die Theorie von Brenn [25] für Grenzschichten um schlanke Rotationsparaboloide verwendet. Er leitete eine selbstähnliche Funktion $\mathscr{G}(\xi)$ her, ähnlich wie bei der Lösung für Plattengrenzschichten nach Blasius. Die Funktion ist numerisch aus der folgenden Differentialgleichung zu berechnen[1]:

$$\mathscr{G}''' - \frac{1}{\xi}\mathscr{G}'' + \frac{1}{\xi}\mathscr{G}\mathscr{G}'' + \frac{1}{\xi^2}\mathscr{G}' - \frac{1}{\xi^2}\mathscr{G}\mathscr{G}' = 0 \tag{4.64}$$

Der Parameter ξ ist hier wie folgt definiert:

$$\xi = r\sqrt{\frac{U\rho_g}{\eta_g z}} = r^*\xi_0 \tag{4.65}$$

[1] In der entsprechenden Gleichung (5.19) in [25] befindet sich ein Druckfehler: die linke Seite der Gleichung muss mit -1 multipliziert werden.

mit

$$\xi_0 = R(z)\sqrt{\frac{U\rho_g}{\eta_g z}} \tag{4.66}$$

Die dimensionslose Koordinate r^* ist hier auf den Radius des Rotationskörpers $R(z)$ bezogen. An der Oberfläche des Körpers gilt der konstante Wert $\xi(r^* = 1) = \xi_0$. Der Radius des Körpers wird somit durch $R(z) = \xi_0\sqrt{z\eta_g/[U\rho_g]}$ beschrieben.

Die Problemstellung wird durch folgende drei Randbedingungen eindeutig: keine radiale Geschwindigkeit an der Wand, $\mathcal{G}(\xi_0) = 0$; keine axiale Geschwindigkeit an der Wand, $\mathcal{G}'(\xi_0) = 0$ und die axiale Geschwindigkeit entspricht der Anströmgeschwindigkeit im Fernfeld des Rotationskörpers, $\mathcal{G}'(\infty)/\xi = 1$. Der Zusammenhang zwischen $\mathcal{G}(\xi)$ und der axialen Geschwindigkeitskomponente lautet nach Brenn [25]:

$$u^* = \frac{\mathcal{G}'}{\xi} \tag{4.67}$$

Mit bekannter Axialgeschwindigkeit kann die allgemeine Schubspannung bestimmt werden:

$$\tau^* = \frac{\partial u^*}{\partial r^*} = \xi_0\left[-\frac{1}{\xi^2}\mathcal{G}' + \frac{1}{\xi}\mathcal{G}''\right] \tag{4.68}$$

Vorliegend interessiert die Wandschubspannung bzw. die Schubspannung an der Oberfläche des Rotationsparaboloids. Für diese gilt mit $r^* = 1$ bzw. $\xi = \xi_0$:

$$\tau_w^* = \mathcal{G}''(\xi_0) \tag{4.69}$$

Diese dimensionslose Schreibweise lässt vermuten, dass die Wandschubspannung für einen definierten Rotationskörper ($\xi_0 = \text{const.}$) nicht von der axialen Koordinate z abhängt. Da der Radius des Körpers jedoch eine Funktion von z ist, steckt diese Abhängigkeit in der Normierung, welche hier mit $R(z)$ anstelle des konstanten Radius a bei einem zylindrischen Körper durchgeführt werden muss. Es lässt sich zeigen, dass die dimensionsbehaftete Wandschubspannung sehr wohl von der axialen Koordinate z abhängt:

$$\tau_w = \frac{\eta_g U}{R(z)}\tau_w^* = \sqrt{\frac{\eta_g\rho_g U^3}{z}}\frac{\mathcal{G}''(\xi_0)}{\xi_0} \tag{4.70}$$

Zur Übertragung der beschriebenen Lösung der Grenzschichtströmung für einen Rotationsparaboloid auf einen zylinderförmigen Flüssigkeitsstrahl, wird der Radius des Rotationskörpers mit dem konstanten Strahlradius gleichgesetzt und somit die Radiusänderung entlang des Körpers vernachlässigt. Dies führt zu folgender Vereinfachung:

$$R(z) = a = \text{const.} \tag{4.71}$$

Damit folgt für die Wandschubspannung in dimensionsbehafteter Notation:

$$\tau_\text{w} = \frac{\eta_\text{g} U}{a} \mathcal{G}''(\xi_0) \tag{4.72}$$

Diese Gleichung erlaubt für $\xi_0 = \text{const.}$ keine Änderung der Wandschubspannung entlang der Strahllängsachse. Allerdings ist nun der Parameter ξ_0 wegen Gleichung (4.71) nicht mehr als Konstante zu betrachten. Damit die Definition (4.66) für zylindrische Körper gilt, muss ξ_0 eine Funktion der Strahllängskoordinate sein (bei ansonsten konstanten Parametern). Einsetzen der Beziehung (4.71) in Gleichung (4.66) und Hinzuziehen der Definition (4.59) liefert:

$$\xi_0 = a\sqrt{\frac{U\rho_\text{g}}{\eta_\text{g} z}} = \frac{1}{\sqrt{z_\text{g}^*}} \tag{4.73}$$

Die Veränderung der Schubspannung entlang der Zylinderlängsachse wird für zylindrische Körper somit nur durch $\mathcal{G}''(\xi_0)$ abgebildet. Dies ist ein Gegensatz zum Rotationsparaboloid, bei dem die Abhängigkeit $\sim 1/\sqrt{z}$ nur durch die Normierung mit $R(z)$ erfolgt und $\mathcal{G}''(\xi_0)$ konstant ist. Entlang eines zylindrischen Körpers mit konstanten Werten für U, ρ_g, η_g und a wird der Parameter ξ_0 zu einer Variablen, welche von der axialen Position mit $\sim 1/\sqrt{z}$ abhängt. Die Kenntnis über $\mathcal{G}''(\xi_0)$ ist somit zur Angabe der angenäherten Wandschubspannung für zylindrische Körper basierend auf den Ableitungen von Brenn [25] erforderlich. Es gilt schlussendlich:

$$\tau_\text{w}^* = \mathcal{G}''\left(\frac{1}{\sqrt{z_\text{g}^*}}\right) \tag{4.74}$$

Für $\mathcal{G}''(\xi_0)$ existiert keine analytische Lösung. Es muss somit die zugehörige DGL (4.64) numerisch gelöst werden. Vorliegend erfolgte dies durch Umschlingen des Randwertproblems mit dem impliziten Eulerverfahren. Es wurde dazu ein Programm in Python 2.7 erstellt. Das erhaltene Ergebnis ist in Abbildung 4.14 als

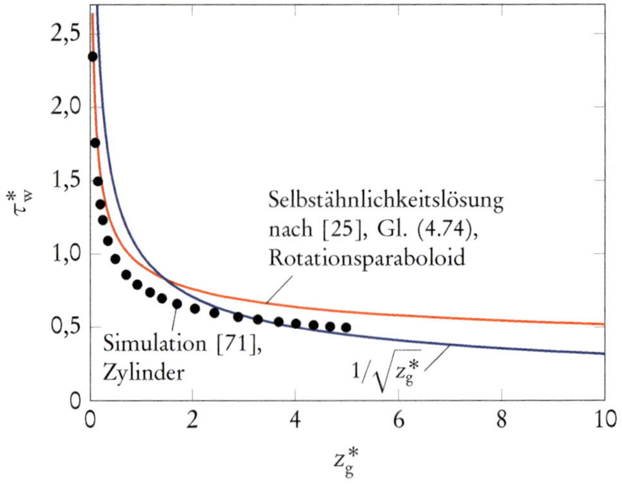

Abbildung 4.14: Wandschubspannung an axialsymmetrischen angeströmten Körpern: Simulationsergebnisse von Gordillo & Pérez-Saborid [71] für Zylinder (Punkte), Selbstähnlichkeitslösung für Rotationsparaboloide nach Brenn [25] (rote Linie) und Näherungsgleichung (blaue Linie).

rote Linie dargestellt. Es ist gut zu sehen, wie die dimensionslose Wandschubspannung mit steigender axialer Entfernung z_g^* wie erwartet abnimmt. Zum Vergleich sind Simulationsergebnisse von Gordillo & Pérez-Saborid [71] für angeströmte Zylinder ebenfalls in das Diagramm eingetragen (Punkte). Die Simulationswerte liegen insbesondere bei kleinen z_g^*-Werten befriedigend nah am Ergebnis des Selbstähnlichkeitsmodells nach Brenn [25]. Offenbar ist die Approximation der Grenzschichtströmung um einen zylindrischen Körper mit der Lösung für den schlanken Rotationsparaboloid ausreichend genau.

Die Übertragung des Einflusses der ambienten Grenzschicht auf das Modell für den Strahlzerfall sollte über einen simplen analytischen Zusammenhang erfolgen. Dieses Vorgehen hatte nicht den Anspruch, numerische Simulationen der dreidimensionalen Navier-Stokes-Gleichungen zu ersetzen. Es ging vielmehr um die Wahrung der Anschaulichkeit und das Verständnis über die physikalischen Zusammenhänge beim Strahlzerfall. Die entsprechend gewählte Näherung für die Wandschubspannung lautet $\tau_w^*(z_g^*) = 1/\sqrt{z_g^*}$ und ist in Abbildung 4.14 als blaue Linie eingetragen. Das Diagramm zeigt, dass diese Näherungsgleichung für die vorliegende Betrachtung eine ausreichend gute Vorhersage der Ähnlichkeitslösung und der Simulationswerte ermöglicht. Es sei angemerkt, dass die weitgehend bekannte selbstähnliche Lösung der Plattengrenzschicht nach Blasius die gleiche Abhängigkeit der Wandschubspannung von der Koordinate in Hauptströmungslängsrichtung aufweist (siehe z.B. [168]).

Basierend auf den obigen Darstellungen kann nun der Ansatz (4.63) für den Korrekturfaktor mit der Näherung für die Wandschubspannung vervollständigt werden:

$$\mathscr{C} = \frac{\psi}{\sqrt{z_g^*}} \tag{4.75}$$

Bei der hier durchgeführten Anwendung der Ableitungen für feste Körper auf flüssige Strahlen wird angenommen, dass die Oberflächen der Strahlen glatt sind. Die beim Zerfall der Strahlen auftretenden Oberflächenwellen bzw. -störungen müssen somit sehr klein gegenüber dem Strahlradius sein. Diese Annahme ist zulässig, da infolge des exponentiellen Störungswachstums die Amplituden während des Großteils der Zerfallszeit vernachlässigbar klein sind.

Der Korrekturfaktor $\mathscr{C}$ ist bei dem hier vorgestellten Modell eine Funktion der Strahllängskoordinate z_g^*. Somit ändert sich entlang des Strahles die Dispersionsrelation $\omega(k)$ und damit auch ω_{max} und k_{opt}. Zur Veranschaulichung sind in Abbildung 4.15 Berechnungsergebnisse für $\omega^*_{max}(z_g^*)$ für verschiedene Weberzahlen als Punkte dargestellt. Die diesem Beispiel zugrunde liegenden Stoffdaten und der Düsendurchmesser korrespondieren mit Fig. 7 aus [162]. Als Startwert der Berechnung wurde für dieses Diagramm und für alle anderen dargestellten Ergebnisse in dieser Arbeit $z_g^* = 0{,}05$ festgelegt. Diese Festlegung basiert auf den Simulationsergebnissen von Gordillo & Pérez-Saborid [71].

Zunächst zeigen die Berechnungsergebnisse der Abbildung 4.15 das zu erwartende Ergebnis, dass große Weberzahlen zu großen Wachstumsraten führen. Des Weiteren sind die Wachstumsraten am Strahlbeginn sehr hoch und klingen in Richtung steigender z_g^*-Werte rasch ab. Dies ist mit dem abnehmenden Impulsaustausch zwischen der flüssigen und der gasförmigen Phase zu erklären. Die Wachstumsraten nähern sich dabei asymptotisch dem Wert für den Rayleigh-Zerfallsbereich $\omega^*_{We=0}$ an. Der Geschwindigkeitsgradient an der Strahloberfläche nimmt soweit ab, bis der verstärkende Effekt der Interaktion mit der Gasphase vernachlässigbar ist. Der Zerfall wird dann nur noch von der Oberflächenspannung getrieben. In Abbildung 4.15 sind zusätzlich die maximalen Wachstumsraten nach dem Modell von Sterling & Sleicher [162] als Punktlinien eingetragen. Offensichtlich stellen diese eine mittlere Wachstumsrate dar, denn sie liegen bei kleinen z_g^*-Werten unter und bei großen z_g^*-Werten über dem modifizierten Modell.

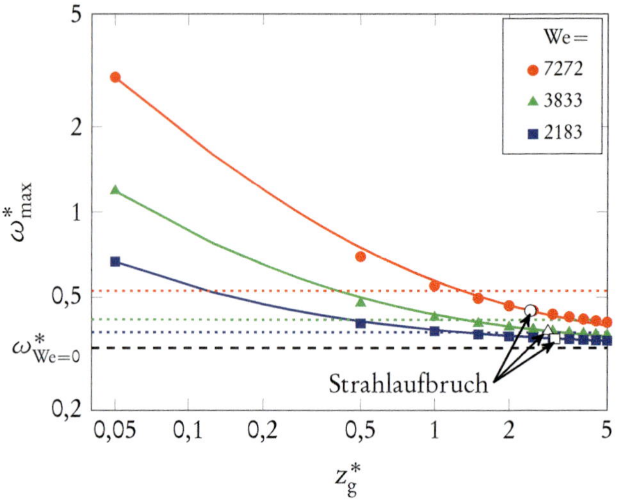

Abbildung 4.15: Maximale Wachstumsrate entlang des Stahles: Berechnungswerte für modifiziertes Modell (Gl. 4.48, 4.53 und 4.75, $\psi = 0{,}189$, Punkte); Annäherung des modifizierten Modells (Gl. 4.77, Volllinien); Berechnungswerte nach Sterling & Sleicher [162] (Gl. 4.48 und 4.53, $\mathscr{C} = 0{,}175$, Punktlinien); Wachstumsrate ohne Relativgeschwindigkeit (Strichlinie). Stoffdaten und Düsendurchmesser gemäß Fig. 7 aus [162].

Zur Berechnung der Zerfallszeit des vorgestellten Modells geht die Gleichung (4.28) in folgenden Ausdruck über:

$$a = C e^{\omega^*_{max}(z^*_g) t^*_b} \tag{4.76}$$

Die Funktion $\omega^*_{max}(z^*_g)$ kann jedoch nicht als explizite Gleichung angegeben werden. Zur Ermittlung eines expliziten Ausdrucks können die numerischen Ergebnisse mit einer Potenzfunktion folgenden Typs angenähert werden:

$$\omega^*_{max} = \omega^*_{We=0} + e_1 {z^*_g}^{e_2} \tag{4.77}$$

Fitten dieser Funktion an die Berechnungswerte unter Variation der Parameter e_1 und e_2 liefert die gesuchte Näherungsgleichung. Entsprechende Graphen für alle drei Weberzahlen der Abbildung 4.15 sind in selbige als Volllinien eingezeichnet. Eine gute Beschreibung der Berechnungsergebnisse durch die Näherungskurven ist zu erkennen.

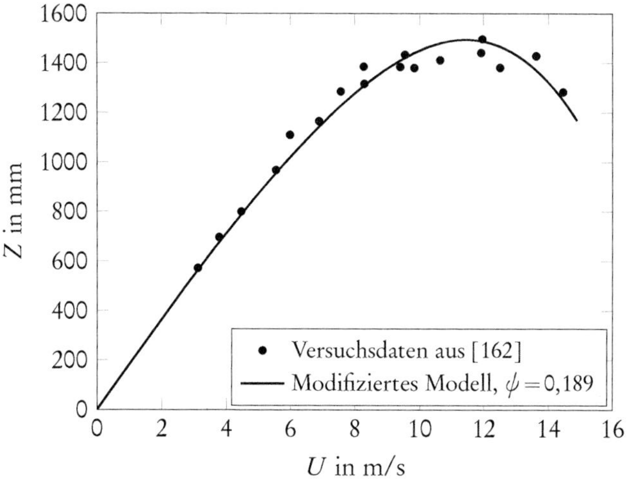

Abbildung 4.16: Vergleich der Experimente von Sterling & Sleicher [162] (Fig. 7) mit dem modifizierten Modell dieser Arbeit zur Ermittlung der Konstanten ψ.

Durch Einsetzen der nun bekannten Näherungsfunktion (4.77) in Gleichung (4.76) und mit der bei $z = Z$ geltenden Transformation $z_g^* = \eta_g t_b / [\rho_g a^2]$ folgt:

$$a = C \exp\left(\left[\omega^*_{\mathrm{We}=0} + e_1 \left[\eta_g t_b / [\rho_g a^2]\right]^{e_2}\right] t_b^*\right) \tag{4.78}$$

Mit dieser Gleichung kann bei bekannter Anfangsstörung C die Strahlaufbruchzeit numerisch bestimmt werden. Über $Z = U\, t_b$ erfolgt schlussendlich die Berechnung der Strahlzerfallslänge. Die mit dem beschriebenen Vorgehen ermittelten Zerfallslängen sind für das Beispiel in Abbildung 4.15 ebenfalls dargestellt (hier umgerechnet in z_g^*).

4.3.2 Vergleich mit experimentellen Daten

Im vorherigen Abschnitt wurde bereits erwähnt, dass die Bestimmung der Konstanten ψ durch ein Fitten an experimentelle Werte erfolgte. Dazu dienten Versuchsdaten von Sterling & Sleicher [162]. Der Grund dafür ist zum einen, dass diese Daten in der Literatur umfassend akzeptiert sind und hervorragend auf die vorliegende Problemstellung passen (relaxationsfreier Strahlzerfall). Zum anderen weist die experimentelle Stabilitätskurve von Sterling & Sleicher nach Überschreiten der kritischen Geschwindigkeit einen monoton fallenden Bereich auf, der durch den EWZ hervorgerufen wurde und somit prinzipiell durch das hergeleitete Modell beschrieben werden kann. Dies ist für die Messwerte aus

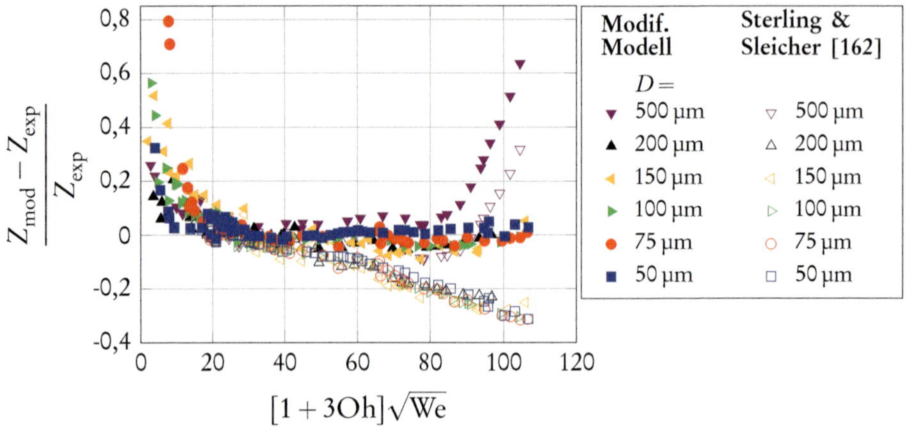

Abbildung 4.17: Relativer Fehler des modifizierten Modells dieser Arbeit und des Modells von Sterling & Sleicher [162] bei Beschreibung der Experimente aus [34, 58] im EWZ (für $\mathrm{We}_g < 13$).

Abbildung 4.8 nicht der Fall, denn hier sind die Stabilitätskurven im EWZ im Wesentlichen nur Geraden. Um die Verwendbarkeit des entwickelten Modells so allgemein wie möglich zu halten, erfolgte die Bestimmung der Konstanten durch Fitten an das Experiment von Fig. 7 aus [162]. Für $\psi = 0{,}189$ konnte die beste Übereinstimmung erzielt werden. Abbildung 4.16 zeigt die experimentellen Werte und die Kurve des modifizierten Zerfallsmodells für $\psi = 0{,}189$. Eine gute Annäherung der Messpunkte durch die Modellkurve ist darin zu sehen.

Nach der Festlegung der Konstanten konnte das modifizierte Modell auch für die Beschreibung der Experimente aus [34, 58] herangezogen werden. Die erhaltenen theoretischen Stabilitätskurven sind in Abbildung 4.8 eingetragen. Es ist gut zu erkennen, dass die Modellkurven im Bereich des EWZ mit $\mathrm{We}_g < 13$ (rote Volllinien) die Experimente sehr gut voraussagen. Lediglich bei der 500 µm-Düse wird der EWZ auch durch das modifizierte Modell nur sehr schlecht beschrieben. Wie auch beim originalen Modell von Sterling & Sleicher ist keine Übereinstimmung zu beobachten.

Die in Abbildung 4.17 aufgetragenen relativen Fehler zwischen den theoretischen Werten Z_{mod} und den Messdaten Z_{exp} unterstreichen obige Beobachtungen. In dem Diagramm sind nur Werte für den EWZ mit $\mathrm{We}_g < 13$ dargestellt. Die großen relativen Fehler bei $[1+3\mathrm{Oh}]\sqrt{\mathrm{We}} < 30$ sind durch die experimentelle Streuung zu erklären. Die in diesem Geschwindigkeitsbereich auftretenden Strahlaufbruchlängen sind sehr kurz, wodurch kleine absolute Messungenauigkeiten relativ zur Strahllänge als sehr groß erscheinen. Für $[1+3\mathrm{Oh}]\sqrt{\mathrm{We}} > 30$ zeigt das

Diagramm, dass die relativen Fehler für das modifizierte Modell dieser Arbeit in einem Bereich von ±0,1 liegen. Für das Sterling & Sleicher-Modell steigt dagegen der Betrag des relativen Fehlers mit steigender Geschwindigkeit systematisch auf einen deutlich größeren Wert von bis zu 0,34 an. Auch hier stechen die Punkte der 500 µm-Düse hervor, da beide Modelle große Fehler bei hohen Geschwindigkeiten aufweisen. Dennoch kann für die übrigen Düsen festgehalten werden, dass die beschriebene Modifikation der Theorie unter Einbeziehung der Gasgrenzschicht die Diskrepanz zwischen Experiment und Berechnung im EWZ beseitigen konnte.

Es wird an dieser Stelle betont, dass zur Ermittlung der empirischen Konstanten ψ nicht die Experimente der Abbildung 4.8 aus [34, 58], sondern eine Messung von Sterling & Sleicher [162] herangezogen wurde. Das modifizierte Modell konnte jedoch beide genannten Versuchsreihen gut wiedergeben. Dies verdeutlicht, dass es sich bei dem vorgestellten Modell nicht um eine Spezialisierung, sondern um eine Erweiterung der existierenden Theorie handelt. Lediglich für die Düse mit einem Durchmesser von 500 µm konnten weder das existierende, noch das neue Modell das Strahlstabilitätsverhalten gut beschreiben. Diese Düse wies jedoch auch im ZWZ im Vergleich zu den anderen Düsen ein abweichendes Zerfallsverhalten auf. Die experimentellen Ergebnisse für $D = 500\,\mu m$ stellen somit einen Spezialfall dar, dessen Ursachen schlussendlich nicht geklärt wurden. Weiterführende Arbeiten sind an dieser Stelle erforderlich.

Dennoch konnten die Ausführungen dieses Kapitels die physikalischen Zusammenhänge beim Zerfall von Flüssigkeitsstrahlen erläutern und eine Erweiterung der bekannten Theorie dokumentieren. Die Erweiterung basiert auf grundsätzlichen Überlegungen über Grenzschichtströmungen in der gasförmigen Umgebung von Strahlen. Dieser Ansatz erlaubt im Vergleich mit numerischen Simulationen eine verhältnismäßig simple Berechnung von Strahlstabilitätskurven und unterstützt das Verständnis der physikalischen Vorgänge im luftunterstützten bzw. ersten windinduzierten Zerfall.

5 Primärtropfenbildung durch kontrollierten Strahlzerfall

5.1 Grundlagen

Abbildung 5.1: Zerfall eines Flüssigkeitsstrahles in eine monodisperse Tropfenkette mit kurzzeitiger Bildung und Verschmelzung von Satellitentropfen (Montage aus drei Aufnahmen).

Der kontrollierte bzw. gesteuerte Zerfall eines Flüssigkeitsstrahles ist ein essentieller Bestandteil des im Rahmen der vorliegenden Arbeit entwickelten Tropfenprallzerstäubers. Durch diesen Vorgang erfolgt die Produktion der Primärtropfen, die anschließend auf das Prallelement auftreffen und dabei zerstäuben. Zur Veranschaulichung zeigt Abbildung 5.1 eine Fotografie des Zerfalls eines Flüssigkeitsstrahles in eine monodisperse Tropfenkette. Es ist gut zu erkennen, wie eine Oberflächenwelle anwächst und schließlich zum Abschnüren der gleichgroßen Tropfen führt.

Um einen stabilen Betrieb des Tropfenprallzerstäubers bei optimalen Parametern zu ermöglichen, ist ein umfassendes Verständnis über die Vorgänge beim kontrollierten Strahlzerfall erforderlich. Im vorliegenden Kapitel werden Erkenntnisse dokumentiert, die diesbezüglich im Rahmen dieser Dissertation ermittelt wurden. Dazu erfolgt zunächst eine kurze Erläuterung grundlegender Begriffe. Für ausführliche Darstellungen zum gesteuerten Strahlzerfall wird auf die Arbeiten von Brenn [20, 23] und Frohn & Roth [66] verwiesen.

Die physikalischen Grundlagen des gesteuerten Strahlzerfalls sind die gleichen wie beim natürlichen Strahlzerfall: Es bilden sich zunächst axialsymmetrische Wellen bzw. Störungen auf der Strahloberfläche aus. Diese wachsen an und führen zu einem Abschnüren von Tropfen. Wohingegen der in Kapitel 4 beschriebene natürliche Zerfall ein stochastischer Vorgang ist, bei dem ein Wellenlängenspektrum angeregt wird, erfolgt beim kontrollierten Strahlzerfall die Einstellung einer bestimmten bzw. definierten Wellenlänge der Störung. Bei einer geeigneten

(a) Kein Vereinigen, $s_v = \infty\lambda$ (Montage aus drei Aufnahmen)

(b) Rückwärtsvereinigen innerhalb von 4 Wellenlängen, $s_v = 4\lambda$

(c) Vorwärtsvereinigen innerhalb von 3 Wellenlängen, $s_v = 3\lambda$

Abbildung 5.2: Gesteuerter Zerfall eines Flüssigkeitsstrahles in Haupt- und Satellitentropfen bei unterschiedlichen Vereinigungseigenschaften.

Wahl dieser Wellenlänge zerfällt der Strahl in eine Tropfenkette, die identische Tropfendurchmesser d und Tropfenabstände λ aufweist. Die zugehörige Tropfengrößenverteilung kann somit als monodispers bezeichnet werden.

Die in Abbildung 5.1 gezeigten Tropfen weisen zum Teil starke Deformationen bzw. Abweichungen von der kugelförmigen Gestalt auf. Dies ist auf Oszillationen zurückzuführen, die beim Abschnüren der Tropfen angeregt werden. Kurz nach dem Aufbruch des Strahles sind zwei kleine Tröpfchen zwischen den größeren Haupttropfen zu erkennen. Diese werden als Satellitentropfen bezeichnet. Sie vereinigen sich wieder mit den Haupttropfen, weil sie eine stromaufwärts gerichtete Relativgeschwindigkeit gegenüber den Haupttropfen aufweisen. Vorwärts- und nichtverschmelzende Satellitentropfen können ebenfalls auftreten. Abbildung 5.2 zeigt die Möglichkeiten im Zusammenhang mit der Vereinigung von Satelliten- mit Haupttropfen: (a) Kein Vereinigen, (b) Rückwärtsvereinigen und (c) Vorwärtsvereinigen. Die Strecke s_v von der Satellitentropfenentstehung bis zum Verschmelzen, die in der Regel als Vielfaches der Wellenlänge angegeben wird, kann dabei sehr unterschiedlich sein. In den abgebildeten Aufnahmen beträgt diese 4λ (b) bzw. 3λ (c). Beim Nichtverschmelzen kann die Verschmelzungsstrecke als unendlich betrachtet werden ($s_v = \infty\lambda$). Der Strahlzerfall ist auch ohne die Bildung von Satellitentropfen möglich. Das Auftreten, die Anzahl und die Größe von Satellitentropfen ist sehr stark abhängig von den Betriebsparametern des kontrollierten Strahlzerfalls.

Wie bereits erwähnt, zerfällt ein kontrolliert angeregter Strahl aufgrund einer anwachsenden Oberflächenwelle mit einer definierten Wellenlänge λ. Die Strahloberfläche ist durch die temporäre, lineare Betrachtungsweise nach Rayleigh und Weber durch folgende, bereits in Abschnitt 4.1 angegebene Gleichungen definiert:

$$r(z,t) = \hat{a} + \alpha(t)\cos(\kappa z) \tag{4.1}$$

$$\alpha(t) = Ce^{\omega t} \tag{4.26}$$

Durch Einsetzen der Beziehung (4.26) in (4.1) und Normieren wird eine anschauliche Gleichung für die Strahlkontur erhalten, wie sie bei Betrachtungen des kontrollierten Strahlzerfalls üblich ist:

$$r^*(z^*,t^*) = 1 + \varepsilon e^{\omega^* t^*} \cos(kz^*) \tag{5.1}$$

Die Längenmaße wurden hier mit dem Strahlradius $a(\approx \hat{a})$ und die Zeitmaße mit $\sqrt{\rho a^3/\sigma}$ normiert. Es erfolgte zusätzlich die Einführung der dimensionslosen Anfangsstörung $\varepsilon = C/a$. Bei ganz allgemeiner Betrachtung stellt der zweite Term der rechten Seite von Gleichung (5.1) die Abweichung der Oberfläche von der Zylinderkontur dar. Dieser Term wird mit ζ bezeichnet. In allgemeiner Form lautet die Gleichung der gestörten Strahlkontur:

$$r^*(z^*,t^*) = 1 + \zeta \tag{5.2}$$

Der Gleichung (5.1) kann entnommen werden, dass der angeregte Strahlzerfall von mehreren Einflussgrößen bestimmt wird:

Anfangsstörung ε: Die Intensität der Anregung bestimmt den Betrag des Faktors ε und damit offensichtlich die Zeit bis zum Strahlaufbruch t_b (siehe Gl. 4.29). Die Größe ε repräsentiert die relative Amplitude einer sinusförmigen Auslenkung von der zylinderförmigen Strahlkontur. Störungen der Strahlgeschwindigkeit oder Vibrationen der Düse können Ursache dieser Auslenkung sein und lassen sich in die Amplitude ε umrechnen [116]. Zur Charakterisierung der Anregungsintensität und zum Vergleich verschiedener Ergebnisse kann somit stets ε herangezogen werden.

Dimensionslose Wellenzahl k: Die Wellenzahl bestimmt die Wellenlänge λ der Störung ($\lambda = 2\pi/\kappa$). Die dimensionslose Notation $k = \kappa a$ ist besonders anschaulich und wird in diesem Kapitel stets verwendet.

Dispersionsrelation $\omega(k)$: Die Geschwindigkeit des Wellenwachstums bzw. die Wachstumsrate ω ist eine Funktion der Wellenzahl k. Es wurde bereits gezeigt, dass Gleichung (4.40) nach Weber [182] die Funktion $\omega(k)$ ausreichend genau beschreibt (für den Rayleigh-Zerfallsbereich). Die Dispersionsrelation hängt von Flüssigkeitsviskosität, -dichte, Oberflächenspannung und Strahlradius ab. Eine zusätzliche Berücksichtigung der Ohnesorgezahl als Einflussgröße ist strenggenommen nicht erforderlich, da deren Information bereits in ω enthalten ist.

Weberzahl We: Eine weitere wichtige Größe ist die Strahlgeschwindigkeit, obgleich diese in Gleichung (5.1) nicht vorkommt. Bei der temporären Betrachtung des Störungswachstums nimmt sie zwar rein theoretisch keinen Einfluss, experimentelle Beobachtungen im Rahmen dieser Arbeit zeigten jedoch durchaus eine Beeinflussung durch die Änderung der Strahlgeschwindigkeit. Der vierte Einflussfaktor ist somit die dimensionslose Geschwindigkeit, repräsentiert durch die Weberzahl.

Das Aufbringen der definierten Störung auf den Strahl kann prinzipiell über verschiedene Möglichkeiten erfolgen. So können beispielsweise mechanische Vibrationen der Düse oder des Düsenhalters, Druck- oder Geschwindigkeitsschwankungen, Temperaturschwankungen oder auch zeitlich veränderliche Stoffparameter wie die Oberflächenspannung oder die Viskosität zum Anregen des kontrollierten Strahlzerfalls dienen [3]. Da es sich dabei um einen selbstverstärkenden Effekt handelt, sind nur sehr geringe Anregungen erforderlich. Wichtig für die kontrollierte Anregung ist jedoch die Einstellung einer geeigneten Erregerfrequenz f_G. Gemeinsam mit der Strahlgeschwindigkeit U gibt die Erregerfrequenz die Wellenlänge λ und die dimensionslose Wellenzahl k der Störung vor:

$$\lambda = \frac{U}{f_G} \tag{5.3}$$

$$k = \frac{\pi D f_G}{U} \tag{5.4}$$

Die Erregerfrequenz f_G muss so eingestellt werden, dass die dimensionslose Wellenzahl in einem Bereich mit ausreichend großer Wachstumsrate ω liegt. Auf diese Thematik wird in Abschnitt 5.3.2 anhand von experimentellen Ergebnissen gesondert eingegangen. Grundsätzlich kann aber basierend auf den Ableitungen von Rayleigh [136] und Weber [182] angegeben werden, dass die dimensionslose Wellenzahl im Bereich $0 < k < 1$ liegen muss, denn in diesem Wellenzahlbereich können Störungen der Strahloberfläche anwachsen (siehe Abbildung 4.3).

Der Durchmesser der produzierten Primärtropfen d kann bei einwandfrei monodispersem Zerfall über die Kontinuitätsgleichung aus dem Düsenvolumenstrom $\dot{V}_G$ und der Erregerfrequenz f_G sehr einfach berechnet werden:

$$\dot{V}_G = f_G \frac{\pi}{6} d^3 \tag{5.5}$$

$$d = \sqrt[3]{\frac{6\dot{V}_G}{\pi f_G}} \tag{5.6}$$

Kurz nach der Bildung der monodispersen Tropfenkette sind die Abstände zwischen allen Tropfen identisch. Anschließend werden infolge des Impulsaustausches mit der umgebenden Gasphase die Abstände zwischen den Tropfen zunehmend ungleichmäßiger. Schließlich kommt es teilweise zum Vereinigen bzw. zur Koaleszenz zweier oder mehrerer benachbarter Tropfen. Dieser Vorgang läuft unregelmäßig ab, was eine polydisperse Tropfengrößenverteilung zur Folge hat. In Abbildung 5.3 wird anhand von vier Aufnahmen einer Tropfenkette zu unterschiedlichen Zeitpunkten bzw. Abständen vom Düsenaustritt das oben beschriebene Phänomen veranschaulicht. Abbildung 5.3a zeigt zunächst den gesteuerten Strahlzerfall, der zu einer in (b) dargestellten monodispersen Tropfenkette mit gleichmäßigen Tropfenabständen führt. In Teilabbildung (c) ist die Größenverteilung noch monodispers, allerdings sind die Tropfenabstände bereits unregelmäßig. Die Aufnahme (d) zeigt schließlich die Tropfenkette nach der Vereinigung einiger Tropfen. Die Durchmesserverteilung ist hier offensichtlich polydispers.

(a) t_1: Entstehung der Tropfenkette (schwarzer Rand links: Düsenaustritt)

(b) t_2: monodisperse Kette mit gleichmäßigen Abständen

(c) t_3: monodisperse Kette mit ungleichmäßigen Abständen

(d) t_4: Koaleszenz, polydisperse Kette

Abbildung 5.3: Entstehung einer monodispersen Tropfenkette und Übergang in eine polydisperse Tropfenkette infolge von Koaleszenz; Aufnahme zu verschiedenen Zeitpunkten ($t_1 < t_2 < t_3 < t_4$).

Zur Veranschaulichung sind in Abbildung 5.4 alle beschriebenen Phänomene in einer gemeinsamen Skizze dargestellt. Diese zeigt einen Flüssigkeitsstrahl, der zunächst in eine monodisperse, gleichmäßige Tropfenkette zerfällt. Die Tropfenabstände werden mit steigendem Abstand von der Düse unregelmäßiger, was aufgrund von Koaleszenz zu ungleichmäßigen Tropfengrößen führt. Möglicherweise beim kontrollierten Strahlzerfall auftretende Satellitentröpfchen sind ebenfalls eingezeichnet.

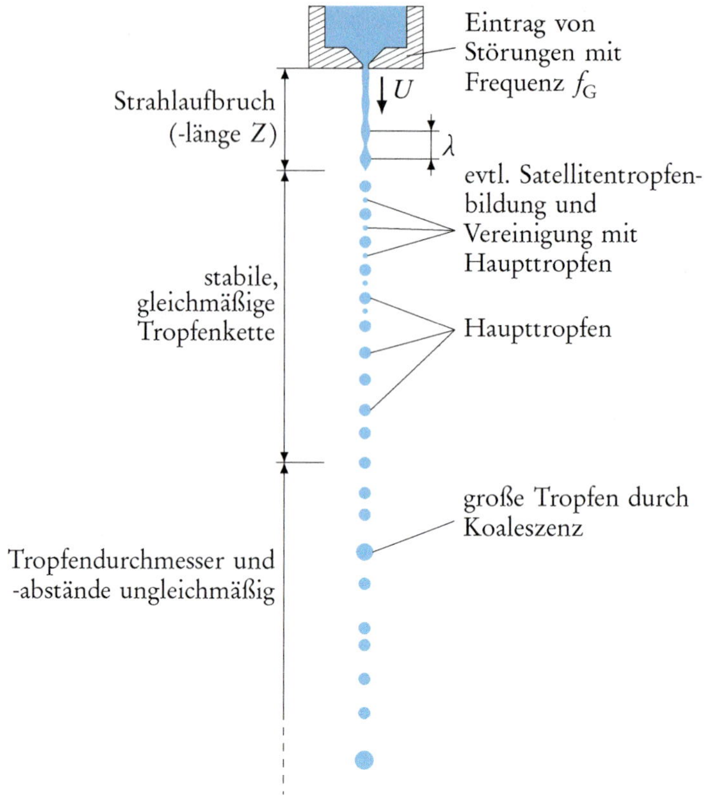

Abbildung 5.4: Skizze des kontrollierten Strahlzerfalls mit dargestellter Satellitentropfenbildung und Tropfenkoaleszenz.

5.2 Literaturübersicht

Über den kontrollierten Strahlzerfall erschienen bereits eine große Anzahl von Publikationen. Es wurden sowohl experimentelle, als auch theoretische und numerische Arbeiten dokumentiert. In diesem Abschnitt werden die wichtigsten Literaturstellen und die für das entwickelte Zerstäubersystem relevanten Erkenntnisse zusammengefasst. Im Vordergrund stehen dabei Betriebsbereiche und -bedingungen, die zu einem einwandfrei monodispersen Zerfall mit gleichmäßigen Tropfenabständen führen.

Erste experimentelle Arbeiten veröffentlichten Savart [153] (1833), Magnus [108] (1859) und Rayleigh [138] (1882). Die Studien zeigten, dass der oberflächenspannungsgetriebene Strahlzerfall durch geeignete Anregungen gesteuert werden kann. Rayleigh [138] stellte in seinen Versuchen bereits das Auftreten von Satellitentropfen bei kleinen Wellenzahlen ($k < 0{,}5$) fest.

Experimenteller Nachweis der Dispersionsrelation

Nach einer längeren Unterbrechung erschienen in den 1960er Jahren wieder Publikationen zum kontrollierten Strahlzerfall. Im Fokus der Untersuchungen stand zunächst der experimentelle Nachweis der theoretischen Ansätze von Rayleigh [136, 137] (viskositätsfrei) oder Weber [182] bzw. Chandrasekhar [30] (viskositätsbehaftet). Crane et al. [41] konnten die Dispersionsrelation nach Rayleigh qualitativ über Messungen der Strahlaufbruchlänge feststellen. Quantitative Übereinstimmungen mit den Theorien für viskositätsfreie und -behaftete Strahlen wurden von Donnelly & Glaberson [48] und Goedde & Yuen [69] über optische Messungen der Strahlkontur erzielt. Kalaaji et al. [85] (2003) und González & García [70] (2009) bestätigten in aktuelleren Arbeiten ebenfalls die theoretischen Dispersionsrelationen von Rayleigh [136, 137] und Sterling & Sleicher [162].

Nichtlineare Theorie zur Beschreibung des Strahlzerfalls

In den oben genannten Untersuchungen [48, 69, 138] beobachteten die jeweiligen Autoren die Bildung von Satellitentropfen. Gemäß der linearen Theorie sind Satellitentropfen allerdings nicht möglich, denn diese nimmt die Strahlkontur als eine Kosinusfunktion mit zeitlich anwachsender Amplitude an. Wellenberge wechseln sich dabei mit Wellentälern regelmäßig ab, wobei nach dem Abschnüren die Wellenberge die Haupttropfen und die Täler die Tropfenzwischenräume bilden. Zur theoretischen Erklärung des Auftretens von Satellitentropfen mussten somit alternative Berechnungsansätze abgeleitet werden. Im Wesentlichen erfolgte dazu die Entwicklung schwach nichtlinearer Modelle, indem die Strahlgestalt in eine Reihenentwicklung zerlegt wurde. Dabei werden wie bei der linearen Berechnung die Amplituden als infinitesimal angenommen (deshalb auch die Bezeichnung „*schwach* nichtlinear"). Die Strahlgestalt nach Gleichung (5.2) geht dann in folgende Beziehung über:

$$r^*(z^*,t^*) = 1 + \sum_{\mathrm{m}=1}^{\infty} \varepsilon^m \zeta_{\mathrm{m}} \tag{5.7}$$

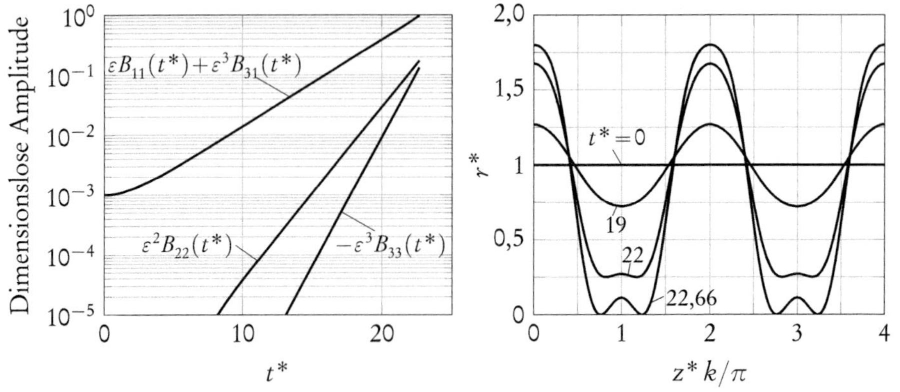

(a) Anwachsen der Amplituden der ersten drei Harmonischen (siehe auch [164])

(b) Strahlkonturen zu unterschiedlichen Zeitpunkten t^*

Abbildung 5.5: Nichtlineare Berechnung des Strahlzerfalls nach Yuen [197] für $k = 0{,}6$ und $\varepsilon = 0{,}001$.

Im Allgemeinen lauten die Lösungen für ζ_m bis zur dritten Ordnung:

$$\zeta_1 = B_{11}(t^*)\cos(kz^*) \tag{5.8}$$

$$\zeta_2 = B_{22}(t^*)\cos(2kz^*) + D_2(t^*) \tag{5.9}$$

$$\zeta_3 = B_{33}(t^*)\cos(3kz^*) + B_{31}(t^*)\cos(kz^*) \tag{5.10}$$

Die Gleichungen (5.8) bis (5.10) zeigen, dass die Strahlkontur aus der Grundschwingung und den ersten beiden Harmonischen zusammengesetzt wird. Somit sind kleine Wellenberge zwischen den Hauptbergen bzw. -tropfen möglich. Diese können zur Entstehung von Satellitentropfen führen. Erst durch die Berücksichtigung von Ordnungen größer 1 wird somit rein mathematisch die Bildung von Satellitentropfen ermöglicht. Die lineare Theorie ist ein Spezialfall der nichtlinearen Betrachtung für $m = 1$. Die Funktionen $B_{mX}(t^*)$ geben das zeitliche Wachstum des entsprechenden Summanden der m-ten Ordnungen an.

Abbildung 5.5 zeigt an einem Beispiel die Bildung von Satellitentropfen bei nichtlinearer Betrachtung des Strahlzerfalls. Das zeitliche Anwachsen der harmonischen Komponenten bis zum Zerfall ist in Abbildung 5.5a dargestellt. (Der Summand $\varepsilon^2 D_2(t^*)$ ist keine harmonische Komponente und somit nicht geplottet.) Die erste Ordnung, die neben $\varepsilon B_{11}(t^*)$ auch durch den Term $\varepsilon^3 B_{31}(t^*)$ gebildet wird, hat den größten Anteil am Störungswachstum. Die beiden Oberwellen weisen deutlich niedrigere Amplituden auf. Da $B_{33}(t^*) < 0$ gilt, wurde die entsprechende Kurve zur besseren Darstellbarkeit mit -1 multipliziert. (Das negative Vorzeichen von $B_{33}(t^*)$ führt nicht zu einem Abklingen der Wellen, sondern zu einem Phasenversatz um π.) Erst kurz vor dem Strahlzerfall haben die Oberwellen signifikante Anteile an der Strahlkontur. Dies zeigen auch die Konturen zu unterschiedlichen Zeitpunkten in Abbildung 5.5b. Bei $t^* = 19$ ist die Strahlform eine noch weitestgehend reine Sinuswelle, wohingegen die Oberwellen kurz vor und beim Zerfall ($t^* = 22$ und 22,66) zu einer Bildung von Zwischenbergen bzw. Satellitentropfen führen. Für die Berechnung der in Abbildung 5.5 dargestellten Ergebnisse wurde das Modell von Yuen [197] (1968) inkl. der Berichtigungen von Druckfehlern aus [151, 164] verwendet. Für die Wellenzahl k ist in die Gleichungen (5.8) bis (5.10) gemäß Yuen ein korrigierter Ausdruck k/k_{max} mit k_{max} nach Gleichung (5.12) einzusetzen. Auf eine Angabe der teilweise sehr umfangreichen Ausdrücke für die Koeffizienten B_{mX} und D_2 wird an dieser Stelle verzichtet und auf die eben genannten Literaturstellen verwiesen.

Die Gleichungen der Koeffizienten variieren je nach Autor bzw. Ansatz bei der Herleitung des Modells. In der Literatur sind eine Reihe von Modellen verfügbar, die die Strahlkontur für den viskositätsfreien Fall bestehend aus den ersten beiden [37, 122] oder bis zur dritten [33, 88, 181, 197] Ordnung beschreiben.

Die theoretischen Arbeiten von Nayfeh [122] (1970) und Yuen [197] zeigten, dass durch die nichtlineare Betrachtung die maximale Wellenzahl mit instabilem Zerfallsverhalten vom Wert der linearen Theorie ($k_{max} = 1$) abweicht. Die entsprechenden Grenzwellenzahlen sind:

Nayfeh [122]: $$k_{max} = 1 + \frac{3}{4}\varepsilon^2 \tag{5.11}$$

Yuen [197]: $$k_{max} = 1 + \frac{9}{16}\varepsilon^2 \tag{5.12}$$

Eine Korrektur für den optimalen Wert bei maximaler Wachstumsrate konnte von Wang [181] (1968) mit $k_{opt} = 0{,}697 + 3{,}255\varepsilon^2 a_1 a_2$ angegeben werden, wobei a_1 und a_2 Parameter der Anfangsstörung sind.

Die Autoren Yuen [197], Lafrance [88] (1974) und Chaudhary & Redekopp [33] (1980) zeigten, dass eine Grenzwellenzahl existiert, oberhalb derer keine Satellitentropfen gebildet werden. Je nach Berechnungsansatz ergaben sich unterschiedliche Werte für diese Grenze: $k = 0{,}65$ [33]; 0,7 [197] (berechnet in [151]) und 0,8 [88]. Renoult et al. [144] (2016) berücksichtigten zusätzlich den Einfluss der Viskosität bei einer Betrachtung bis zur zweiten Ordnung. Sie konnten auch bei einer Wellenzahl von $k = 0{,}3$ das Ausbleiben der Satellitentropfenbildung rechnerisch dokumentieren (bei $\mathrm{Oh} = 0{,}021$).

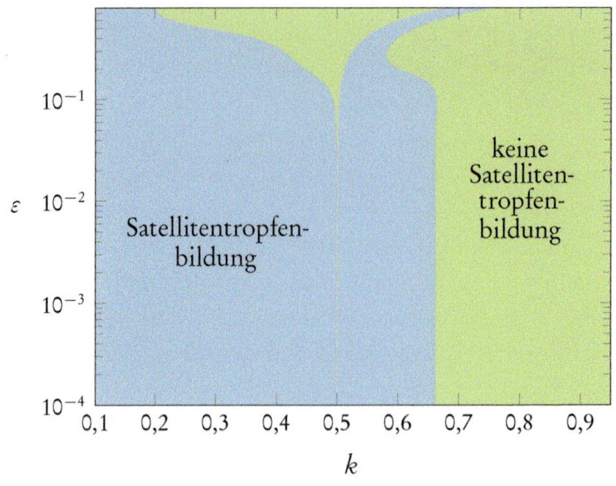

Abbildung 5.6: Bereiche mit (blau) und ohne (grün) Satellitentropfenbildung gemäß der nichtlinearen Theorie von Yuen [197].

Die oben genannten Angaben gelten für schwache bis mittlere Anfangsstörungen von $\varepsilon = 10^{-7}$ bis 10^{-1}. Berechnungen im Rahmen der vorliegenden Arbeit zeigten, dass größere ε-Werte zu einer Unterdrückung von Satellitentropfen auch unterhalb der oben zitierten Grenzwellenzahlen führen können. Größere Anfangsstörungen führen zu einem schnelleren Strahlzerfall. Es wird dann das vergleichsweise langsame Anwachsen der zweiten und dritten Ordnung gegenüber der Grundwelle ausgenutzt. Der Strahl zerfällt somit, bevor Zwischenwellenberge anwachsen können. Abbildung 5.6 zeigt entsprechende Ergebnisse, die mit dem Modell von Yuen [197] ermittelt wurden. In diesem Diagramm ist zunächst der bekannte und erwartete Bereich ohne Satellitentropfen oberhalb einer Wellenzahl von 0,66 zu erkennen, was Rutland & Jameson [151] bereits berechneten (Rutland & Jameson gaben einen Wert von 0,7 an, untersuchten allerdings zwischen 0,6 und 0,7 keine weiteren Wellenzahlen). Die neue Information in Abbildung 5.6 ist, dass bei $\varepsilon > 10^{-1}$ auch unterhalb von $k = 0{,}66$ ein größerer Bereich ohne Satellitentropfenbildung existiert. Große Anregungsintensitäten führen gemäß der nichtlinearen Theorie offenbar zu einem Strahlzerfall ohne Satellitentropfen.

In Abschnitt 4.1 wurde bereits erläutert, dass eine räumliche Betrachtung des Strahlzerfalls bei großen Weberzahlen nicht notwendig ist. Dennoch soll an dieser Stelle erwähnt werden, dass auch für die räumliche Betrachtungsweise nichtlineare Ansätze zur Vorhersage des Auftretens und des Verhaltens von Satellitentropfen verfolgt wurden. Es entstanden dabei für viskositätsfreie Strahlen Berechnungsmodelle der zweiten [13, 130] und dritten Ordnung [14].

Das beschriebene Zerlegen der Strahloberfläche in Grund- und Oberwellen konnte auch experimentell nachgewiesen werden. Dazu erfolgte die zeitabhängige optische Messung des Strahldurchmessers bei kontrolliertem Zerfall und eine Zerlegung dieses Signals in seine spektralen Komponenten [164, 185, 192].

Die vorgestellten nichtlinearen Theorien erwecken den Eindruck, dass eine Vorhersage der Bildung von Satellitentropfen möglich ist. Dies ist jedoch nicht der Fall. Es gibt keine Theorie, die experimentell bzgl. der Vorhersage des Auftretens von Satellitentropfen quantitativ bestätigt werden konnte. Eine Ursache dafür ist sicherlich, dass das Anwachsen von Zwischenwellenbergen, aus denen sich die Satellitentropfen bilden, im letzten Strahlabschnitt vor dem Zerfall stattfindet. In diesem Bereich sind die Amplituden der Verformungen jedoch nicht mehr vernachlässigbar klein gegenüber dem Strahlradius. Der schwach nichtlineare Berechnungsansatz ist somit nicht mehr gültig, was zu ungenauen oder falschen Ergebnissen führt. In dieser Arbeit werden die schwach nichtlinearen Theorien des Strahlzerfalls somit nicht tiefergehend behandelt. Im Vordergrund steht die praktische Anwendung des kontrollierten Strahlzerfalls für die Produktion der Primärtropfen des modulierenden Prallzerstäubers. Dafür können die qualitativen Erkenntnisse der nichtlinearen Theorien jedoch verwendet werden. Diese lassen sich wie folgt zusammenfassen:

- Die maximale Wellenzahl für anwachsende Störungen kann im Gegensatz zur linearen Theorie größer als $k_{\mathrm{max}} = 1$ sein.
- Der Optimalwert mit maximaler Wachstumsrate k_{opt} ist ebenfalls größer als bei der linearen Theorie.
- Für viskositätsfreie Strahlen sind Satellitentropfen unterhalb einer Grenzwellenzahl bei kleinen und mittleren Anfangsstörungen stets vorhanden.
- Große Anfangsstörungen können zur Unterdrückung der Satellitentropfenbildung im gesamten instabilen Wellenzahlbereich führen.
- Durch große Viskositätswerte bzw. hohe Ohnesorgezahlen können Satellitentropfen ebenfalls verhindert werden.

Für detaillierte Beschreibungen der einzelnen nichtlinearen Ansätze wird auf die jeweils angegebenen Literaturstellen verwiesen. Zusammenfassende Darstellungen können Bogy [15], Ashgriz & Mashayek [3], Eggers [53], Brenn [23] und Eggers & Villermaux [54] entnommen werden.

Numerische Simulation des Strahlzerfalls

Der kontrollierte Zerfall von Flüssigkeitsstrahlen wurde von einer Vielzahl von Autoren auch numerisch simuliert. Vorliegend interessieren insbesondere die entsprechenden Ergebnisse bzgl. der Bildung von Satellitentropfen.

Die Simulationen von Shokoohi & Elrod [158] (1987) wiesen Satellitentropfen bei allen instabilen Wellenzahlen auf (Parameter der Rechnungen: Oh = 0,020 und $\varepsilon = 0{,}02$). Die berechneten Satellitentropfendurchmesser stimmten gut mit den Experimenten von Rutland & Jameson [151] und Lafrance [89] überein, was auch durch Mansour & Lundgren [111] (1990) und Hilbing & Heister [79] (1996) für viskositätsfreie Strahlen bestätigt wurde.

In einer umfassenden Studie von Ashgriz & Mashayek [3] (1995) zeigten die Berechnungsergebnisse für Oh = 0,0035 und 0,071 ebenfalls Satellitentropfen bei allen Wellenzahlen. Bei Ohnesorgezahlen größer 0,24 dokumentierten sie jedoch Bereiche ohne Satellitentropfenbildung bei großen Wellenzahlen. Bei Oh = 7,07 wiesen die numerischen Strahlgestalten im gesamten Wellenzahlbereich $0{,}2 < k < 0{,}95$ nur Haupttropfen auf (bei $\varepsilon = 0{,}05$). Ashgriz & Mashayek [3] untersuchten auch den Einfluss der Anfangsstörung. Für $k = 0{,}7$ und Oh = 0,0035 stellten sie eine Abnahme des Satellitentropfendurchmessers mit steigender Anfangsstörung fest, bis die Satellitentropfen bei einer sehr großen Anregung von $\varepsilon = 0{,}8$ komplett verschwanden. Ähnliche Ergebnisse wie Ashgriz & Mashayek [3] konnten Ahmed et al. [1] (2011) mit einem simpleren eindimensionalen Modell erzielen.

Die theoretischen (linearen) Dispersionsrelationen für viskositätsfreie und -behaftete Strahlen von Rayleigh [136, 137] und Weber [182] bzw. Chandrasekhar [30], welche wie bereits erwähnt experimentell verifiziert wurden, konnten auch durch numerische Simulationen des Strahlzerfalls bestätigt werden [3, 90, 111].

Die wesentlichen Erkenntnisse der oben aufgeführten Literaturstellen sind:

- Bei moderaten Anfangsstörungen ($\varepsilon \leqslant 0{,}05$) treten für kleine Ohnesorgezahlen oder bei gänzlicher Vernachlässigung der Viskosität Satellitentropfen bei allen Wellenzahlen auf.
- Durch eine Erhöhung der Viskosität kann die Bildung von Satellitentropfen unterbunden werden. Mit steigender Ohnesorgezahl verschwinden Satelliten zunächst bei großen Wellenzahlen und schlussendlich im gesamten instabilen Wellenzahlbereich.
- Durch eine Erhöhung der Anregungsamplitude können Satellitentropfen verkleinert oder verhindert werden.

Die erstgenannte Schlussfolgerung steht in Widerspruch zu den Ergebnissen der nichtlinearen Modelle, denn diese weisen Satellitentropfen nur unterhalb einer Grenzwellenzahl auf. Die anderen beiden Erkenntnisse stimmen mit den Ergebnissen der nichtlinearen Betrachtungen überein.

Experimentelle Untersuchung der Satellitentropfenbildung

Rutland & Jameson [151] (1970) untersuchten experimentell sowohl die Größe, als auch das Auftreten von Satellitentropfen in Abhängigkeit von der Wellenzahl. Bezüglich der Tropfendurchmesser dokumentierten sie eine sehr gute Übereinstimmung zwischen der Theorie von Yuen [197] und ihren Messungen. Andere Autoren bestätigten die von Rutland & Jameson gemessenen Satellitentropfengrößen [89, 175]. Rutland & Jameson [151] beobachteten bei allen Wellenzahlen Satellitentropfen, was im Widerspruch zur nichtlinearen Theorie, aber in Einklang mit den Simulationsergebnissen steht.

Pimbley & Lee [130] (1977) stellten erstmals die in Abbildung 5.2 gezeigten unterschiedlichen Phänomene bei der Bildung und dem anschließenden Wiederverschmelzen von Satellitentropfen fest. Sie dokumentierten in Abhängigkeit von Wellenzahl und Anfangsstörung Bereiche ohne und mit Bildung von Satellitentropfen, sowie ggf. die Richtung und die Strecke bis zum Wiederverschmelzen mit den Haupttropfen. Große Anfangsstörungen führten zum Unterdrücken von Satellitentropfen. Vorwärtsverschmelzen wurde bei großen und Rückwärtsverschmelzen bei kleinen Wellenzahlen beobachtet. Die Bedingung für keine Wiedervereinigung war sehr gut reproduzierbar. Chaudhary & Maxworthy [32] (1980) untersuchten in ihrer Studie ebenfalls die Bildung und das Vereinigungsverhalten von Satellitentropfen. Sie stellten dabei keinen Betriebsbereich fest, in dem Satellitentropfen unterdrückt wurden. Dies gelang ihnen jedoch durch das Aufbringen einer dritten Harmonischen mit definiertem Phasenversatz zur Grundschwingung auf das Steuersignal der Anregung. Cline & Anthony [37] (1978) befassten sich ebenfalls mit dem Einfluss des Frequenzspektrums des Steuersignals auf die Satellitentropfenbildung. Sie stellten fest, dass definiert aufgebrachte Harmonische des Grundsignals oder Rechtecksignale (mit unendlich vielen Harmonischen) Satellitentropfen insbesondere dann hervorrufen, wenn die höheren Ordnungen gemäß der Dispersionsrelation positive Wachstumsraten aufweisen. Dies ist der Fall, wenn die Wellenzahl des Grundsignals $k < 0{,}5$ beträgt.

Bousfield et al. [18] (1990) erforschten eingehend das Zerfallsverhalten von hochviskosen Flüssigkeitsstrahlen in Abhängigkeit von Wellenzahl und Anfangsstörung für verschiedene Ohnesorgezahlen. Sie beobachteten bei mittleren Ohnesorgezahlen von $\mathrm{Oh} = 0{,}4$ und $0{,}8$ und großen Wellenzahlen ($k > 0{,}8$ bzw. $> 0{,}6$) einen Strahlzerfall ohne Satellitentropfenbildung. Bei besonders großen

Ohnesorgezahlen $\geqslant$ 1,6 erfolgte der Zerfall bei allen untersuchten Wellenzahlen ausschließlich in Haupttropfen.

Eine weitere sehr umfassende experimentelle Studie publizierten Vassallo & Ashgriz [175] (1991). Sie konnten mit einer niedrigviskosen Flüssigkeit (Wasser) bei großen Anregungsamplituden Strahlzerfall ohne die Bildung von Satellitentropfen dokumentieren.

Die oben genannten Autoren verwendeten jeweils unterschiedliche Kennwerte zur Verallgemeinerung ihrer Ergebnisse. Für eine zusammenfassende und vergleichende Darstellung der Daten für die vorliegende Arbeit wurden die ursprünglichen Kennwerte aus den Publikationen in die Wellenzahl k und die Anfangsstörung ε umgerechnet (mit dem Modell von Weber für den Rayleigh-Zerfallsbereich nach Gl. 4.40). Die Studien [31, 32, 130, 175] enthielten alle dafür notwendigen Informationen. Die entsprechenden Diagramme sind gemeinsam mit den jeweiligen Versuchsparametern in Tabelle 5.1 dargestellt. Die zur Erstellung der Diagramme erforderlichen Umrechnungen werden im Folgenden kurz erläutert.

Die Ergebnisse von Pimbley & Lee (Fig. 5 in [130]) liegen in Abhängigkeit von der dimensionslosen Wellenlänge λ/D und der Aufbruchzeit t_b vor und konnten so direkt in die angegebene Darstellung in Tabelle 5.1 umgerechnet werden. In [130] ist keine direkte Angabe über die Strahlgeschwindigkeit oder die Weberzahl enthalten. Brenn [23] berechnete jedoch für die Daten aus [130] einen Reynoldszahlbereich von 69 bis 179, der dem angegebenen Weberzahlbereich in Tabelle 5.1 entspricht. Die Daten von Chaudhary & Maxworthy [31, 32] sind in deren Arbeit als Funktion der Steuerspannungsamplitude des Piezoschwingers angegeben (Fig. 3 und 4 in [32]). Zur Umrechnung in die entsprechende strömungsmechanische Anregungsamplitude war zunächst die Berechnung der Zerfallszeit mit Werten aus Table 3 der zugehörigen Publikation [31] notwendig. Die Ergebnisse von Vassallo & Ashgriz (Fig. 4 in [175]) liegen in Abhängigkeit von der dimensionslosen Wellenlänge λ/D und der Spannungsamplitude des Steuersignals vor. Zur Umrechnung in die strömungsmechanische Anfangsstörung wurde die in Fig. 2 aus [175] dargestellte Korrelation verwendet.

Die in Tabelle 5.1 dargestellten Ergebnisse der unterschiedlichen Literaturstellen zeigen alle die gleichen Phänomene. Alle Autoren konnten Satellitentropfenbildung und anschließendes Vorwärts- oder Rückwärtsverschmelzen beobachten. Nichtverschmelzende Satelliten wurden ebenfalls in allen Experimenten festgestellt. Die Unterbindung von Satellitentropfen konnten Pimbley & Lee [130] und Vassallo & Ashgriz [175] durch eine ausreichend hohe Anregungsamplitude erzielen. Chaudhary & Maxworthy [32] gaben keine derartigen Bereiche mit ausschließlicher Bildung von Haupttropfen an. Auf den grünen Bereich ohne

Tabelle 5.1: Experimentelle Literaturdaten zur Satellitentropfenbildung.

Autoren	Parameter (dimensionsbehaftet)	Parameter (dimensionslos)	Ergebnisse
Pimbley & Lee [130]	$\eta = 8{,}7\,\mathrm{mPas}$ $\sigma = 35\,\mathrm{mN/m}$ $\rho = 1{,}3\,\mathrm{g/ml}$ $D = 63\,\mu\mathrm{m}$	Oh = 0,16 We = 122 – 820	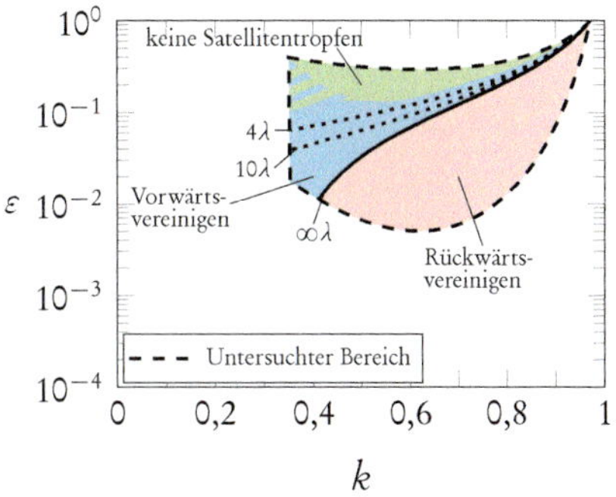
Chaudhary & Maxworthy [31, 32]	$\eta = 0{,}91\,\mathrm{mPas}$ $\sigma = 65{,}3\,\mathrm{mN/m}$ $\rho = 1{,}0\,\mathrm{g/ml}$ $D = 39\,\mu\mathrm{m}$ $U = 20 - 39\,\mathrm{m/s}$	Oh = 0,018 We = 239 – 925	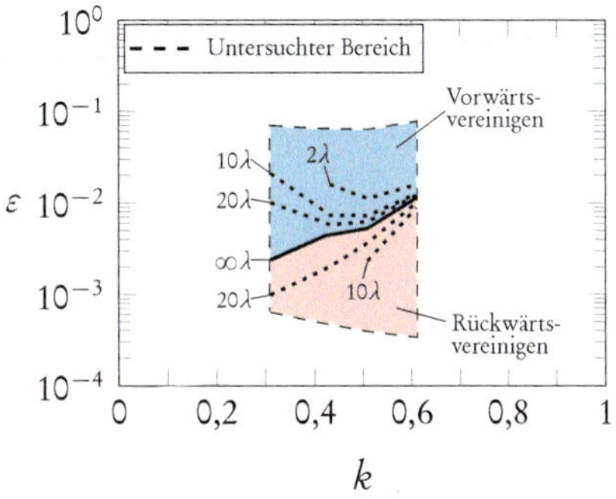
Vassallo & Ashgriz [175]	$\eta = 1\,\mathrm{mPas}$ $\sigma = 73\,\mathrm{mN/m}$ $\rho = 1{,}0\,\mathrm{g/ml}$ $U = 2{,}4\,\mathrm{m/s}$ $D = 340\,\mu\mathrm{m}$	Oh = 0,0063 We = 26,9	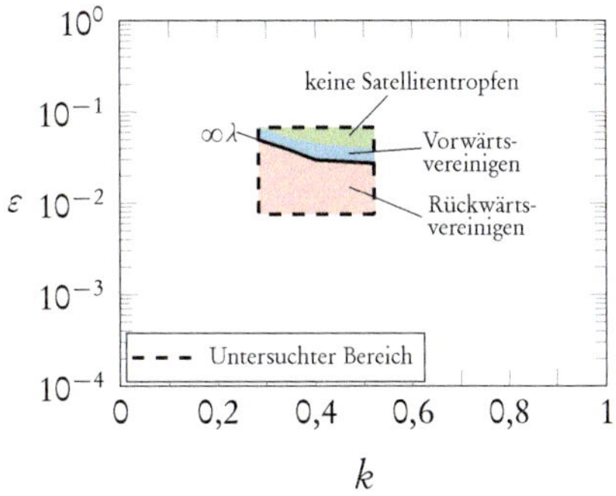

Satelliten, bzw. ausgehend von großen ε-Werten, folgt in Richtung kleinerer Störungsamplituden bei allen Autoren zunächst das Regime Vorwärtsvereinigen (blau dargestellt). Die Strecke bis zum Verschmelzen mit den Haupttropfen

(Punktlinien) ist dabei zunächst mit 2λ oder 4λ sehr kurz und wächst mit sinkenden ε-Werten an, bis sich schließlich kein Verschmelzen einstellt. Diese Betriebspunkte mit unendlich großer Verschmelzungsstrecke bzw. ohne Verschmelzen liegen auf den mit „$\infty\lambda$" gekennzeichneten Linien. Bei einer weiteren Verkleinerung der Anregung folgen Gebiete mit rückwärtsverschmelzenden Satelliten (rot dargestellt). Die Grenzen zwischen den beschriebenen Regimes sind auch von der Wellenzahl abhängig.

Die Diagramme in Tabelle 5.1 zeigen, dass sich die drei Regimes Vorwärts- und Rückwärtsverschmelzen sowie keine Satellitentropfenbildung bei den einzelnen Untersuchungen in der ε-k-Ebene an unterschiedlichen Stellen befinden. Die Ursachen dafür liegen zum einen in den unterschiedlichen Ohnesorgezahlen. Zum anderen sind diese auch in den unterschiedlichen experimentellen Anordnungen bzw. Eintragungsarten der Störungen in die Flüssigkeitsstrahlen zu vermuten. Chaudhary & Maxworthy [32] schlussfolgern aus ihren Versuchen beispielsweise, dass der Düsenhalter inkl. des Piezoschwingers auch bei einem monochromatischen Steuersignal Oberwellen auf dem Strahl erzeugte, welche die Bildung von Satellitentropfen beeinflussten. Diese Möglichkeit würde grundsätzlich auch bei den anderen aufgeführten Studien bestehen. Bei der Verwendung der angegebenen Daten muss zusätzlich beachtet werden, dass Pimbley & Lee [130] auf erhebliche Streuungen der experimentellen Werte um die angegebenen Kurven hinweisen. In den Diagrammen der Publikation von Vassallo & Ashgriz [175] finden sich ebenfalls Angaben über die experimentellen Streuungen in Form von Fehlerbalken. Diese betragen bis zu $\pm$ 12% der jeweiligen Messwerte. Dass das Auftreten der unterschiedlichen Phänomene beim kontrollierten Strahlzerfall sehr empfindlich gegenüber den Versuchsparametern ist, verdeutlicht auch eine Bemerkung von Anders et al. [2]. Sie weisen darauf hin, dass bereits extrem kleine Änderungen des Volumenstroms und damit der Strahlgeschwindigkeit bei ursprünglich rein monodisperser Zertropfung zu Satellitentropfenbildung führen können.

Zusammenfassend kann aus den experimentellen Ergebnissen der Literatur geschlussfolgert werden:

- Die Durchmesser der Satellitentropfen nehmen mit steigender Wellenzahl ab und können durch die Theorie von Yuen [197] vorhergesagt werden.
- Durch eine Erhöhung der Anregungsintensität kann die Bildung von Satellitentropfen unterbunden werden.
- Eine Vergrößerung der Ohnesorgezahl führt ebenfalls zu einem Nachlassen der Satellitentropfenbildung.

- Die spektrale Zusammensetzung des Steuersignals beeinflusst die Satellitentropfenbildung. Durch höhere Harmonische des Grundsignals können Satelliten sowohl erzeugt, als auch verhindert werden.
- Satellitentropfenbildung wurde bei allen Wellenzahlen beobachtet.
- Es können vorwärts, rückwärts und niemals verschmelzende Satelliten auftreten. Das Verschmelzungsverhalten hängt dabei von ε, k und Oh ab.
- Der kontrollierte Strahlzerfall ist ein Vorgang, der gegenüber den Versuchsparametern sehr empfindlich ist. Experimentelle Ergebnisse weisen vergleichsweise hohe Streuungen auf.

Die ersten vier oben genannten Schlussfolgerungen stehen im Einklang mit den Ergebnissen der nichtlinearen Theorien und der numerischen Untersuchungen, wobei nur bzgl. des ersten Punktes auch quantitative Übereinstimmungen dokumentiert wurden. Da experimentell keine obere Grenzfrequenz für das Auftreten von Satellitentropfen festgestellt wurde, bestätigt der fünfte Punkt die Simulationsergebnisse, widerspricht aber den nichtlinearen Theorien. Bezüglich der letzten beiden Gesichtspunkte lieferten die Simulationen und die theoretischen Modelle keine Ergebnisse.

Ergebnisse zur Koaleszenz von Tropfenketten

Die Effekte und die Eigenschaften im Zusammenhang mit der Koaleszenz von Tropfen nach dem kontrollierten Strahlzerfall spielten in der Literatur eine weniger große Rolle. Anders et al. [2, 66] (1992) und Süverkrüp et al. [163] (2016) führten entsprechende Experimente durch. In deren Publikationen sind Abstände bis zum Auftreten von Koaleszenz angegeben, wobei die Werte für Tropfenketten in Luft bei Standardbedingungen gelten. In evakuierter Umgebung sind die Abstände deutlich größer, da hier die Interaktion mit der umgebenden Gasphase wesentlich geringer bzw. nicht vorhanden ist [120].

Im Allgemeinen ist die Verbesserung des Verständnisses über das Auftreten von Koaleszenz in zunächst monodispersen Tropfenketten eine wichtige Problemstellung. Für den entwickelten Tropfenprallzerstäuber spielt Koaleszenz jedoch keine Rolle, da die Tropfen stets kurz nach deren Entstehung zum Aufprall gebracht werden, so dass die Tropfenabstände dabei noch gleichmäßig sind. Folglich wird auf diese Thematik nicht weiter eingegangen.

Technische Umsetzung des gesteuerten Strahlzerfalls

Für die technische Realisierung des kontrollierten Strahlzerfalls in monodisperse Tropfenketten existieren eine Reihe von Tropfengeneratoren [7, 22, 26, 66].

Das Prinzip dieser Einrichtungen ist sehr ähnlich. Es wird stets mittels einer Rundlochdüse ein Strahl produziert, der anschließend zum Zerfall angeregt wird. Die Anregung des Strahles erfolgt durch mechanische Schwingungen, die über Piezoaktoren oder magnetische Schwinger eingetragen werden. Die verschiedenen Typen von Tropfengeneratoren wurden von Brenn [20] zusammenfassend beschrieben.

5.3 Experimente im kontinuierlichen Betrieb

5.3.1 Versuchsaufbau und Messmethode

Der kontinuierlich betriebene, kontrollierte Strahlzerfall wurde im Rahmen der vorliegenden Arbeit eingehend experimentell untersucht. Der Fokus lag dabei auf der Bestimmung der Betriebsbereiche, in denen die Generierung von Tropfen mit monodisperser Durchmesserverteilung und gleichmäßigen Abständen möglich ist. Außerdem erfolgte die Untersuchung der Phänomene in Zusammenhang mit der Satellitentropfenbildung und -vereinigung.

Für die Durchführung der Experimente kam ein firmeneigener und auch kommerziell verfügbarer Tropfengenerator (MTG-01-G3, FMP Technology GmbH) zum Einsatz. Dessen Funktionsweise basiert auf der Erzeugung von Schwingungen mit einem Piezoaktor und deren Übertragung über den Grundkörper auf den Flüssigkeitsstrahl. Abbildung 5.7 zeigt eine Schnittzeichnung und eine Fotografie des Tropfengenerators. Die einzelnen Komponenten sind darin gut zu erkennen. Für detailliertere Informationen zu Aufbau und Funktionsweise des verwendeten Tropfengenerators wird auf die entsprechenden Arbeiten von Brenn und Koautoren [21, 24, 26] verwiesen.

Die für die Experimente verwendete Versuchsanordnung ist in Abbildung 5.8 schematisch dargestellt. Zur Flüssigkeitsversorgung wurde ein Massenstromregelsystem bestehend aus einer Zahnradpumpe und einem Coriolis-Massendurchflussmesser (D-G-S.11 und CORI-FLOW M14, Wagner Mess- und Regeltechnik GmbH) verwendet. Es zeigte sich, dass die Volumenstrompulsationen der Zahnradpumpe sehr schwach waren und die Messergebnisse nicht beeinflussten. Ein geeigneter Filter in der Leitung zwischen Massenstromregler und Tropfengenerator verhinderte Verstopfungen der Düse durch Verunreinigungen in der Flüssigkeit. Im Leitungssystem enthaltene Luft konnte mittels einer Entlüftungsleitung entfernt werden.

Die Steuerung des Piezoaktors erfolgte im Handbetrieb über einen analogen Funktionsgenerator (TOE 7404, TOELLNER Electronic Instrumente GmbH).

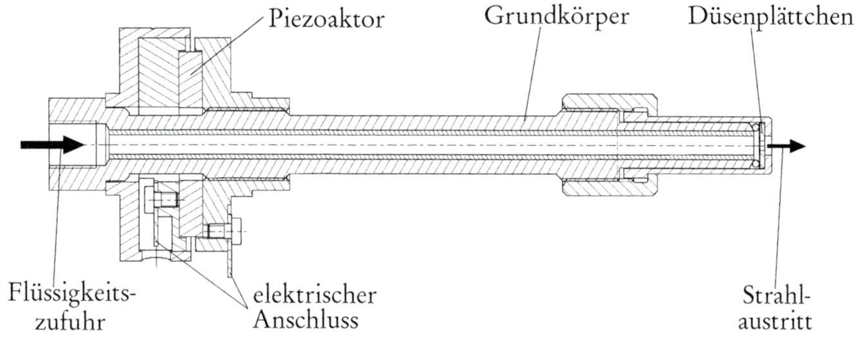

(a) Schnittzeichnung

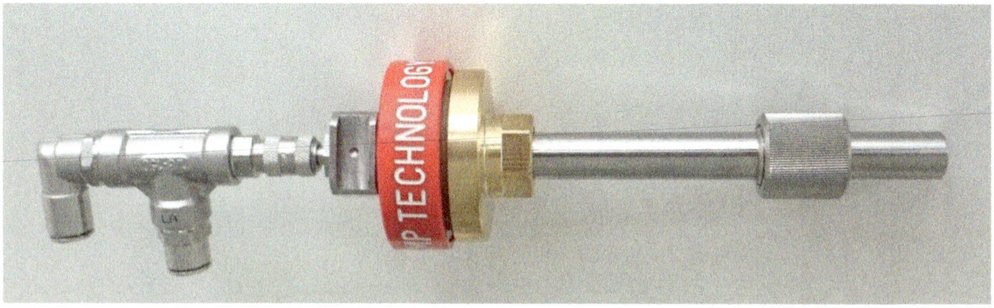

(b) Fotografie (mit Anschlussarmaturen)

Abbildung 5.7: Verwendeter Tropfengenerator.

Zur komfortablen Erfassung eines großen Frequenzbereiches wurde eine automatisierte Messmethode entwickelt und in Python 2.7 implementiert. Ein Analogausgangsmodul (NI 9263, National Instruments Germany GmbH) oder ein Signalgenerator auf Basis eines DDS[1]-Chips (firmeninterner Eigenbau) erzeugten dabei die Steuersignale für den Piezoaktor. Zur Erhöhung der Signalleistungen und damit der Anregungsamplituden der Strahlen kam ein Verstärker (LE 150/100 EBW, Piezomechanik GmbH) zum Einsatz. Dieser ermöglichte die stufenlose Einstellung der Spannungsamplitude bis maximal 150 V.

[1] **D**irect **D**igital **S**ynthesis (dt.: direkte digitale Synthese), Verfahren zur Erzeugung periodischer Signale

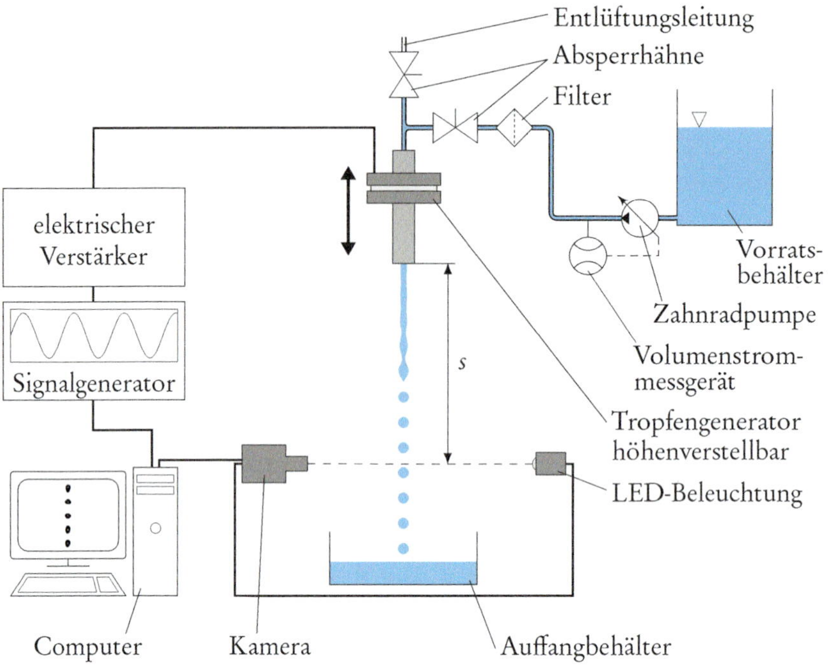

Abbildung 5.8: Versuchsaufbau der Experimente zum kontrollierten Strahlzerfall im kontinuierlichen Betrieb.

Die Beurteilung des Strahlzerfalls und der Tropfenketten erfolgte über eine optische Auswertung mit Hilfe eines Kamerasystems, bestehend aus einer CCD[1]-Kamera (GC650, Allied Vision Technologies GmbH) und einer Hochleistungs-LED (HLV2-22RD, CCS Inc.) zur Belichtung. Das Programm zur Steuerung der Signalgeneratoren erfasste ebenfalls automatisiert die Kameraaufnahmen und ordnete sie der jeweiligen Erregerfrequenz zu. In Verbindung mit dem Objektiv mit einer Brennweite von 50 mm konnte eine Auflösung von ca. $14{,}0 \times 14{,}0\,\mu m$ pro Bildpunkt (Pixel) erzielt werden. Die Kalibrierung erfolgte mit Hilfe der Fotografie eines Klarsichtmaßstabes. Die Bildwiederholrate der Kamera war stets ein ganzzahliges Verhältnis zur Frequenz des Steuersignals. Außerdem war der Phasenversatz zwischen dem Zeitpunkt der Belichtung und dem Steuersignal der Tropfenkette für jeden untersuchten Betriebspunkt stets konstant. Bei perfekt monodispersem Zerfall führte diese Einstellung dazu, dass die Tropfen auf den einzelnen Aufnahmen an der jeweils gleichen Position abgebildet wurden. Das

[1] Charge-Coupled Device (dt.: ladungsgekoppeltes Bauteil), lichtempfindliches elektronisches Bauelement

erstellte Programm nahm bei jeder getesteten Einstellung 50 Bilder (Frames) auf. Jedes Einzelbild bestand dabei aus 55×656 (Breite $\times$ Höhe) Bildpunkten.

Die Auswertung der Kameraaufnahmen erfolgte automatisiert mittels eines weiteren Programms in Python 2.7. Der Ablauf der Auswertung ist in Abbildung 5.9 schematisch für drei beispielhafte Wellenzahlen bzw. Frequenzen dargestellt. Die Rohdaten der optischen Messungen lagen als Graustufenbilder mit einer Farbtiefe von 8 bit vor. Diese wurden durch pixelweisen Vergleich mit einem globalen Schwellwert binärisiert. Zunächst erfolgte die Entfernung der Tropfen am oberen und unteren Bildrand sowie der hellen Punkte in den Tropfenzentren, die infolge des durchscheinenden Lichtes entstanden. Anschließend war es möglich, die Konturen und die Positionen aller Tropfen zu bestimmen. Durch numerische Integration der Konturen wurden die Rotationsvolumina der Tropfen um deren Mittelachse und daraus die äquivalenten Kugeldurchmesser berechnet. Die Tropfenpositionen ermöglichten die Ermittlung der Abstände. Über die Menge aller gemessenen Tropfen konnten so die Durchmesser- und Abstandsverteilungen berechnet werden. Die Entscheidung, ob die jeweilige Tropfenkette gleichmäßige Abstände und Tropfendurchmesser aufweist, wurde mit Hilfe zweier Kriterien getroffen. Damit ein Spray als monodispers bezeichnet werden kann, dürfen laut VDI-Richtlinie 3491 [176] dessen mittlerer arithmetischer Tropfendurchmesser d_{10} und der mittlere Volumendurchmesser maximal 10% voneinander abweichen. Das daraus abgeleitete erste Kriterium auf Basis der empirischen Standardabweichung (siehe Gl. 2.6) lautet:

$$\mathrm{DG_d} = \frac{\mathrm{SD_d}}{d_{10}} < 0{,}14 \tag{5.13}$$

Hierin bezeichnet $\mathrm{DG_d}$ den Dispersionsgrad der Durchmesserverteilung. In der VDI-Richtlinie 3491 [176] wird zusätzlich zwischen quasimonodispers ($0{,}14 \leqslant \mathrm{DG_d} \leqslant 0{,}41$) und polydispers ($\mathrm{DG_d} > 0{,}41$) unterschieden. Diese Abgrenzung wurde vorliegend nicht übernommen. Bei Nichterfüllung der Bedingung (5.13) galten die entsprechenden Tröpfchenverteilungen als polydispers.

Um sicherzustellen, dass auch die Abstände gleichmäßig verteilt bzw. äquidistant sind, erfolgte in Analogie zu Kriterium (5.13) auch die Berechnung des Dispersionsgrades der Tropfenabstandsverteilung $\mathrm{DG_l}$ aus der zugehörigen Standardabweichung $\mathrm{SD_l}$ und dem entsprechenden Mittelwert l_{10}. Das zweite Kriterium lautet entsprechend:

$$\mathrm{DG_l} = \frac{\mathrm{SD_l}}{l_{10}} < 0{,}14 \tag{5.14}$$

Bei Erfüllung der beiden Kriterien (5.13) und (5.14) wurde der jeweils untersuchte Betriebspunkt als in Ordnung (i.O.) bzw. einwandfreie oder gleichmäßige Tropfenkette eingestuft. Bei Nichterfüllung eines der beiden Kriterien galt die Tropfenkette als nicht in Ordnung (n.i.O.).

Ein beliebig ausgewähltes Einzelbild je getesteter Erregerfrequenz veranschaulicht die mit der beschriebenen Methode ermittelten Ergebnisse. Die ursprünglich weiße Hintergrundfarbe des Bildes wurde dabei auf Basis der Eigenschaften der Tropfenkette angepasst. Bei einwandfrei monodispersen Tropfenketten erfolgte eine grüne und bei polydispersem bzw. nicht einwandfreiem Zerfall eine gelbe Hinterlegung, wie in Abbildung 5.9 gezeigt. Wenn auf den 50 Einzelbildern nur 50 oder weniger Tropfen detektiert wurden, ist der Flüssigkeitsstrahl auf einem Großteil der Bilder noch (fast) vollständig intakt. Diesen Fall verdeutlicht eine blaue Einfärbung des Hintergrundes (siehe Abbildung 5.10).

Wie bereits erwähnt, veränderte das Messprogramm selbsttätig die Wellenzahl k in einem vorgegebenen Bereich. Um auch die Änderung der Eigenschaften der Tropfenkette mit steigender Entfernung s, ausgehend von der Stelle des Strahlaustritts, zu betrachten, wurden Messungen bei verschiedenen Abständen zwischen Düsenaustritt und Kameraebene durchgeführt. Der Abstand s ist auch in Abbildung 5.8 eingetragen. Zusätzlich erfolgte die Unterteilung der einzelnen Kameraaufnahmen für jede vermessene Abstandseinstellung. Vier gleich große Teilbilder mit je 55×164 Bildpunkten entstanden durch die Teilung der Frames quer zur Strahllängsachse. Die Messvolumina konnten so verkleinert werden, was eine Verbesserung der Auflösung der Versuchsergebnisse in Abhängigkeit des Abstandes s ermöglichte. Eine Gegenüberstellung der Ergebnisse für verschiedene Abstände s erlaubte somit eine Bewertung der Evolution der Tropfenketten ausgehend vom intakten Strahl, über eine ggf. einwandfreie Tropfenkette, bis hin zu einer polydispersen Tropfenkette infolge von Koaleszenz. Über $t = s/U$ konnten die Entfernungen in Zeiten überführt werden, um einen Vergleich oder eine Verarbeitung der experimentellen Daten mit der temporären Theorie zu ermöglichen.

Bei der Durchführung der Experimente ermöglichte ein am Versuchsstand arretierter Messschieber die Ermittlung des Abstandes s einer bestimmten Kameraeinstellung. Ein Innenmessschenkel wurde dazu auf den Düsenaustritt am Tropfengenerator eingestellt und der andere Schenkel befand sich im Kamerabild. Es konnte so gemeinsam mit der ermittelten Auflösung der Zusammenhang zwischen den Bildpunkten und deren Entfernung vom Düsenaustritt s hergestellt werden.

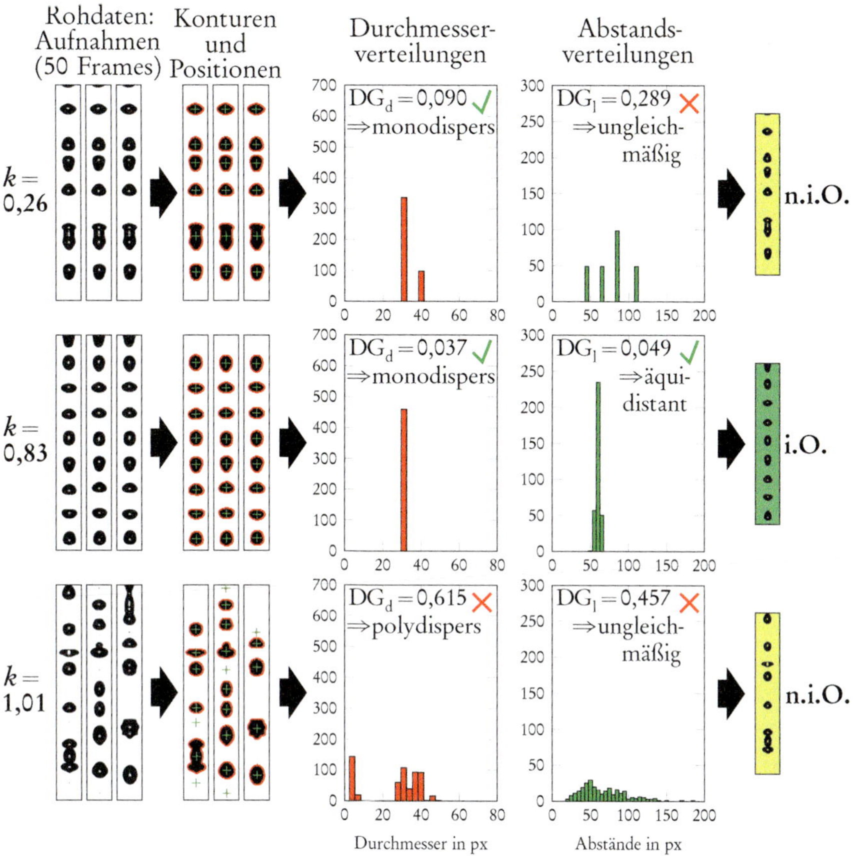

Abbildung 5.9: Auswertung der Kameraaufnahmen des kontrollierten Strahlzerfalls für drei Beispiele.

5.3.2 Ergebnisse

Getestete Parameter und Einstellungen

Bei allen hier beschriebenen Versuchen betrug der Düsendurchmesser 100 µm. Die eingestellten Strahlgeschwindigkeiten, Anregungsintensitäten und -frequenzen variierten. Als Flüssigkeiten kamen Wasser und eine Wasser-Glycerin-Lösung zum Einsatz. Die Stoffeigenschaften der Lösung sind in Tabelle 5.2 aufgeführt. Sie sind den Werten von Heizöl EL ähnlich.

Bei den Versuchen mit Wasser wurden drei verschiedene Geschwindigkeiten und jeweils mindestens vier verschiedene Anregungsintensitäten bzw. Spannungsamplituden des Piezoaktors vermessen. Das Programm fuhr je Geschwindigkeit,

Tabelle 5.2: Relevante Stoffdaten der Wasser-Glycerin-Lösung, gemessen bei 20 bis 25 °C.

Stoffeigenschaft	Symbol	Wert	Einheit
Dichte	ρ	1134	kg/m^3
dynamische Viskosität	η	7,4	mPas
Oberflächenspannung	σ	63,5	mN/m

Spannung und Abstandseinstellung 101 verschiedene Frequenzen automatisiert ab. Die Wahl der zu untersuchenden Frequenzwerte erfolgte derart, dass sich Wellenzahlen im Bereich von 0,27 bis 1,19 ergaben. Die minimale und die maximale Frequenz aller Experimente betrugen 5,7 und 83 kHz. Die Steuersignale waren stets reine Sinussignale. Je nach Strahlgeschwindigkeit wurde in drei bis fünf verschiedenen Abständen zum Düsenaustritt gemessen. Aufgrund der größeren Zerfallslängen waren bei den größeren Geschwindigkeiten die meisten Abstandseinstellungen erforderlich, um die Tropfenkettenevolution ausreichend zu erfassen.

Für die Glycerinlösung erfolgte die Einstellung einer Geschwindigkeit und sechs verschiedener Spannungsamplituden bei Wellenzahlen im Bereich zwischen 0,24 und 1,02. Es wurden jeweils drei Abstände zum Düsenaustritt vermessen.

Zur Ermittlung der Strahl- bzw. Tropfengeschwindigkeiten U dienten Kameraaufnahmen von einwandfreien Tropfenketten. Die Geschwindigkeit konnte unter Ausnutzung der Beziehung $\lambda = U/f_G$ aus den Tropfenabständen berechnet werden, da diese bei gleichmäßigem und monodispersem Zerfall der Wellenlänge entsprechen. Die gleiche Methode wendeten auch Pimbley & Lee [130] an.

Eine Übersicht über die gesamten variierten Parameter ist in Tabelle 5.3 aufgelistet. Die Tabelle verdeutlicht, dass die Anzahl der verschiedenen Parameterkombinationen sehr groß ist, was eine ebenfalls sehr große Datenmenge zur Folge hatte (insgesamt $\approx 3{,}2 \cdot 10^5$ Einzelaufnahmen).

Tabelle 5.3: Variierte Parameter bei den Messungen des gesteuerten Strahlzerfalls.

Parameter	Wasser	Wasser-Glycerin-Lösung
Geschwindigkeit U in m/s	6,5; 14,8; 22,6	16,5
Spannungsamplitude in V	30; 50; (70); 90; 150	30; 50; 70; 90; 110; 150
Wellenzahl k	0,27–1,19	0,24–1,02

Diskussion eines ausgewählten Experimentes

Abbildung 5.10 zeigt ein beispielhaftes Versuchsergebnis für Wasser, eine Spannungsamplitude von 50 V und eine Geschwindigkeit von 6,5 m/s. Es sind hier übereinander die Messergebnisse für alle drei vermessenen Abstände zum Düsenaustritt dargestellt. Die Abstandswerte wurden hier in dimensionslose Zeiten $t^*(=\sqrt{\sigma/[\rho a^3]}s/U)$ umgerechnet. Die fett dargestellten Werte am linken Rand repräsentieren die Zeitwerte in den Bildmitten. Die Zeiten an den oberen und unteren Bildrändern sind ebenfalls aufgeführt. Die drei Darstellungen zeigen jeweils nebeneinander die Ergebnisse aller 101 vermessenen Wellenzahlen. Die entlang der x-Achse der untersten Darstellung aufgetragenen Wellenzahlen gelten für alle drei Plots. Zur Ermittlung der Ergebnisse kam die im vorigen Abschnitt beschriebene Methode zum Einsatz, wobei jede Kameraeinstellung in vier gleich große vertikale Abschnitte unterteilt wurde.

Die beiden Dispersionsgrade DG_d und DG_l, bezogen auf das jeweilige globale Maximum des Teilabschnitts $(DG_{d,l})_{max}$, sind in Abbildung 5.10 für alle zwölf Teilabschnitte eingetragen. Jeder dargestellte Punkt der Dispersionsgrade wurde bei jeder Wellenzahl aus allen 50 aufgezeichneten Frames berechnet. Aus den Daten konnten auch die Strahlaufbruchlängen bzw. -zeiten t_b^* bestimmt werden. Die weißen dreieckigen Symbole geben die entsprechenden Stellen in den Diagrammen wieder. Die oberste Darstellung mit der kleinsten Zerfallszeit weist einen schwarzen Rand am oberen Ende auf. Hierbei handelt es sich um den Düsenhalter bzw. um die Spitze des verwendeten Tropfengenerators. Innerhalb dieses Teils ist der Strahl zwar ausgebildet, aber nicht sichtbar. Die entsprechende Strecke ohne optischen Zugang beträgt ca. 2,2 mm, was vorliegend einer dimensionslosen Zeit von 8,2 entspricht.

Der Abbildung 5.10 kann entnommen werden, dass einwandfreie Tropfenketten im Wellenzahlbereich von 0,28 bis 0,97 existieren. Das Abschnüren der Tropfen vom Strahl erfolgt in diesem Bereich nach dimensionslosen Zerfallszeiten von maximal $t_b^* = 24$. Einwandfreie Tropfenketten liegen auch in schmalen Wellenzahlbereichen von 1,05–1,06 und 1,18–1,19 vor. Offensichtlich ließ sich der Strahl auch bei Wellenzahlen $k > 1$ zum Zerfall anregen. Diese Beobachtung steht im Widerspruch zur linearen Theorie des Strahlzerfalls. Diese besagt, dass Flüssigkeitsstrahlen gegen Störungen mit $k > 1$ stabil sind und derartige Störungen somit nicht anwachsen können. Einflüsse der Umgebungsluft könnten zwar theoretisch zu einem instabilen Strahl auch bei $k > 1$ führen, bei der eingestellten Strahlgeschwindigkeit von 6,5 m/s kann das umgebende Gas allerdings vernachlässigt werden. Die ambiente Weberzahl ist mit 0,069 deutlich kleiner als die obere Grenze des Rayleigh-Zerfallsbereiches nach Ranz bzw. Reitz, siehe Tabelle 4.1. Es kann ebenfalls ausgeschlossen werden, dass der tatsächliche Strahlzerfall bei

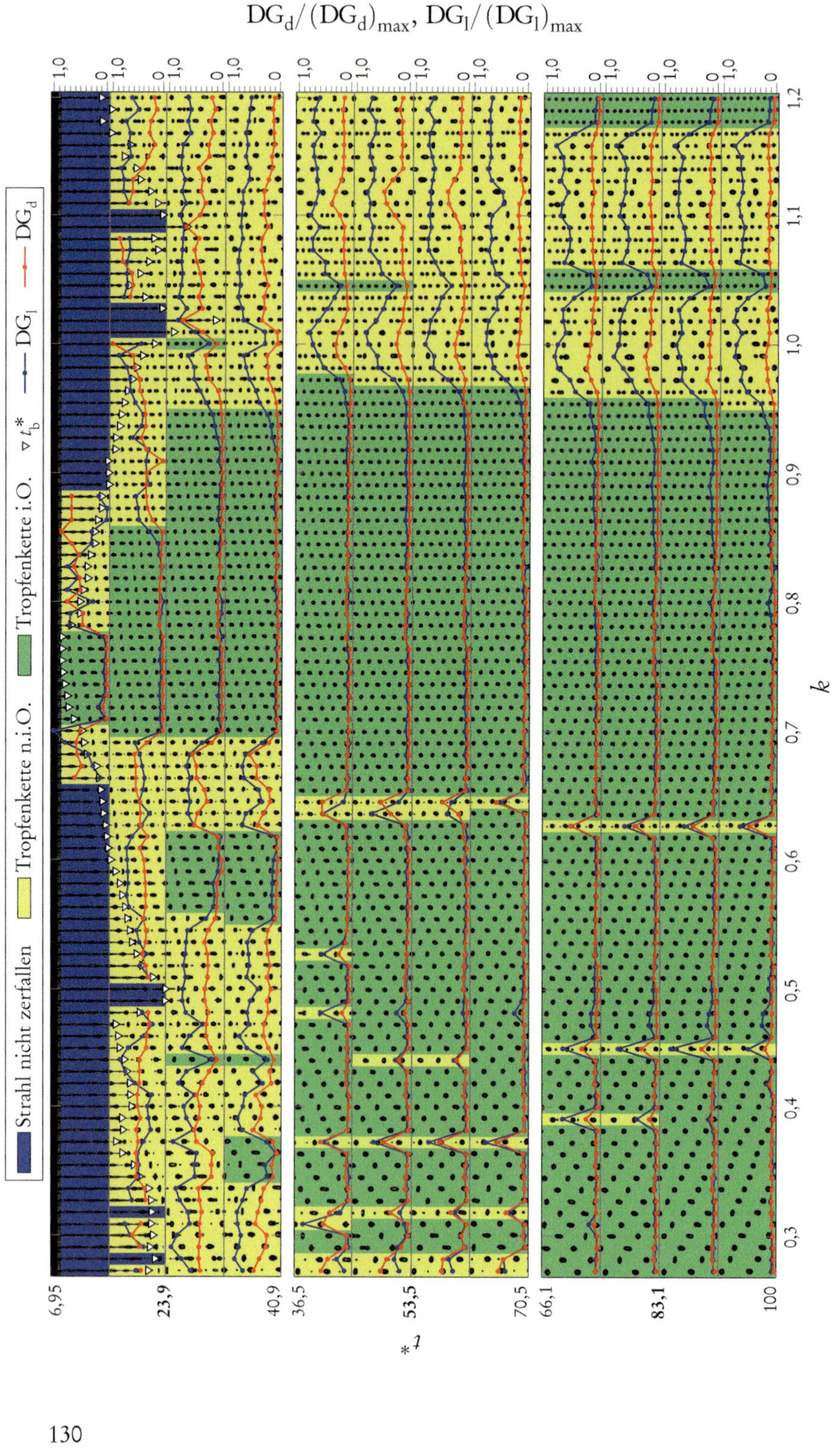

Abbildung 5.10: Kontrollierter Zerfall eines Flüssigkeitsstrahles bei verschiedenen Wellenzahlen. Darstellung von drei Messergebnissen in unterschiedlichen Abständen vom Düsenaustritt; $D = 100\,\mu m$; $U = 6{,}5\,m/s$; Wasser; We = 59; Oh = 0,0117; Spannungsamplitude 50 V.

Frequenzen ablief, die von den Steuersignalen abwichen und Wellenzahlen <1 hervorriefen. In den Aufnahmen mit einwandfreien Tropfenketten ist zu sehen, dass die Tropfen mit steigender Wellenzahl auch tatsächlich kleiner werden und die Abstände abnehmen. Somit sinken die Wellenzahlen der Tropfenketten wie auch die der Steuersignale. Es kann geschlussfolgert werden, dass die lineare Theorie zur Beschreibung der Messungen nicht uneingeschränkt anwendbar ist. Die in Abschnitt 5.2 bereits erwähnten nichtlinearen Theorien von Nayfeh [122] und Yuen [197] weisen maximale Wellenzahlen mit instabilem Strahlverhalten für $k>1$ auf. Beide Autoren gaben einen quadratischen Zusammenhang zwischen der Anregungsamplitude ε und der maximalen Wellenzahlen k_{max} an (siehe Gl. 5.11 und 5.12). Folglich kann das Auftreten von einwandfreien Tropfenketten bei $k>1$ qualitativ durch die nichtlinearen Theorien erklärt werden.

Bei den meisten Wellenzahlen in Abbildung 5.10 sind zunächst entstehende Satellitentropfen zu erkennen, die anschließend mit den Haupttropfen verschmelzen. Lediglich bei $k=0{,}63$–$0{,}65$ findet kein Verschmelzen der Satelliten- mit den Haupttropfen statt und die Tropfenkette bleibt polydispers. Im Wellenzahlbereich von 0,71 bis 0,74 zerfällt der Strahl direkt in eine monodisperse Tropfenkette ohne zwischenzeitliche Satellitentropfenbildung. Die Aufnahmen in Düsennähe für $k=0{,}75$–$0{,}78$ lassen dies ebenfalls vermuten, allerdings bricht hier der Strahl bereits innerhalb des Düsenhalters auf. Eine mögliche Satellitentropfenbildung und sofortiges Verschmelzen im Bereich ohne optischen Zugang kann hier somit nicht ausgeschlossen werden.

Die in die Messergebnisse eingetragenen Dispersionsgrade zeigen, dass bei unregelmäßigem Zerfall (gelb hinterlegt) meist sowohl die Tropfendurchmesser als auch die -abstände ungleichmäßig verteilt sind. Für die Wellenzahlen im Bereich von 0,97 bis 0,98 ist mit steigender Zeit ein Anwachsen des Dispersionsgrades der Abstandsverteilung DG_{l} zu beobachten. Die Tropfenabstände werden somit zunehmend ungleichmäßiger und schließlich kommt es zur Koaleszenz der Tropfen, was auch ein Erhöhen des Dispersionsgrades der Tropfengrößenverteilung DG_{d} nach sich zieht.

Reproduzierbarkeit der Experimente

Bei Betrachtung der drei untereinander dargestellten Diagramme der Abbildung 5.10 fällt auf, dass diese nicht vollständig konsistent sind. So liegt beispielsweise der Wellenzahlbereich mit nicht verschmelzenden Satellitentropfen in der mittleren Darstellung bei 0,64–0,65 und in der untersten Darstellung bei 0,63. Die gelbe Einfärbung dieser Messpunkte macht dies sehr deutlich. Des Weiteren ist zu erkennen, dass sich die Messergebnisse an einigen Übergangsstellen zwischen den drei Abstandseinstellungen unterscheiden. Beispielsweise liegt bei $k=0{,}39$ in der zweiten Abstandseinstellung in allen Teilabschnitten eine einwandfreie Tropfenkette vor. Das entsprechende Ergebnis in der dritten Darstellung weist allerdings in den oberen beiden Teilabschnitten eine polydisperse Verteilung auf. Insbesondere weil sich die Kameraaufnahmen um eine dimensionslose Zeitdifferenz von 4,4 überlappen (entspricht 13% einer gesamten Kameraaufnahme), kann diese Beobachtung nicht auf tatsächliche physikalische Vorgänge beim Strahlzerfall zurückgeführt werden. Aufgrund des nicht bekannten und möglicherweise unterschiedlichen Phasenversatzes zwischen den Zeitpunkten der Aufnahme und der Tropfenentstehung müssten die Gestalten der Tropfenketten zwar nicht identisch sein, allerdings sollten im Bereich der Überlappung identische Eigenschaften der Tropfenketten vorliegen.

Die drei in Abbildung 5.10 dargestellten Messungen wurden kurz nacheinander durchgeführt. Bis auf den Abstand zur Düse blieben dabei alle übrigen Parameter konstant. Offenbar stellten sich für einige Wellenzahlbereiche bei den drei Messungen dennoch unterschiedliche Zustände ein. Dies widerspricht zunächst dem Ansatz des kontrollierten Strahlzerfalls, denn infolge der definierten Anregung sollten Strahl und Tropfenkette dabei stets die gleichen Zerfallseigenschaften aufweisen.

Für eine detaillierte Auseinandersetzung mit dieser Thematik zeigt Abbildung 5.11 25 der 50 aufgezeichneten Frames bei $k = 0{,}39$ für die mittlere und die untere Messung aus der Abbildung 5.10. Es ist jeweils nur der Überlappungsbereich zwischen beiden Aufnahmen dargestellt. Gut zu erkennen ist, dass die jeweiligen Einzelframes beider Teilabbildungen kaum voneinander abweichen, wie es beim kontrollierten Zerfall auch erwartet wird. Der Strahlzerfall läuft also durchaus kontrolliert und wiederholbar ab. Im Vergleich der beiden Bildreihen miteinander werden allerdings merkbare Abweichungen deutlich. So sind in der oberen Reihe keine Satelliten zu sehen, was in der unteren Reihe nicht der Fall ist. Hier weisen in etwa die Hälfte der Einzelbilder einen Satellitentropfen auf, der sich kurz vor dem Verschmelzen mit dem Haupttropfen befindet.

Die Einzelaufnahmen der Abbildung 5.11 wurden je Bildreihe innerhalb von weniger als einer Sekunde aufgenommen. Der zeitliche Abstand zwischen den Aufnahmen der beiden Reihen beträgt jedoch mehrere Minuten. Obwohl alle Einstellungen beibehalten wurden, und zwischenzeitlich auch keine Absperreinrichtung in der Flüssigkeitszuleitung o.ä. betätigt wurde, ergaben sich die vorliegend dokumentierten Abweichungen. Offenbar ist zwar die kurzfristige Reproduzierbarkeit des kontrollierten Strahlzerfalls sehr gut, über einen längeren Zeitraum betrachtet sind die Veränderungen in den Zerfallseigenschaften bei einigen Betriebspunkten allerdings beachtlich.

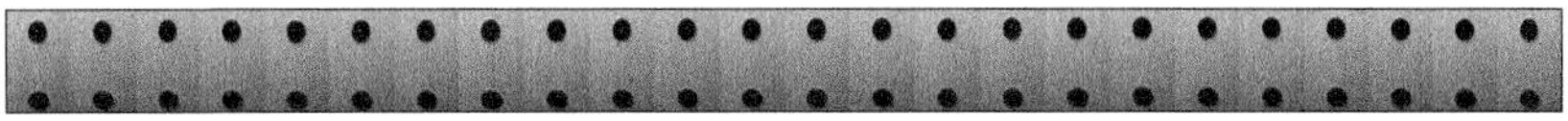

(a) Mittlere Messung, mittlere Zeit der Gesamtaufnahme: 53,5

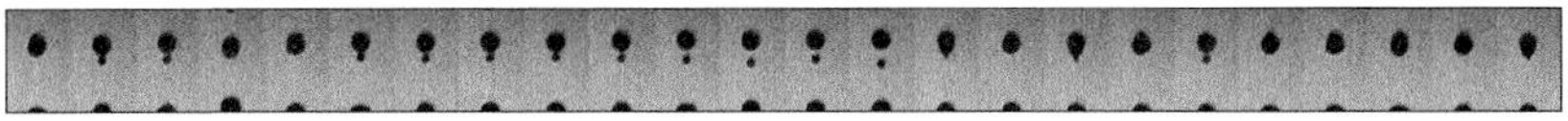

(b) Untere Messung, mittlere Zeit der Gesamtaufnahme: 83,1

Abbildung 5.11: Überlappungsbereich der mittleren und unteren Messungen bei $k = 0{,}39$ von Abbildung 5.10: Darstellung von jeweils 25 kurz hintereinander aufgenommenen Einzelframes nebeneinander.

Eine dedizierte Versuchsreihe vertiefte diese wichtige Beobachtung. Die Reihe bestand aus sechs Experimenten bei identischen Versuchsparametern. Bei den ersten drei Experimenten (Nr. 1 bis 3) blieben alle Parameter am Versuchsstand konstant. Anschließend erfolgte ein Aus- und Einbau des Düsenplättchens. Danach wurden an einem Folgetag drei weitere Versuche (Nr. 4 bis 6) bei fast identischen Einstellungen durchgeführt. Lediglich die Strahlgeschwindigkeiten variierten aufgrund von Druckschwankungen während der Versuche leicht. Bei den Versuchen 1 bis 3 betrugen die Geschwindigkeiten 13,0±0,2 m/s und bei den Versuchen 4 bis 6 12,8±0,4 m/s. Die relativen Abweichungen um den Mittelwert waren somit 1,4 und 2,9%.

In Abbildung 5.12 sind die Versuchsergebnisse für eine ausgewählte Abstandseinstellung dimensionsbehaftet dargestellt. Aufgrund der verschiedenen Strahlgeschwindigkeiten war an beiden Tagen die Einstellung von unterschiedlichen Frequenzen notwendig, um einen gleichen vorgegebenen Wellenzahlbereich abzufahren. Die dargestellten Frequenzbereiche entsprechen Wellenzahlbereichen von 0,3 bis 1,0. Die Darstellungen zeigen, dass innerhalb der ersten Versuche 1 bis 3 ähnliche Ergebnisse bzgl. der Unterscheidung Tropfenkette i.O. (grün), n.i.O. (gelb) oder vorhandener Strahl (blau) ermittelt wurden. Insbesondere im niedrigen Frequenzbereich sind aber eine Reihe von Messpunkten vorhanden, die in den drei Experimenten verschiedene Ergebnisse zeigen. Die gleiche Beobachtung kann für die Versuche 4 bis 6 festgestellt werden. Hier sind die Abweichungen zwischen den einzelnen Ergebnissen jedoch noch etwas häufiger. Im Vergleich der Experimente 1 bis 3 mit den Experimenten 4 bis 6 sind insbesondere bei $f_G < 15$ kHz und $f_G > 24$ kHz jedoch signifikante Abweichungen feststellbar.
Die obigen Ausführungen machen deutlich, dass kleine Änderungen der Versuchsbedingungen zu erheblichen Änderungen der experimentellen Beobachtungen

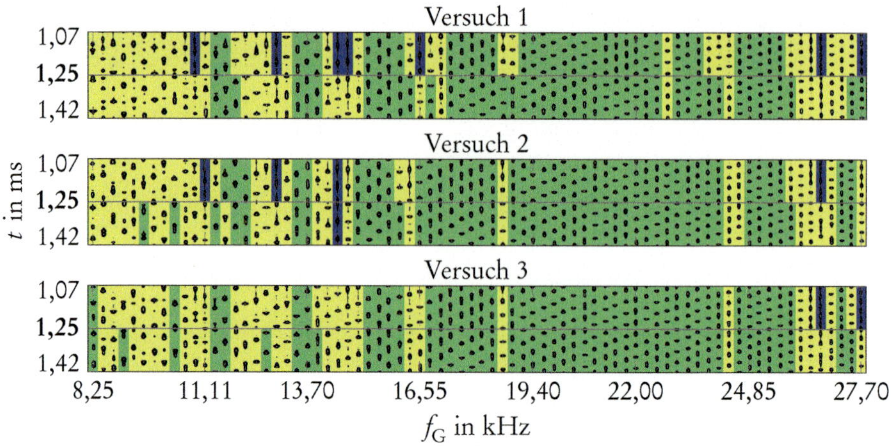

(a) Versuche an Tag 1 bei $U = 13{,}0 \pm 0{,}2$ m/s

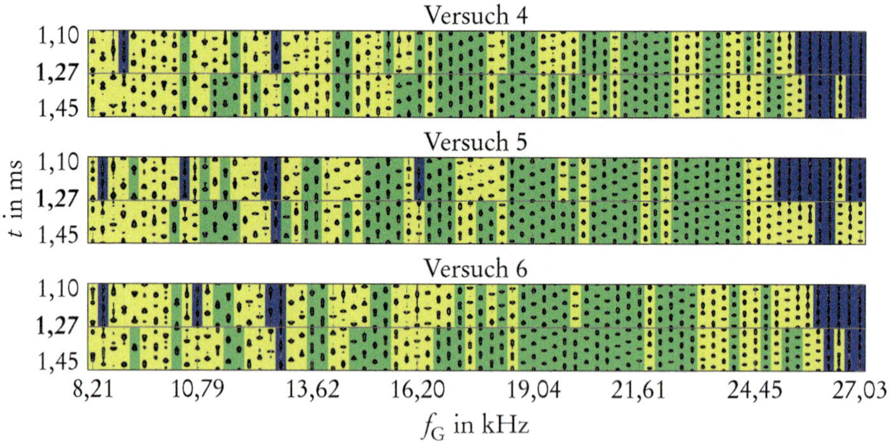

(b) Versuche an Tag 2 bei $U = 12{,}8 \pm 0{,}4$ m/s

Abbildung 5.12: Versuche zur Betrachtung der Reproduzierbarkeit; $D = 150$ µm; Wasser; Spannungsamplitude 90 V.

führen können. Diese Schlussfolgerung stimmt überein mit der Angabe von Anders et al. [2], dass bereits kleinste Volumenstromänderungen die Zerfallscharakteristik von Tropfenketten signifikant beeinflussen können. In den hier dokumentierten Experimenten wurden diese Effekte insbesondere bei kleinen ($< 0{,}6$) und großen ($> 0{,}9$) Wellenzahlen beobachtet. In der Gesamtheit aller jeweils untersuchten Wellenzahlen bleibt die generelle Charakteristik des kontrollierten Strahlzerfalls jedoch erhalten. Die in der vorliegenden Arbeit dokumentierten

Experimente können somit durchaus zu einer grundsätzlichen Bewertung des Zerfalls in Abhängigkeit verschiedener Parameter herangezogen werden. Im Detail sind die Ergebnisse jedoch nicht immer wiederholbar. Dies ist eine wichtige Schlussfolgerung für die Einordnung der dokumentierten Versuchsergebnisse.

Charakterisierung der Versuchsparameter

Die Darstellungsart der Abbildung 5.10 ist sehr anschaulich und vermittelt eine gute Übersicht über die Ergebnisse für ein Experiment mit festen Werten für Geschwindigkeit, Spannungsamplitude und Flüssigkeitseigenschaften. Eine Darlegung aller 20 Versuche auf diese Art und Weise wäre allerdings nicht anschaulich und würde kein gutes Verständnis über die Zusammenhänge vermitteln. Aus den Daten wurden deshalb übergeordnete Auswertungen bezüglich verschiedener Gesichtspunkte erzeugt. Die Implementierung der dafür notwendigen Berechnungen erfolgte erneut mittels Python 2.7.

Für die Erstellung der übergeordneten Auswertungen war die Definition von eindeutigen Parametern aus den Versuchsbedingungen und -ergebnissen erforderlich. Diese orientierten sich an den Einflussgrößen der Theorie des Strahlzerfalls, die in Abschnitt 5.1 beschrieben wurden. Der erste Parameter zur Definition eines Betriebspunktes, die Wellenzahl k, wurde vorgegeben und war somit bekannt. Der zweite Parameter, die Intensität der Anregung ε, konnte aus der gemessenen Zerfallszeit t_b berechnet werden:

$$\varepsilon = \frac{1}{e^{\omega t_\mathrm{b}}} \tag{5.15}$$

Die Berechnung der Wachstumsrate ω erfolgte mit der vereinfachten Gleichung (4.40) nach Weber [182], da der Lufteinfluss bei den Experimenten vernachlässigbar war. Die Dispersionsrelation $\omega(k)$ wurde durch die Berechnung der Wachstumsrate somit ebenfalls erfasst. Einflüsse infolge der Flüssigkeitsviskosität bzw. der Ohnesorgezahl sind darin berücksichtigt. Der Einfachheit halber wurde hier die lineare Theorie zur Berechnung von ω herangezogen, obwohl die Ergebnisse der Abbildung 5.10 bereits das Auftreten von Nichtlinearitäten zeigen.

Nach Gleichung (5.15) ist zur Ermittlung des Anregungsfaktors ε die Zerfallszeit erforderlich. Diese wurde aus den gemessenen Strahllängen bestimmt. Für große Spannungsamplituden und kleine Strahlgeschwindigkeiten ergaben sich zum Teil Strahlen, die bereits innerhalb des Düsenhalters in Tropfen zerfielen. Die entsprechenden Strahllängen konnten somit nicht gemessen werden. Da folglich zur Charakterisierung dieser Betriebspunkte nicht alle benötigten

Informationen zur Verfügung standen, konnten sie für die Auswertungen nicht berücksichtigt werden.

Unterschiedliche Steuerspannungen des Piezoaktors ermöglichten die Variation der Anregungsintensitäten. Berechnungen anhand der Versuchsergebnisse zeigten jedoch keine klare Korrelation zwischen der Steuerspannung und dem Faktor ε. Eine Tendenz konnte allerdings schon beobachtet werden: Im Wesentlichen führte eine Vergrößerung der Steuerspannung zu einer Erhöhung der Anregungsintensität ε. Da gemäß der Theorie des Strahlzerfalls dessen Anfangsbedingungen letztlich durch die Wellenzahl und die Amplitude der Anfangsstörung vorgegeben sind, ist die Charakterisierung der Betriebspunkte über k und ε jedoch zweckmäßig.

Gemäß der linearen Zerfallstheorie wären damit bereits alle Einflussgrößen erfasst. Zusätzlich erwies sich dennoch die Strahlgeschwindigkeit, repräsentiert durch die Weberzahl, als beeinflussender Parameter. Der Einfluss der Flüssigkeitsviskosität ist ebenfalls in Gleichung (5.15) bereits berücksichtigt. Die zusätzliche Angabe der Ohnesorgezahl zur Charakterisierung der Betriebspunkte ist dennoch sinnvoll.

Betriebsbereiche mit gleichmäßigem Strahlzerfall

Der zuerst untersuchte Gesichtspunkt ist der Betriebsbereich mit einwandfreien Tropfenketten. Als „einwandfrei“ bzw. „i.O.“ wurde ein Betriebspunkt dann eingestuft, wenn in einem beliebigen Abstand von der Düse eine Tropfenkette mit gleichmäßigen Tropfenabständen und monodisperser Durchmesserverteilung vorlag. Übertragen auf die Darstellung der Abbildung 5.10 bedeutet dies, dass bei einer bestimmten Wellenzahl mindestens ein Abschnitt grün hinterlegt sein muss, damit der Zerfall bei dieser Wellenzahl als i.O. bezeichnet werden kann. Fortan beziehen sich die Begriffe „einwandfrei“, „i.O.“, „gleichmäßig“ usw. somit nicht mehr auf eine bestimmte Abstandseinstellung, sondern auf die gesamte Tropfenkette.

Abbildung 5.13 zeigt die ermittelten Auswertungen. In Teilabbildung (a) sind die Messwerte als verschieden farbige Punkte in ε-k-Diagrammen aufgetragen. Grüne Punkte repräsentieren hierin Anfangsstörungs-Wellenzahl-Kombinationen, bei denen einwandfreie Tropfenketten in einem beliebigen Abstand von der Düse vorlagen. An gelben Punkten wurden keine einwandfreien Tropfenketten beobachtet. Die maximal dargestellte Wellenzahl beträgt 1,0, denn für $k \geqslant 1$ können mit der verwendeten linearen Theorie keine sinnvollen Wachstumsraten berechnet werden, die zur Bestimmung der ε-Werte notwendig sind. Um dennoch auch die Messwerte für $k \geqslant 1$ darzustellen, sind in Abbildung 5.13b zusätzlich Diagramme mit der Zerfallszeit t_b^* als Ordinate abgebildet.

In dieser Teilabbildung weist das Diagramm für We = 59 eine minimale Zerfallszeit von ca. 10 auf, unterhalb derer keine Messpunkte liegen. Der Grund dafür ist die bereits erwähnte Problematik, dass kürzere Zerfallszeiten aufgrund der kleinen Strahlgeschwindigkeit hier nicht gemessen werden konnten (die Strahlen verschwanden im Düsenhalter).

Im Folgenden wird zunächst die Lage aller Punkte in den ε-k-Ebenen bewertet. Es fällt auf, dass sich in den Experimenten mit Wasser bei den beiden größeren Weberzahlen 299 und 697 die Lage der Punkte über einen großen Bereich erstreckt und die Punkte darin offensichtlich zufällig verteilt sind. Für We = 59 ist dies nicht der Fall. Hier sind die Punkte insbesondere im Wellenzahlbereich zwischen 0,5 und 0,8 entlang stetiger Kurven aufgereiht. Die unterschiedlichen Kurven repräsentieren verschiedene Spannungsamplituden, wobei große ε-Werte die Folge großer Spannungen sind. Offenbar treten außerhalb des genannten Wellenzahlbereiches und bei größeren Strahlgeschwindigkeiten stochastische Effekte auf, die die Strahlzerfallslänge und damit den Anfangsstörfaktor stark beeinflussen. Ursache dieser stochastischen Effekte können beispielsweise Störungen der Strahloberfläche durch Rauheiten in den Düsenbohrungen sein, die sich erst bei großen Geschwindigkeiten auf die Strahlkontur am Düsenauslass signifikant auswirken.

Im vorhergehenden Teilabschnitt wurde erklärt, dass keine klare Korrelation zwischen Steuerspannung und Anfangsstörung ermittelt werden konnte. Die im vorigen Absatz beschriebene Beobachtung verdeutlicht dies. Bis auf einen kleinen Bereich bei We = 59 weisen die Anfangsstörungen eine starke Streuung auf. Dies ist auch für die Experimente mit der Glycerinlösung der Fall, wobei hier der von den Messpunkten eingenommene ε-Bereich etwas kleiner ist. Offenbar führt die erhöhte Viskosität zu einer Dämpfung der für die Streuung ursächlichen Effekte. Die oben beschriebene Problematik unterstreicht, dass zur Präsentation der Versuchsergebnisse die Darstellung in Abhängigkeit von der Anfangsstörung ε einer Auftragung über der Steuerspannungsamplitude vorzuziehen ist.

Bezüglich der Anregungsamplituden lässt sich den Diagrammen entnehmen, dass Werte für ε im Bereich zwischen $2{,}6 \cdot 10^{-4}$ und 0,99 erzielt werden konnten. Die minimale und die maximale Steuerspannung des Piezoaktors waren bei allen getesteten Weberzahlen gleich. Für die Experimente mit Wasser ergaben sich daraus bei den unterschiedlichen Weberzahlen ähnliche Bereiche für die Anfangsstörungen. Wie bereits erwähnt, ist die Ursache der Grenze für minimale Zerfallszeiten bzw. maximale Anregungsintensitäten bei We = 59 eine Restriktion des Versuchsaufbaus. Bei den Experimenten mit der Glycerinlösung führten die gleichen Spannungen zu ähnlichen Aufbruchzeiten wie bei Wasser, was in den Diagrammen in Abbildung 5.13b zu erkennen ist. Aufgrund der größeren

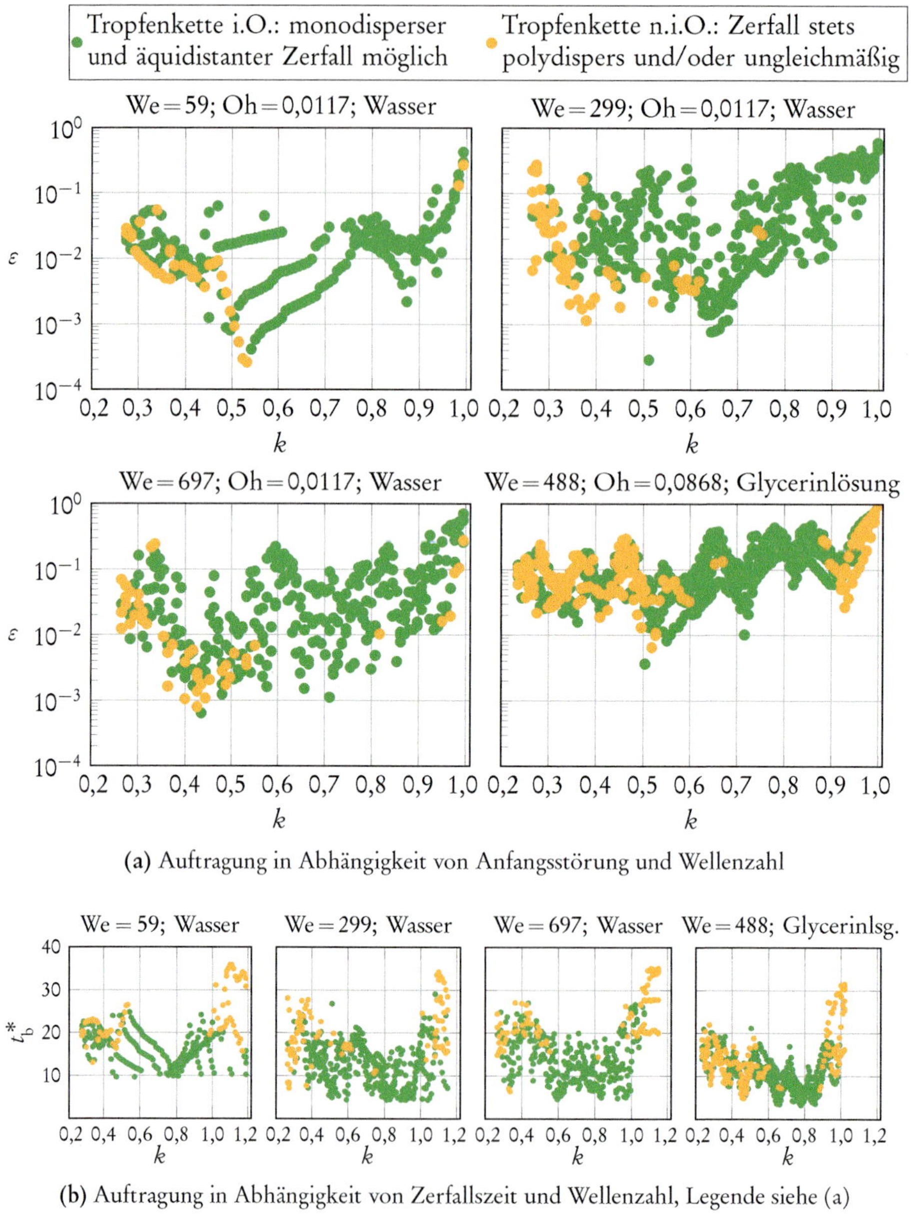

Abbildung 5.13: Experimentelle Betriebsbereiche mit gleichmäßigem und ungleichmäßigem Strahlzerfall.

Viskosität und den damit kleineren Wachstumsraten der Glycerinlösung ergaben sich daraus im ε-k-Diagramm größere Werte für die Anregungsintensität als bei Wasser. Offenbar führte die Erhöhung der Viskosität zu einer weniger starken Dämpfung als die Theorie voraussagt.

Für $k \to 1$ streben die ε-Werte aller Experimente gegen 1. Die Ursache dafür ist, dass in der Umgebung von $k = 1$ die Zunahme der experimentellen Zerfallszeiten bei steigender Wellenzahl nicht so stark ist wie die Abnahme der theoretischen Wachstumsraten. Letztere laufen für $k \to 1$ gegen Null. Durch die Umrechnung der Messdaten ergaben sich somit zwangsläufig sehr große Anregungsintensitäten, die in der Realität nicht vorlagen. Im Wellenzahlbereich in der Nähe von $k = 1$ sind die experimentellen Wachstumsraten folglich deutlich größer als von der linearen Theorie vorausgesagt.

Hinsichtlich der möglichen Zerfallszustände zeigen alle Diagramme, dass einwandfreie Tropfenketten im jeweils gesamten untersuchten Wellenzahlbereich möglich sind. Bei der kleinsten Weberzahl von 59 ist der Wellenzahlbereich, in dem ausschließlich monodisperser und äquidistanter Zerfall möglich ist, besonders groß. Er erstreckt sich von ca. 0,55 bis 0,95. Für $k < 0{,}55$ existieren viele Betriebspunkte mit unregelmäßigen Tropfenketten, wobei diesbezüglich kein Zusammenhang mit k oder ε erkennbar ist. Dies zeigen auch die anderen drei Diagramme. Darin sind die Grenzwellenzahlen, unterhalb welchen unregelmäßige Tropfenketten auftreten können, mit 0,55 bis 0,62 zum Teil etwas höher als bei We = 59.

Eine mögliche Erklärung für das vermehrte Auftreten von unregelmäßig zerfallenden Strahlen bei $k < 0{,}5$ ist, dass in diesem Frequenzbereich die erste Oberschwingung eine Wellenzahl < 1 aufweist und somit gemäß der linearen Dispersionsrelation anwachsen kann. Gegenüber der Grundschwingung kann die erste Oberschwingung dann einen nicht vernachlässigbaren Anteil an der Störungsamplitude einnehmen. Das Auftreten von Satellitentropfen ist somit wahrscheinlicher als bei $k > 0{,}5$. Auch gemäß der nichtlinearen Theorie treten Satellitentropfen im Bereich kleiner Wellenzahlen durch das Anwachsen von Oberschwingungen auf. Wenn die Satelliten nach deren Entstehung nicht wieder mit den Haupttropfen verschmelzen, bleibt die Tropfenkette polydispers.

In allen vier Auswertungen der Abbildung 5.13 gibt es eine zweite Grenzwellenzahl, oberhalb derer monodisperse und äquidistante Tropfenketten auftreten können. Bei dem Experiment mit erhöhter Ohnesorgezahl ist diese mit 0,88 am kleinsten. Für We = 299 liegt die Grenzwellenzahl bei 1,01 und ist damit am größten. Für die Weberzahlen 59 und 299 sind bei kurzen Zerfallszeiten < 14 Bereiche feststellbar, in denen auch für $k > 1{,}0$ nur einwandfreie Tropfenketten auftreten, siehe Abbildung 5.13b. In den Experimenten bei We = 697 konnten keine derartig kurzen Zerfallszeiten erzielt werden und bei We = 488 wurde der Bereich bei $k > 1{,}02$ nicht untersucht. Ansonsten zeigen alle Experimente in den Bereichen oberhalb der zweiten Grenzwellenzahl keine Trends für das Auftreten von einwandfreien Tropfenketten. Dass diese trotzdem möglich sind, steht in klarem Widerspruch zur linearen Theorie und ist nur durch nichtlineare Theorien, beispielsweise von Yuen [197] und Nayfeh [122] zu erklären. Experimentell wurde das Auftreten von gleichmäßigen Tropfenketten bei $k > 1$ bis dato nur von Bousfield et al. [18] festgestellt. (In den experimentellen Studien [130] und [175] gaben die Autoren die Grenze des kontrollierten Zerfalls mit $\lambda/D = 3$ an, was $k = 1{,}05$ entspricht und damit nur unwesentlich größer als 1 ist.) Bousfield et al. dokumentierten monodispersen Zerfall bis zu maximalen Wellenzahlen von 1,15. Die Experimente dieser Dissertation zeigten gleichmäßige Tropfenketten bei der maximal untersuchten Wellenzahl von 1,19 und bestätigen damit die Versuchsergebnisse von Bousfield et al. [18].

Zusätzlich zu den Betriebspunkten mit unregelmäßigen Tropfenketten bei großen und bei kleinen Wellenzahlen weisen die Diagramme für We = 299; 697 und 488 inmitten der einwandfreien Bereiche, bei $k \approx 0{,}75$; 0,82 und 0,66 einige wenige gelbe Punkte auf. Bei diesen Versuchsbedingungen bildeten sich Satellitentropfen ohne Relativgeschwindigkeit gegenüber den Haupttropfen, wodurch kein Verschmelzen stattfand. Die Tropfenketten blieben somit polydispers.

Insgesamt kann festgehalten werden, dass monodisperse, äquidistante Tropfenketten im gesamten untersuchten Wellenzahlbereich $0{,}24 < k < 1{,}19$ möglich waren. Dieser Bereich ist etwas größer als die Angaben der Autoren Brenn et al. [22] ($0{,}3 < k < 1{,}0$), Brenn [24] ($0{,}3 < k < 0{,}9$) und Schneider & Hendricks [157] ($0{,}45 < k < 0{,}90$) und in etwa genauso groß wie bei Bousfield et al. [18] ($0{,}26 < k < 1{,}15$). Innerhalb des angegebenen Wellenzahlbereiches wurden insbesondere bei kleinen und großen Wellenzahlen auch Tropfenketten mit polydisperser Durchmesserverteilung und/oder ungleichmäßigen Abständen festgestellt. Brenn et al. [26] erwähnten bereits, dass der Betriebsbereich des kontrollierten Strahlzerfalls bei kleinen Wellenzahlen nicht kontinuierlich ist und nur bei diskreten Frequenzen monodisperser Zerfall vorliegt. Dies wurde in den vorliegend dokumentierten Versuchen ebenfalls festgestellt. Eine theoretische Erklärung für dieses Verhalten ist nach Brenn et al. [26] nicht verfügbar.

Außerdem konnte eine Abhängigkeit der unterschiedlichen Betriebsbereiche von der Weber- und der Ohnesorgezahl festgestellt werden. Dies rechtfertigt die Berücksichtigung dieser Kennzahlen als Einflussfaktoren, obwohl selbige gemäß der temporären, linearen Theorie den Zerfall nicht beeinflussen bzw. durch die Berechnung der Wachstumsrate bereits erfasst sind.

Satellitentropfenbildung und -verschmelzung

Ein weiterer wichtiger Gesichtspunkt bei einer Auseinandersetzung mit dem kontrollierten Strahlzerfall sind die Eigenschaften der Satellitentropfen. Hierbei interessiert insbesondere unter welchen Bedingungen sich Satellitentropfen bilden und ob, wie schnell und in welcher Richtung diese sich mit den Haupttropfen vereinigen.

Zur Ermittlung dieser genannten Parameter aus den Kameraaufnahmen kam erneut ein eigens in Python 2.7 erstelltes Programm zum Einsatz, das die Bildung von Satellitentropfen und auch deren Wiedervereinigung erkennt. Gemäß des implementierten Ablaufs wurden dabei zunächst Satellitentropfen in unmittelbarer, stromabwärts gerichteter Umgebung der Stelle des Strahlaufbruchs gesucht. Ein Tropfen galt dabei dann als Satellit, wenn dessen Durchmesser kleiner als der Strahldurchmesser ist. Bei Detektierung eines Satellitentropfens erfolgte dessen Verfolgung bis zum Verschmelzen. Die Entfernung s_v zwischen der Entstehung des Satelliten und der Wiedervereinigung wurde als Vielfaches der jeweiligen Wellenlänge erfasst. Zusätzlich unterschied das Programm zwischen rückwärts und vorwärts gerichtetem Vereinigen. Der Eintrag $s_v = 0$ repräsentierte den Fall ohne die Erfassung eines Satelliten. Letztendlich erfolgte das Abspeichern der ermittelten Werte allerdings nur, wenn spätestens im übernächsten Bildabschnitt eine einwandfreie Tropfenkette vorlag, um fehlerhafte Werte bei ungleichmäßigem Zerfall zu vermeiden. Die Evolution der Satellitentropfen konnte nur innerhalb einer Kameraeinstellung ausgewertet werden. Für ein Zusammensetzen der einzelnen Aufnahmen verschiedener Abstände war die Reproduzierbarkeit der Experimente nicht ausreichend. Die beschriebene Prozedur wurde bei jeder Frequenz für alle 50 aufgenommenen Einzelaufnahmen durchgeführt. Anschließend erfolgte eine Mittelung über alle 50 gemessenen Verschmelzungsstrecken, wobei s_v-Werte für Rückwärtsvereinigen jeweils mit -1 multipliziert wurden. Anhand der 50 einzelnen s_v-Werte und der mittleren Vereinigungsstrecke $\bar{s}_v$ konnte dann folgende Unterteilung in vier Fälle vorgenommen werden:

- *wenn* $\sum |s_v| = 0$; *dann:* keine Satellitentropfen vorhanden
- *wenn* $\bar{s}_v < -0{,}25\lambda$; *dann:* Rückwärtsverschmelzen
- *wenn* $\bar{s}_v > 0{,}25\lambda$; *dann:* Vorwärtsverschmelzen
- *wenn* $-0{,}25\lambda \leqslant \bar{s}_v \leqslant 0{,}25\lambda$ *und* $\sum |s_v| \neq 0$; *dann:* Vor- und Rückwärtsverschmelzen

Die gewählten Grenzen bei $\pm 0{,}25\lambda$ für Vor- und Rückwärtsverschmelzen und die Einführung des letzten Falls der Liste war erforderlich, da bei manchen

Betriebspunkten sowohl Vorwärts- als auch Rückwärtsverschmelzen sowie keine Satellitentropfen beobachtet wurden. Um diese Punkte mit keiner klaren Verschmelzungsrichtung nicht fälschlicherweise in eine bestimmte Richtung einzuordnen, wurden die obigen Bedingungen festgelegt und der vierte Fall eingeführt.

Die ermittelten Zustände im Zusammenhang mit der Satellitentropfenentstehung und -vereinigung zeigt die Abbildung 5.14 in einer zu Abbildung 5.13 analogen Darstellung. Die Anzahl der eingetragenen Punkte ist hier geringer, denn es sind nur Punkte mit einwandfreien Tropfenketten eingetragen, bei denen ein definiertes Satellitentropfenverhalten gemäß der vier oben genannten Fälle detektiert wurde. Die zusätzlichen (gelben) Punkte geben polydisperse Betriebszustände wieder, bei denen kein Wiederverschmelzen der Satelliten stattfand.

Alle Diagramme der Abbildung 5.14 zeigen, dass direkter Zerfall in monodisperse Tropfenketten ohne zwischenzeitliche Satellitentropfenbildung insbesondere bei großen Anregungsamplituden bzw. kurzen Zerfallszeiten stattfindet. Vereinzelte Betriebszustände ohne Satelliten existieren jedoch auch bei schwachen Anregungen. An diese Bereiche mit grünen Punkten schließen sich in Richtung kleinerer Anregungsintensitäten überwiegend blaue Punkte an, die Vorwärtsverschmelzen repräsentieren. Bei noch niedrigeren Anregungsamplituden kehrt sich die Verschmelzungsrichtung um, was durch die roten Punkte dargestellt wird. Es existieren insgesamt mehr Punkte mit Rückwärts- als mit Vorwärtsverschmelzen. Für steigende Wellenzahlen steigen die Anregungsintensitäten aller beschriebenen Zonen und die Grenzen zwischen diesen an. Es liegt somit auch eine Abhängigkeit des Satellitentropfenverhaltens von der Wellenzahl vor. Die Übergänge zwischen den Zonen sind nicht sehr scharf und es sind vereinzelte Punkte aller unterschiedener Zustände in den gesamten betrachteten ε-k-Ebenen möglich. Insgesamt können jedoch durchaus deutliche Tendenzen abgelesen werden.

Aus Anwendungssicht veranschaulichen die Ergebnisse aller Versuche, dass kleine Anregungsintensitäten einen Zerfall mit rückwärtsverschmelzenden Satellitentropfen zur Folge haben. Wird ausgehend von diesem Betriebsbereich durch eine Erhöhung der Spannungsamplitude die Anfangsstörung erhöht, stellt sich bei einem bestimmten Wert zunächst eine Tropfenkette mit niemals verschmelzenden Satellitentropfen ein. Anschließend folgt ein Bereich mit Vorwärtsverschmelzen. Bei einer sehr hohen Anregungsintensität zerfällt der Strahl schlussendlich ausschließlich in Haupttropfen. Dieses Verhalten wurde bei allen getesteten Weber-, Ohnesorge- und Wellenzahlen beobachtet, wobei die Werte der Anfangsstörungen an den Übergängen zwischen den einzelnen Verschmelzungszuständen Funktionen der genannten Kennzahlen sind.

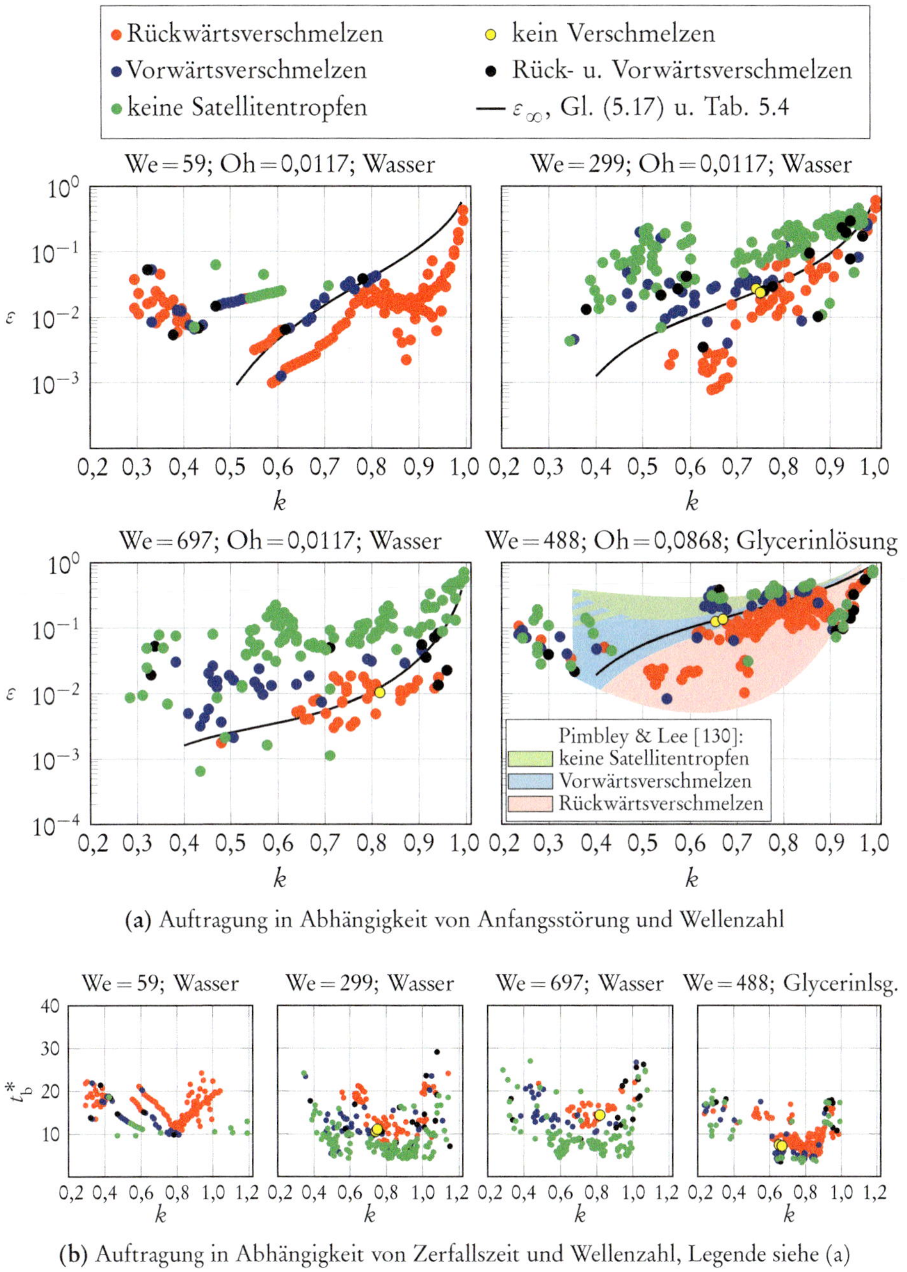

(a) Auftragung in Abhängigkeit von Anfangsstörung und Wellenzahl

(b) Auftragung in Abhängigkeit von Zerfallszeit und Wellenzahl, Legende siehe (a)

Abbildung 5.14: Experimentelles Entstehungs- und Wiederverschmelzungsverhalten von Satellitentropfen.

Die zusätzlichen schwarzen Punkte ohne bevorzugte Vereinigungsrichtung sind ohne erkennbare Korrelation innerhalb des jeweiligen Messbereiches der vier Diagramme verstreut. Lediglich bei We = 299 treten sie häufiger im Übergangsbereich zwischen dem Bereich ohne Satellitentropfen und Vorwärtsverschmelzen auf. Die eingetragenen gelben Punkte, die Zustände ohne Vereinigen repräsentieren, sind bei We = 299 und 488 im Übergangsbereich zwischen Vor- und Rückwärtsverschmelzen angesiedelt. Dies ergibt insofern Sinn, als dass das Nichtverschmelzen als indifferenter Zustand zwischen beiden Verschmelzungsrichtungen angesehen werden kann. Die Autoren der zitierten Literaturstellen in Tabelle 5.1 beobachteten dies ebenfalls. Für We = 697 liegt der gelbe Punkt allerdings eher im Bereich des Rückwärtsverschmelzens.

Die schwarzen Linien in Abbildung 5.14a repräsentieren empirische Anregungsintensitäten $\varepsilon_{\infty}(k)$ für Nichtverschmelzen. Deren Ermittlung anhand der experimentellen Vereinigungsstrecken wird am Ende dieses Abschnittes beschrieben. In den Diagrammen für We = 59; 299 und 488 verlaufen die Kurven im Grenzbereich zwischen Vor- und Rückwärtsvereinigen. Dies deutet ebenfalls darauf hin, dass im Übergangsbereich der beiden Vereinigungsrichtungen große Verschmelzungsstrecken vorliegen oder kein Verschmelzen stattfindet. Auch hier nehmen die Ergebnisse bei We = 697 eine Sonderrolle ein, denn die entsprechende Kurve $\varepsilon_{\infty}(k)$ verläuft durch den Bereich mit überwiegend Rückwärtsverschmelzen.

Im Vergleich mit den Ergebnissen der Literatur aus Tabelle 5.1 zeigen die Diagramme eine gute qualitative Übereinstimmung, insbesondere mit den Daten von Vassallo & Ashgriz [175] und Pimbley & Lee [130]. Für einen quantitativen Vergleich sind in das ε-k-Diagramm für die Glycerinlösung in Abbildung 5.14a die experimentellen Zonen des Satellitenverhaltens von Pimbley & Lee [130] eingetragen. Pimbley & Lee ermittelten diese Zonen bei einer in etwa doppelt so großen Ohnesorgezahl wie bei dem Experiment dieser Arbeit. Die Übereinstimmung für $k > 0{,}5$ ist dennoch beachtlich. Die einzelnen Bereiche von Pimbley & Lee [130] liegen lediglich bei etwas niedrigeren ε-Werten, was durch die unterschiedlichen Ohnesorgezahlen erklärt werden kann. Bei $k < 0{,}5$ nehmen die Messpunkte der vorliegenden Arbeit alle möglichen Zustände ohne erkennbaren Zusammenhang ein. Nach Pimbley & Lee tritt in diesem Bereich nur Vorwärtsverschmelzen oder letzteres gemeinsam mit satellitenfreiem Zerfall auf. Allerdings liegen für $k < 0{,}35$ keine Messpunkte von Pimbley & Lee [130] vor.

Das generelle Aussehen der drei Diagramme für Wasser ist dem der Glycerinlösung ähnlich. Der Unterschied ist nur, dass die einzelnen Zonen alle in Richtung schwächerer Anregungsamplituden verschoben sind. Offenbar führt der Einfluss der Ohnesorgezahl zu dieser Verschiebung der Zonen des Satellitenverhaltens.

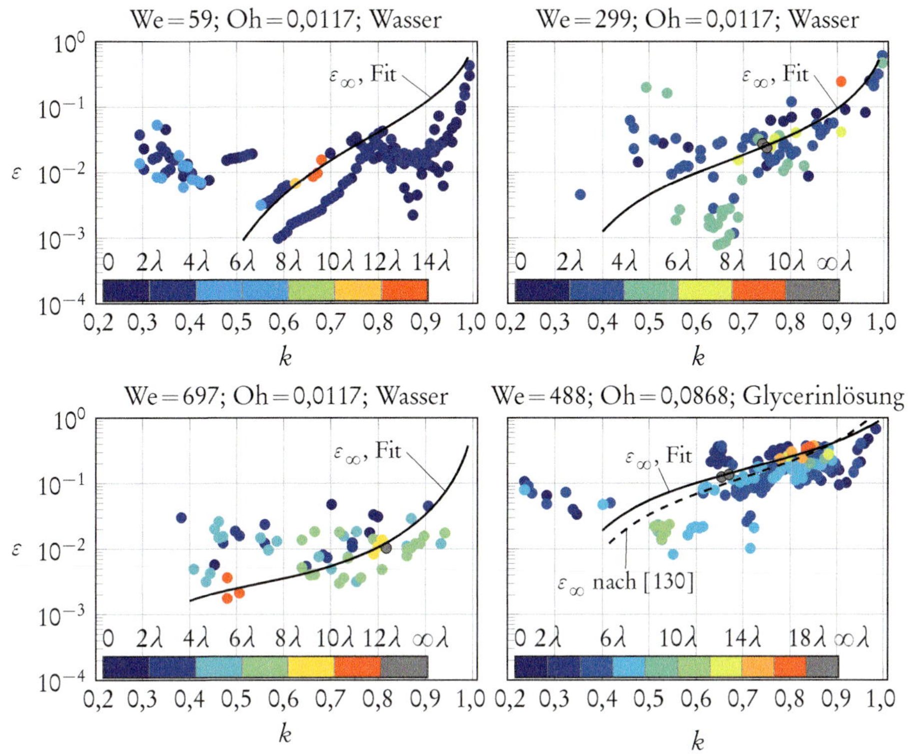

Abbildung 5.15: Experimentelle Verschmelzungsstrecken und empirische Kurven für kein Verschmelzen.

Außerdem zeigen die drei Diagramme für Wasser keine signifikante Verschiebung der Zonen in Abhängigkeit von der Weberzahl. Die Punkte liegen zwar an unterschiedlichen Stellen, da sich unterschiedliche ε-Werte ergaben, trotzdem ist das Verhalten der Satellitentropfen an den jeweiligen Stellen in der ε-k-Ebene in etwa identisch.

Die aus den experimentellen Ergebnissen ermittelten Strecken zwischen der Entstehung der Satellitentropfen bis zum Verschmelzen mit den Haupttropfen sind in Abbildung 5.15 dargestellt. Es sind die gleichen Betriebspunkte wie in der Abbildung 5.14a eingetragen. In den Diagrammen geben die Farben der Punkte die jeweiligen Verschmelzungsstrecken als Vielfaches der Wellenlänge wieder. Die Punkte ohne Wiedervereinigen sind in grauer Farbe dargestellt und mit $\infty\lambda$ bezeichnet. Zur besseren Hervorhebung der Unterschiede innerhalb der einzelnen Diagramme besitzt jedes Diagramm eine gesonderte Farbskala.

Bei der kleinsten getesteten Weberzahl von 59 ist zu erkennen, dass die meisten Punkte sehr schnelles Wiedervereinigen innerhalb von weniger als vier Wellenlängen aufweisen. Es sind nur wenige Betriebspunkte vorhanden, bei denen die Satelliten deutlich länger existieren. So liegen im Wellenzahlbereich 0,6–0,7 und bei einer Anregungsintensität von in etwa 10^{-2} wenige Punkte mit $s_v > 10\lambda$ vor. Bei kleinen k-Werten sind ebenfalls einige mittelgroße Verschmelzungsstrecken zu sehen. Für die anderen beiden getesteten Weberzahlen mit Wasser existieren in der ε-k-Ebene ebenfalls Zonen mit besonders großen Verschmelzungsstrecken. Insgesamt liegen mit größer werdender Weberzahl mehr Punkte vor, die längere Verschmelzungsstrecken ($s_v > 4\lambda$) aufweisen. Bei der Glycerinlösung existiert eine Zone mit sehr großen Vereinigungsstrecken von bis zu 18λ, deren Lage wie auch bei Wasser lokal sehr begrenzt ist. Das Gesamtniveau der s_v-Werte ist bei der Glycerinlösung allerdings auch verhältnismäßig hoch. Für die Wasserexperimente liegen die grau dargestellten Betriebszustände mit nicht verschmelzenden Satelliten nahe an den Bereichen mit hohen oder mittleren Verschmelzungsstrecken und fügen sich damit gut in die Messwerte ein. Bei der Glycerinlösung ist dies nicht der Fall. Dass die Lage der grauen Punkte hier dennoch Sinn ergibt, zeigen die nun folgenden Ausführungen.

Pimbley & Lee [130] ermittelten anhand ihrer Ergebnisse eine empirische Korrelation zur Beschreibung der Bedingung für nichtverschmelzende Satelliten. Sie formulierten dazu eine für deren Experimente spezifische und dimensionsbehaftete Gleichung für die Zerfallszeit bei Nichtverschmelzen in µs: $t_{b\infty} = 76e^{0,28\lambda/D}$. In dimensionsloser Form lautet diese Gleichung:

$$t^*_{b\infty} = c_1 \exp\left(c_2 \frac{\pi}{k}\right) \tag{5.16}$$

Dabei gilt $c_1 = 2{,}2$ und $c_2 = 0{,}28$. Einsetzen in Gleichung (5.15) liefert einen Ausdruck für die Anregungsintensität bei Nichtvereinigen:

$$\varepsilon_\infty = \exp\left(-\omega^* c_1 \exp\left(c_2 \frac{\pi}{k}\right)\right) \tag{5.17}$$

Die Kurve gemäß der originalen Gleichung von Pimbley & Lee [130] ist in Abbildung 5.15 als Strichlinie in das Diagramm für Oh = 0,0868 eingetragen, denn hier ist die Abweichung zur Ohnesorgezahl von Pimbley & Lee (Oh = 0,16) vergleichsweise gering. Es ist zu erkennen, dass die Kurve nahe an den Punkten mit sehr hohen Verschmelzungsstrecken und den grauen Punkten für Nichtverschmelzen liegt. Die geringen Abweichungen sind mit den unterschiedlichen Ohnesorgezahlen zu erklären. Eine noch bessere Beschreibung der Betriebspunkte mit

Tabelle 5.4: Ergebnisse der Ausgleichsrechnungen und Schwellwerte der Verschmelzungsstrecken.

We	Oh	c_1	c_2	$s_{v,\lim\infty}$
59	0,0117	2,180	1,208	10λ
299	0,0117	3,976	0,754	6λ
697	0,0117	7,837	0,467	8λ
488	0,0868	1,886	0,882	12λ

großen Verschmelzungsstrecken konnte durch ein Fitten der Gleichung (5.17) unter Veränderung der beiden Parameter c_1 und c_2 an die Punkte mit $s_v > 12\lambda$ und an die Punkte ohne Verschmelzen erzielt werden. Das Ergebnis dieser Ausgleichsrechnung ist im ε-k-Diagramm der Glycerinlösung als Volllinie dargestellt. Die gleiche Prozedur wurde auch für die Daten der drei anderen Diagramme durchgeführt. Die entsprechenden Ergebnisse sind in Abbildung 5.15 gleichfalls als Volllinien eingetragen. Es wird ersichtlich, dass die Fits die Betriebspunkte mit großen Verschmelzungsstrecken gut beschreiben. In Tabelle 5.4 sind die durch die Ausgleichsrechnungen erhaltenen Werte für die Parameter c_1 und c_2 sowie die vorgegebenen Schwellwerte $s_{v,\lim\infty}$ angegeben. Die jeweiligen Messpunkte, welche das Kriterium $s_v > s_{v,\lim\infty}$ erfüllten, wurden zur Durchführung der Ausgleichsrechnungen verwendet.

Die erhaltenen Kurven sind auch in Abbildung 5.14 eingetragen. In den Diagrammen für We = 59; 299 und 488 ist sehr gut zu erkennen, dass die Kurven die Bereiche Vor- und Rückwärtsverschmelzen voneinander abtrennen. Für We = 697 liegen die größten Verschmelzungsstrecken offenbar nicht an der Grenze zwischen Vor- und Rückwärtsverschmelzen vor.

Dieser Abschnitt dokumentiert experimentelle Arbeiten zum kontrollierten Strahlzerfall bei kontinuierlicher Betriebsweise. Die Ergebnisse basieren im Vergleich zu anderen in der Literatur verfügbaren Studien auf einer sehr großen Menge an Experimenten, was durch ein speziell entwickeltes, automatisiertes Versuchs- und Auswerteverfahren ermöglicht wurde. Die ermittelten Ergebnisse lieferten zum einen wichtige Erkenntnisse für die Entwicklung des modulierenden Tropfenprallzerstäubers und zum anderen auch Beiträge zum Verständnis über den kontrollierten Strahlzerfall im Allgemeinen. Die Betriebsbereiche mit monodispersem und äquidistantem Zerfall sowie das Satellitentropfenverhalten wurden eingehend charakterisiert und in Bezug auf lineare und nichtlineare Theorien und bestehende Experimente anderer Autoren eingeordnet. Hinsichtlich der

Untersuchungen zu Satellitentropfen konnten experimentelle und numerische Ergebnisse der Literatur im Wesentlichen bestätigt werden. Aus wissenschaftlicher Sicht ist das bedeutungsvollste Ergebnis, dass oberhalb der Grenzwellenzahl von $k = 1$ monodisperse Tropfen generiert wurden. Dies konnte bis dato nur in einer Studie von Bousfield et al. [18] beobachtet werden. Ein weiterer, ausführlich behandelter Gesichtspunkt ist die Reproduzierbarkeit des gesteuerten Strahlzerfalls. Trotz der hervorragenden kurzzeitigen Wiederholbarkeit ergaben sich teilweise signifikante Änderungen der Zerfallsmodi bei längerfristiger Beobachtung. Diese Thematik wurde in der Literatur lediglich von wenigen Autoren in Form von kurzen Bemerkungen erwähnt [2, 130]. Für den modulierenden Tropfenprallzerstäuber ist dieser Punkt allerdings sehr wichtig, da hier dauerhaft einwandfreie Tropfenketten erzeugt werden müssen. Es wurden jedoch Anregungsintensitäts- und Wellenzahlbereiche bestimmt, in denen auch bei einer kleineren Änderung von k oder ε einwandfreie Tropfenketten vorhanden sind (siehe Abbildung 5.13). Bei Betrachtung aller getesteten Weber- und Ohnesorgezahlen reduziert sich der Wellenzahlbereich für monodispersen und äquidistanten Zerfall auf $0{,}7 < k < 0{,}9$ bei nahezu beliebigen Anregungsintensitäten.

5.4 Experimente im gepulsten Betrieb

5.4.1 Zeitabhängige Vermessung des Strahlzerfalls

Ein wesentlicher Bestandteil des Funktionsprinzips des modulierenden Tropfenprallzerstäubers, wie er im Rahmen der vorliegenden Arbeit entwickelt wurde, ist der pulsartig erzeugte Strahlzerfall. Dabei wird das Steuersignal des Piezoaktors nur kurzzeitig aktiviert, was die Produktion der Primärtropfen ebenfalls nur kurzzeitig herbeiführt. Durch Literaturstellen dokumentierte Versuche wurden alle bei kontinuierlicher Anregung durchgeführt. Für pulsartige Anregungen sind in der Literatur keine experimentellen Daten und auch keine theoretischen Behandlungen verfügbar. Im Rahmen der vorliegenden Dissertation erfolgten somit diesbezügliche Experimente, die in diesem Abschnitt beschrieben werden. Ziel der Arbeiten war es, erste Erkenntnisse über die Vorgänge beim kurzzeitig angeregten Strahlzerfall zu gewinnen. Dabei interessierte insbesondere, inwiefern die Impulsdauer des Steuersignals mit der Zeit der Tropfenerzeugung übereinstimmt. Die Beobachtungen der fotografischen Vermessungen des gepulsten Strahlzerfalls machten zusätzliche Messungen der mechanischen Schwingungsamplitude des Düsenplättchens mit einem Laser-Doppler-Vibrometer notwendig.

Für die zeitabhängige Vermessung des Strahlzerfalls kam bis auf die Flüssigkeitsversorgung der gleiche Aufbau zum Einsatz wie bei den Untersuchungen im kontinuierlichen Betrieb. Eine Beschreibung des Versuchsaufbaus kann dem Abschnitt 5.3.1 und der zugehörigen Abbildung 5.8 entnommen werden. Zur Flüssigkeitsversorgung des Tropfengenerators diente hier ein Druckbehälter mit einem Präzisionsdruckregler, wie auch bei den Experimenten zum Tropfenprall (siehe Abschnitt 6.3.1 und Abbildung 6.5). Mit dem bereits aufgeführten Analogausgangsmodul NI 9263 erfolgte die Erzeugung der pulsartigen Steuersignale für den Tropfengenerator. Deren Spannungsamplitude wurde mit dem Verstärker auf ca. 80 V eingestellt. Die Signale bestanden stets aus einer endlichen Anzahl von Rechteckimpulsen mit konstanter Frequenz. Die Signaldauern τ_{Sig} zwischen dem Ein- und Ausschalten der Piezoansteuerung betrugen 0,125 bis 4 ms mit 1; 8; 16 oder 32 Pulsen bei einer Frequenz von $f_{\mathrm{G}} = 8$ kHz. Ein derartiges Steuersignal veranschaulicht die Abbildung 5.21 anhand einer Oszilloskopauswertung für eine Signaldauer von $\tau_{\mathrm{Sig}} = 1{,}0$ ms mit 8 Pulsen.

Die maximale Bildwiederholrate der Kamera erlaubte keine direkte zeitlich aufgelöste Aufnahme des gepulsten Strahlzerfalls, da der minimale zeitliche Abstand zwischen zwei Bildern mit 6,1 ms ($\widehat{=}$164 Bildern pro Sekunde) bereits die maximal getestete Signaldauer überstieg. Je Signalimpuls war somit lediglich eine Kameraaufnahme möglich. Allerdings konnte der Zeitpunkt t der Aufnahme relativ zum Steuersignal in 1 µs-Schritten vorgegeben werden. Dies ermöglichte die Erfassung der zeitlichen Evolution des Strahlzerfalls über das Zusammensetzen einer Vielzahl von Einzelaufnahmen verschiedener Signalimpulse. Zur Umsetzung dieser Vorgehensweise wurde für jeden zu betrachtenden Zeitpunkt t je ein separates Signal erzeugt und ein Einzelbild zu diesem Zeitpunkt t aufgenommen. Dazu erfolgte das Triggern der Kamera über den gleichen Signalpuls, der auch den Piezoaktor ansteuerte. Mit einem definierten Zeitversatz zwischen diesem Triggersignal und dem Zeitpunkt der Belichtung durch die LED konnte somit ein Bild am zu betrachtenden Zeitpunkt t aufgenommen werden. Die Latenz der Kamera zwischen dem Empfangen des Triggersignals und der Belichtung beträgt laut Herstellerangabe 2,8 µs$\pm$0,5 µs [68]. Dieser Zeitversatz und insbesondere dessen Toleranz sind im Verhältnis zur Periodendauer des Rechtecksignals von 125 µ sehr klein und konnten vernachlässigt werden.

Die mit dieser Methode zu verschiedenen Zeitpunkten erzeugten Bilder geben nicht die Evolution des Strahlzerfalls ein und desselben Pulses wieder, sondern von so vielen Pulsen wie auch Bilder erstellt bzw. Zeitpunkte betrachtet wurden. Durch die hervorragende kurzfristige Wiederholbarkeit des kontrollierten Strahlzerfalls reihen sich die Einzelbilder dennoch sehr gut aneinander. Es wird eine brauchbare zeitlich aufgelöste Aufnahme des gepulsten Strahlzerfalls ermöglicht.

In Abbildung 5.16 ist ein Versuchsergebnis dargestellt. Die Abbildung zeigt nebeneinander Strahlen und Tropfenketten zu unterschiedlichen Zeitpunkten.

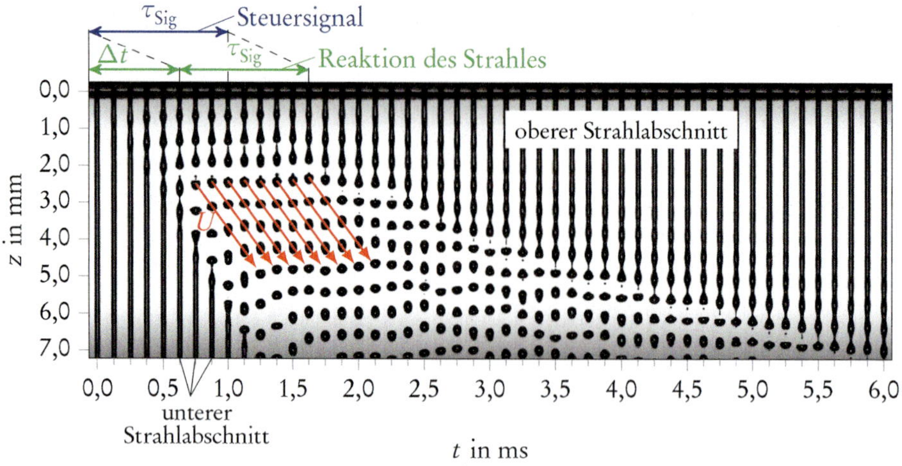

Abbildung 5.16: Aufnahmen eines pulsartig angeregten Flüssigkeitsstrahles; Wasser; $\tau_{\mathrm{Sig}} = 1$ ms (8 Pulse); $f_{\mathrm{G}} = 8$ kHz; $k = 0{,}78$; $U = 4{,}8$ m/s; $D = 150$ µm; Spannungsamplitude 80 V.

Während des Experimentes erfolgten Aufnahmen alle 25 µs. Für eine bessere Übersichtlichkeit ist in Abbildung 5.16 nur jedes fünfte Bild (alle 125 µs) dargestellt. Auf der x-Achse des Diagramms sind die Zeiten aufgetragen, wobei $t = 0$ den Start des Signalpulses repräsentiert. Die Impulsdauer beträgt 1 ms und entspricht bei der Frequenz von 8 kHz somit 8 Einzelpulsen. Sie wird in Abbildung 5.16 durch den blauen Doppelpfeil veranschaulicht. Auf der Ordinatenachse ist die Entfernung z vom Düsenaustritt aufgetragen. Der schwarze Bereich an den oberen Bildrändern ist der Düsenhalter bzw. die Spitze des Tropfengenerators. Es kam hier ein spezieller Düsenhalter zum Einsatz, der einen optischen Zugang bereits ab dem Strahlaustritt bei $z = 0$ ermöglichte.

In der Darstellung der Abbildung 5.16 ist zu erkennen, dass sich der Strahl nach einem grün markierten Zeitverzug von $\Delta t = 600$ µs zunächst in zwei Abschnitte aufteilte: einen oberen, aus der Düse ausströmenden Abschnitt und einen weiteren unteren Abschnitt ohne Verbindung zur Düse. Diese beiden Abschnitte sind in der Abbildung 5.16 beschriftet. Nach weiteren 125 µs sind die ersten beiden Tropfen bereits entstanden, wobei der Obere zwei Satelliten aufweist. Dieser obere Tropfen schnürte sich vom oberen Strahlabschnitt ab. Der untere Tropfen bildete sich aus dem unteren Strahlabschnitt. Nach dem Strahlaufbruch schnürten sich aus dem oberen Strahlabschnitt in einem Zeitraum von 1 ms insgesamt acht Tropfen im nahezu gleichen Abstand von der Düse ($z \approx 2{,}5$ mm) ab. Diese Tropfenanzahl entspricht der Pulsanzahl des Steuersignales. Es kann also geschlussfolgert werden, dass beim Strahlzerfall durch gepulste Signale zunächst eine Zeitdauer von Δt vergeht, in der die Oberflächenwellen auf dem Strahl bis zu dessen Teilung in zwei Abschnitte anwachsen. Anschließend zerfällt der Strahl gemäß der Anzahl der Einzelpulse bzw. der Signaldauer τ_{Sig} in Tropfen.

Für die ersten acht aus dem oberen Strahlabschnitt gebildeten Tropfen sind in Abbildung 5.16 rote Geschwindigkeitspfeile eingetragen. Der Betrag der Geschwindigkeit wurde über den gemessenen Massenstrom berechnet. Bei der in Abbildung 5.16 vorliegenden Auftragung von z über t wird die Geschwindigkeit durch den Anstieg der Pfeile wiedergegeben. Es fällt auf, dass der Anstieg der Strahllänge nach dem Zeitpunkt $\Delta t + \tau_{\mathrm{Sig}}$ deutlich kleiner ist als die Steigung der Pfeile. Bei sofortigem vollständigen Nachlassen der Anregung des Strahls müsste der Anstieg der Strahllänge jedoch mit der Geschwindigkeit U erfolgen, also parallel zu den Geschwindigkeitspfeilen. Dies ist offensichtlich nicht der Fall. Der Strahl schwingt aus zunächst unbekannter Ursache nach und bildet mehr Tropfen, als durch die Pulsdauer vorgegeben. Die Geschwindigkeitspfeile offenbaren auch, dass sich die Spitze des anfänglich gebildeten unteren Strahlabschnitts mit einer Geschwindigkeit nach unten bewegt, die größer als U ist. Es breitet sich somit auf diesem Flüssigkeitszylinder eine Welle aus, die ebenfalls das Abschnüren von zusätzlichen Tropfen hervorruft. Auch für dieses Phänomen gab es zunächst keine offensichtliche Erklärung.

Diese Ausführungen machen deutlich, dass die Beobachtungen beim Start und beim Beenden des kontrollierten Strahlzerfalls sorgfältigen Auseinandersetzungen bedürfen, die im Folgenden vorgenommen werden.

Zerfall des unteren Strahlabschnitts

Für eine detaillierte Auswertung der erhaltenen fotografischen Daten sind in Abbildung 5.17 alle Aufnahmen des unteren Strahlabschnittes dargestellt. Um eine Konzentration auf das Abschnüren der Tropfen und die Bewegung der Spitze des Strahlabschnitts zu ermöglichen, wurden für die Darstellung die folgenden dimensionslosen Koordinaten eingeführt:

$$z^* = \frac{1}{a}\left[z - z_0 - U[t - \Delta t]\right] \tag{5.18}$$

$$t^* = \sqrt{\frac{\sigma}{\rho a^3}}[t - \Delta t] \tag{5.19}$$

Hierin steht z_0 für die Position der Spitze zum Zeitpunkt der Teilung $t = \Delta t$. Der Term $U[t - \Delta t]$ bewirkt ein Mitbewegen des Koordinatenursprungs mit

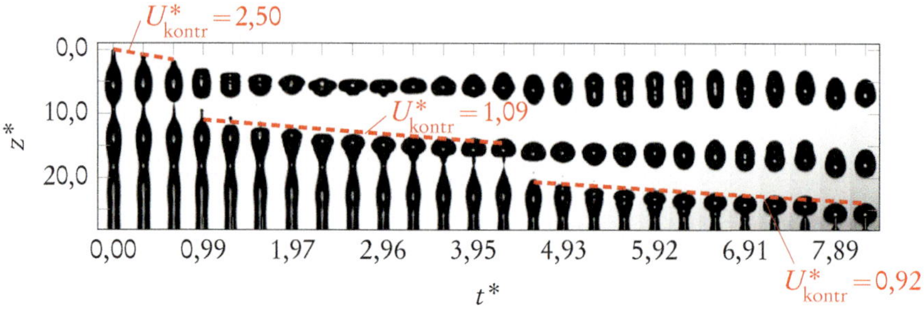

Abbildung 5.17: Evolution der Spitze des unteren Strahlabschnitts; Stoff- und Versuchsparameter: siehe Bildunterschrift von Abb. 5.16.

dem Strahlabschnitt. Dadurch treten die lokalen Bewegungen am Ende des Strahlabschnitts deutlicher hervor. Um dies für die Darstellung der Abbildung 5.17 umzusetzen, mussten die einzelnen Aufnahmen vertikal verschoben werden.

Die Abbildung 5.17 veranschaulicht sehr gut, wie Oberflächenwellen auf dem unteren Strahlabschnitt anwachsen und zum Abschnüren von zwei Tropfen führen. Die Tropfenbildung ist geprägt von der ursprünglichen, kontrollierten Strahlanregung. Diese Aussage basiert darauf, dass die Abbildung 5.17 aus Einzelbildern von 26 separaten Teilexperimenten besteht. Ein zufällig ablaufender Zerfallsprozess würde zu deutlich größeren Variationen zwischen den Einzelbildern führen.

Der erste Tropfen in Abbildung 5.17 entstand bereits nach einer sehr kurzen dimensionslosen Zeit von 0,99 ($\widehat{=}$75 µs). Für die Bildung des zweiten Tropfens war ein deutlich größerer Zeitraum von 3,62 ($\widehat{=}$275 µs) erforderlich. Die Entstehung des nächsten Tropfens wurde in dem Kameraausschnitt nicht mehr vollständig erfasst. Allerdings ist hier nach einer noch längeren Zeit von 3,95 ($\widehat{=}$300 µs) der Zeitpunkt des Abschnürens noch nicht erreicht. Offenbar sinkt die Frequenz der Tropfenbildung mit der Zeit.
Die Ursache für das anfangs sehr rasche Separieren des ersten Tropfens ist, dass der untere Strahlabschnitt kurz nach dessen Entstehung am ersten Wellental schon sehr stark eingeschnürt ist. Dies wird in Abbildung 5.18 deutlich, welche die letzte Aufnahme des Strahles vor dessen Aufbruch in den oberen und den unteren Abschnitt zeigt. Es sind darin die Stellen eingezeichnet und benannt, an denen sich im weiteren Verlauf des Zerfallsvorgangs Tropfen abschnürten. Die Abschnürstelle zwischen dem oberen und dem unteren Strahlabschnitt weist einen sehr kleinen Durchmesser auf, da die Trennung des Strahls unmittelbar bevorstand. Die Einschnürungen, an denen die ersten beiden Tropfen beider Abschnitte gebildet werden, sind in etwa gleich groß. Diese Beobachtung steht

Abbildung 5.18: Letzte Aufnahme des Strahles vor dessen Zerfall in den oberen und unteren Strahlabschnitt (bei $t = 575\,\mu s$).

in Einklang damit, dass die Bildung der ersten beiden Tropfen nahezu gleichzeitig erfolgte. Die Abschnürstelle des zweiten Tropfens des unteren Abschnitts ist in Abbildung 5.18 nur sehr schwach ausgebildet. Auch zum Zeitpunkt der Entstehung des ersten unteren Tropfens (siehe dritter Strahl von links in Abbildung 5.17) ist der Durchmesser dieser Stelle noch nicht sehr stark verkleinert. Das deutlich langsamere Bilden des zweiten Tropfens des unteren Strahlabschnitts kann somit durch diese zunächst nur schwache Einschnürung an der entsprechenden Stelle erklärt werden. Die gleiche Erklärung gilt auch für den dritten und alle anschließend gebildeten Tropfen: Die von Tropfen zu Tropfen langsamer werdende Entstehungszeit hängt mit der Strahlkontur bei der Teilung in zwei Abschnitte zusammen. Diese Kontur ist nach der Teilung der Ausgangszustand für den Zerfall des unteren Strahlabschnitts und definiert somit die Anfangsstörung des exponentiellen Störungswachstums. Da sich die Amplitude der sinusförmigen Kontur entlang des Strahles ändert, ist die Anfangsstörung eine Funktion der Koordinate der Strahlabschnittslängsachse z^*. Folglich werden unterschiedliche Zerfallszeiten hervorgerufen.

Für eine theoretische Beschreibung dieses Vorgangs wäre zunächst ein Ansatz für den Strahlzerfall erforderlich, der Strahlkonturen wie in Abbildung 5.18 zulässt. Der rein zeitliche und der rein räumliche Ansatz ermöglichen dies nicht. Es kann jedoch die raum-zeitliche Theorie für konvektive und absolute Instabilitäten auf Flüssigkeitsstrahlen angewendet werden. Der raum-zeitliche Ansatz müsste die Situation in Abbildung 5.18 mathematisch ermöglichen. Dies wird beispielsweise durch die Figure 1b der Arbeit von Huerre & Monkewitz [81] über Instabilitäten von freien Scherschichten angedeutet. Leib & Goldstein [95, 96] und Si et al. [159] wendeten die raum-zeitliche Theorie bereits auf Flüssigkeitsstrahlen an, allerdings ohne eine Berechnung der dabei entstehenden

Strahlkonturen. Eine Herleitung und Adaption von konvektiven und absoluten Strahlinstabilitäten ist allerdings außerhalb des Rahmens dieser Dissertation.

In der Literatur ist ansonsten keine theoretische und auch keine experimentelle Arbeit verfügbar, in der Strahlkonturen wie in Abbildung 5.18 erzeugt wurden. Einzig Cheong & Howes [35] gaben ähnliche Konturen als Resultate von numerischen Simulationen an. Die Zielstellung ihrer Arbeit war jedoch nicht die Erforschung der anschließenden Tropfenbildung aus den abgeschnürten Ligamenten.

Der Abbildung 5.17 kann eine weitere Beobachtung entnommen werden. Während des Anwachsens der Tropfen, vor deren Abschnüren, bewegt sich die Spitze des Strahlabschnitts stets nach unten, obwohl sich das Koordinatensystem mit dem Strahlabschnitt mitbewegt. Dieser Vorgang wird als Spitzenkontraktion bezeichnet. Die Ursache dafür sind Oberflächenspannungskräfte, die die Strahlspitze in Richtung des Strahles ziehen. Behindert werden diese Kräfte nur von der Trägheit der Spitze selbst. Theoretische Arbeiten zur Beschreibung dieses Vorgangs wurden für flache Flüssigkeitsfilme von Taylor [165] und Culick [42] und für Rundstrahlen von Clanet & Lasheras [36] und Umemura [172] (Herleitung auf Japanisch in [172], Angabe des Ergebnisses auch in [173]) vorgelegt. Das für die vorliegende Problemstellung wesentliche Resultat der jeweiligen Studien ist die Spitzenkontraktionsgeschwindigkeit U_{kontr}. Clanet & Lasheras [36] betrachteten Strahlen an Rundlochdüsen. Sie leiteten einen Ausdruck für U_{kontr} her, der identisch mit der charakteristischen Geschwindigkeit U_{c} ist (siehe Gl. 3.4). Umemura [172] behandelte freie Strahlabschnitte ohne Verbindung zu einem Festkörper oder einer Düse. Dieser Fall liegt bei den hier vorgestellten Versuchsergebnissen vor. Er erhält eine kleinere Geschwindigkeit als Clanet & Lasheras [36]. Die Gleichung nach Umemura [172] lautet:

$$U_{\text{kontr}} = \sqrt{\frac{\sigma}{\rho a}} \tag{5.20}$$

oder in dimensionsloser Notation:

$$U^*_{\text{kontr}} = 1 \tag{5.21}$$

Für die vorgestellten Versuchsdaten wurden die Spitzenkontraktionsgeschwindigkeiten durch Fitten der Spitzenpositionen mit Geraden im s^*-t^*-Diagramm ermittelt. Der jeweilige Anstieg repräsentiert dabei die dimensionslose Geschwindigkeit. Die erhaltenen Ergebnisse sind in Abbildung 5.17 als rote Strichlinien eingetragen. Es ist zu erkennen, dass die experimentellen Werte für den zweiten und den dritten Zeitbereich mit 1,09 und 0,92 mit dem theoretischen Wert 1 befriedigend übereinstimmen. Im ersten Abschnitt ist U^*_{kontr} mit 2,50 jedoch deutlich größer als 1. Dies ist damit zu erklären, dass durch den vorherigen Abschnürvorgang eine relativ dünne, schmale Spitze entstand. Die Kontraktion dieser Spitze wird durch deren Radius bestimmt, der deutlich kleiner als der Strahlradius ist und folglich zu einem größeren U^*_{kontr}-Wert führt. Diese Tatsache und die bei näherer Betrachtung teilweise vorhandenen Abweichungen der Spitzen von den Geraden zeigen, dass das Modell zur Ermittlung der Spitzenkontraktionsgeschwindigkeiten nicht alle auftretenden Effekte infolge abweichender Geometrien oder anderer Nichtlinearitäten berücksichtigt. Es konnte dennoch für die Bildung des zweiten und dritten Tropfens eine beachtlich gute Bestätigung der Theorie von Umemura [172] erzielt werden.

Insgesamt lässt sich feststellen, dass der Zerfall des unteren Strahlabschnittes ein alles andere als trivialer Vorgang ist. Die nach dessen Entstehung einsetzende Tropfenbildung konnte experimentell beschrieben und teilweise auch theoretisch erklärt werden. Bei der Interpretation der Messungen der relativen Spraymenge bei intermittierender Prallzerstäubung in Abschnitt 6.3.4 werden die hier beschriebenen Vorgänge berücksichtigt, denn sie führen zu einem größeren Zeitraum der Primärtropfenbildung als durch die Steuersignaldauer vorgegeben.

Zerfall des oberen Strahlabschnitts

Für den oberen Strahlabschnitt erlaubt eine Auftragung von dessen Länge Z in Abhängigkeit der Zeit einen tieferen Einblick in die physikalischen Vorgänge. Ein derartiges Diagramm ist in Abbildung 5.19 dargestellt. Diesem ist zunächst zu entnehmen, dass die Kurve im gesamten Zeitbereich sägezahnförmig oszilliert. Im Mittel ist die Strahllänge in einem ersten Zeitraum $\Delta t < t < \Delta t + \tau_{\text{Sig}}$ verhältnismäßig gleichbleibend. Anschließend, bei $t > \Delta t + \tau_{\text{Sig}}$, steigt sie nahezu linear an. Die sägezahnförmigen Oszillationen hängen direkt mit der Tropfenbildung zusammen. In unmittelbarer zeitlicher Nähe zu den lokalen Minimalstellen wurde jeweils ein Tropfen abgeschnürt. In den Zeiträumen dazwischen wuchsen die Strahllängen ohne Tropfenbildung stetig an. Die lokalen Minimalstellen, die den Zeitpunkten der Tropfenabschnürungen am nächsten liegen, sind in Abbildung 5.19 durch blaue Quadrate gesondert gekennzeichnet. Insbesondere im ersten Zeitraum bis $\Delta t + \tau_{\text{Sig}}$ sind die Oszillationen der Strahllänge und damit die Zeitpunkte der Tropfenabschnürungen sehr regelmäßig, anschließend treten die lokalen Minimalstellen in deutlich unregelmäßigeren Abständen auf.

In Abbildung 5.19 ist zusätzlich eine theoretische Vergleichsstrahllänge Z_{vgl} als schwarze Linie eingetragen. Diese Linie repräsentiert die zeitliche Entwicklung

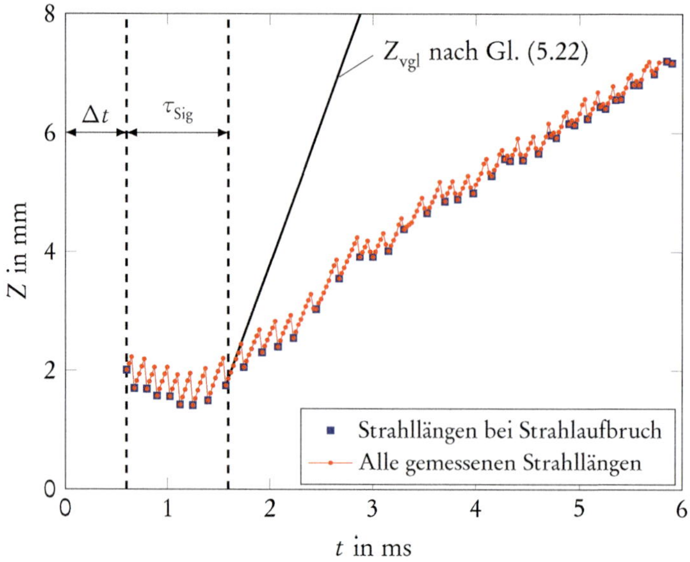

Abbildung 5.19: Strahllänge des oberen Strahlabschnitts in Abhängigkeit von der Zeit; Stoff- und Versuchsparameter: siehe Bildunterschrift von Abb. 5.16.

der Strahllänge, wenn sich diese nach $\Delta t + \tau_{\mathrm{Sig}}$ mit der Geschwindigkeit U vergrößern würde. Die Berechnung erfolgte über:

$$Z_{\mathrm{vgl}} = U[t - \Delta t - \tau_{\mathrm{Sig}}] + Z_0 \tag{5.22}$$

Hierin steht Z_0 für die Strahlaufbruchlänge bei $t \approx \Delta t + \tau_{\mathrm{Sig}}$. Im Vergleich mit den Messungen weist die Linie der Vergleichsstrahllänge eine deutlich höhere Steigung auf. Diese Beobachtung wurde bereits bei der Auswertung der Abbildung 5.16 diskutiert: Durch ein Nachschwingen des Strahles wächst die Strahllänge für $t > \Delta t + \tau_{\mathrm{Sig}}$ im Vergleich mit U deutlich langsamer an.

Die Punkte der Tropfenabschnürungen konnten zur Berechnung der jeweiligen Anfangsstörung C herangezogen werden. Dazu wurde die Gleichung (5.15) mit $\varepsilon = C/a$ und $t_{\mathrm{b}} = Z/U$ verwendet. Es galt jedoch zu beachten, dass sich in Abwesenheit der zu berechnenden Anfangsstörung die theoretische Vergleichsstrahllänge Z_{vgl} einstellen würde. Bei der Berechnung von C musste somit der notwendige Beitrag zur Reduktion der Strahllänge von Z_{vgl} auf Z ermittelt werden. Die entsprechende Gleichung lautet:

$$C = a\left[e^{-\omega Z/U} - e^{-\omega Z_{\mathrm{vgl}}/U}\right] \tag{5.23}$$

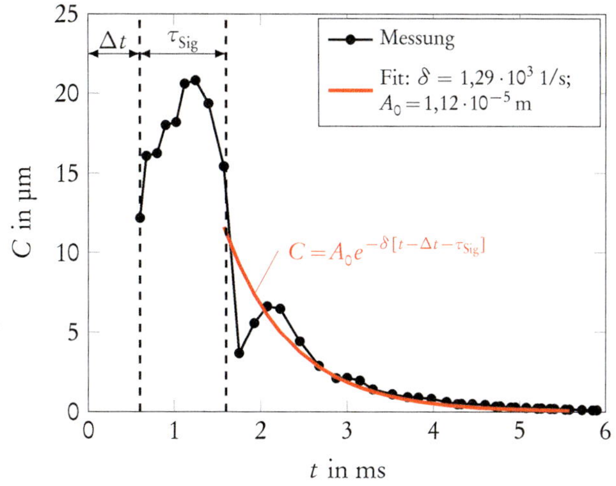

Abbildung 5.20: Anregungsintensität des oberen Strahlabschnitts in Abhängigkeit von der Zeit; Stoff- und Versuchsparameter: siehe Bildunterschrift von Abb. 5.16.

Die mit dieser Formel ermittelten Ergebnisse zeigt die Abbildung 5.20 als schwarze Punkte. Es ist zu erkennen, dass die Anregungsintensität nach dem Zeitpunkt des Aufbruchs $t = \Delta t$ zunächst ansteigt und dann rasch wieder abklingt. Im Mittel lässt sich der Abklingvorgang mit einer exponentiellen Funktion mit einer Abklingkonstante von $\delta = 1{,}29 \cdot 10^3$ 1/s beschreiben, veranschaulicht durch die rote Kurve. Dem nach $t = \Delta t + \tau_{Sig}$ startenden Abklingvorgang ist eine ebenfalls abklingende Schwingung überlagert. Die rote exponentielle Näherungskurve des Abklingvorgangs macht dies deutlich. Es ist gut zu erkennen, wie die Berechnungs- bzw. Messwerte am Anfang des Abklingvorgangs um die Näherungskurve oszillieren. Diese Oszillation wurde erst durch die Umrechnung der Strahllängen in Anfangsstörungen sichtbar, denn in der Darstellung der Abbildung 5.19 ist die überlagerte Schwingung ohne Weiteres nicht zu erkennen. Eine offensichtliche Erklärung für dieses Phänomen konnte zunächst nicht angegeben werden.

Um das Steuersignal als Ursache für das beschriebene Abklingverhalten auszuschließen, erfolgte dessen Überprüfung mit einem Oszilloskop. Die entsprechende Auswertung ist in Abbildung 5.21 gezeigt. Das gemessene Signal weist nur die gewünschten acht Pulse auf. Nach Ablauf der Gesamtpulsdauer von 1 ms ist kein weiterer Einzelimpuls zu erkennen. Das Steuersignal konnte folglich nicht als Ursache für das exponentielle und oszillierende Abklingen der Anregungsintensität benannt werden.

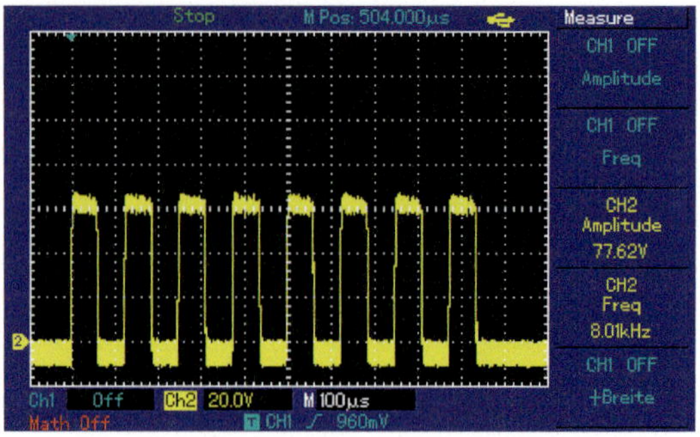

Abbildung 5.21: Oszilloskopauswertung des Steuersignals.

Die in diesem Abschnitt dargelegten Beobachtungen von Kameraaufnahmen des pulsartig angeregten Strahlzerfalls zeigten eine Reihe von Phänomenen, deren Ursachen nicht vollständig geklärt werden konnten. Insbesondere für das Abklingverhalten des Strahles nach dem Ende des Steuersignals ermöglichten die Kameraaufnahmen allein nicht die Ermittlung eines verursachenden Effekts. Prinzipiell kam aber ein mechanisches Nachschwingen des Düsenplättchens bzw. des Tropfengenerators in Frage. Ein Nachschwingen des Strahles als rein strömungsmechanischer Effekt konnte jedoch auch nicht ausgeschlossen werden. Zur Klärung dieses Sachverhaltes erfolgten zusätzliche Experimente, die im nächsten Abschnitt beschrieben werden.

5.4.2 Vibrometermessung des Tropfengenerators

Zur Ermittlung, ob das Düsenplättchen nach dem Abschalten des Steuersignals nachschwingt und für ein verbessertes Verständnis der gepulsten Betriebsweise im Allgemeinen erfolgten Schwingungsmessungen auf der Oberfläche des Tropfengenerators. Die Messungen wurden mit einem Laser-Doppler-Vibrometer (LDV) der Firma Polytec GmbH in deren Räumlichkeiten in Waldbronn durchgeführt. Die Vorteile der Laservibrometrie sind, dass sehr kleine mechanische Amplituden gemessen werden können und die rein optische Messung das Messobjekt nicht beeinflusst. Aufgrund dieser beiden Vorteile kam die Laservibrometrie für die Schwingungsmessungen am Tropfengenerator zum Einsatz.

Die Funktionsweise von Schwingungsmessungen durch Laservibrometrie wird durch die Prinzipskizze in Abbildung 5.22 veranschaulicht. Die Skizze zeigt einen Laserstrahl, der sich am Strahlteiler 1 in einen Mess- und einen Referenzstrahl aufteilt. Der Messstrahl durchquert zunächst den Strahlteiler 2 und wird anschließend am Messobjekt reflektiert. Oberflächenschwingungen des Messobjektes führen dabei aufgrund des Doppler-Effektes zu einer Veränderung der Frequenz

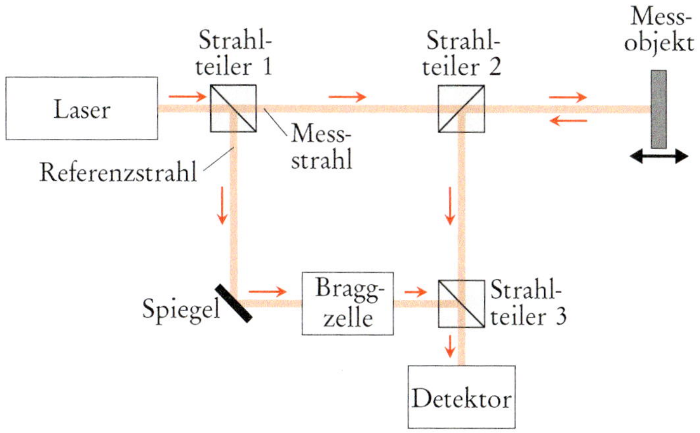

Abbildung 5.22: Prinzip des Laser-Doppler-Vibrometers (nach [29, 132]).

des reflektierten Strahles. Dabei ist die Frequenzänderung proportional zur Geschwindigkeit des Messobjektes. Durch den Strahlteiler 2 wird der reflektierte Messstrahl zum Detektor geleitet. Im Strahlteiler 3 erfolgt die Überlagerung mit dem Referenzstrahl, dessen Frequenz zuvor in der Braggzelle um einen definierten Betrag verändert wurde. Infolge der Überlagerung von Referenz- und reflektiertem Messstrahl entsteht am Detektor ein Interferenzmuster, aus welchem die Dopplerfrequenzverschiebung und damit die Schwingungsgeschwindigkeit des Messobjektes berechnet werden kann. Diese Messmethode, bei der das Interferenzmuster von zwei überlagerten Wellen (hier: Lichtwellen) zur Bestimmung der zu messenden Größe dient, wird als Interferometrie bezeichnet. Mit der Laser-Doppler-Vibrometrie ist außerdem auch die Messung des Weges bzw. des Abstandes mit einer Auflösung von bis zu 2 nm möglich. Für eine detailliertere Beschreibung des Messprinzips des LDVs wird auf die Literatur verwiesen, siehe z.B. [29, 49, 56, 150].

Den für die Vibrometermessungen auf dem Tropfengenerator erstellten Versuchsstand zeigt die Abbildung 5.23. Zunächst ist in der Übersichtsskizze der Teilabbildung (a) zu erkennen, dass der Tropfengenerator wie bei den Experimenten in Abschnitt 5.4.1 über einen computergesteuerten Signalgenerator und einen elektrischen Verstärker angesteuert wurde. Der elektrische Verstärker war dabei derselbe wie bei den Kameraaufnahmen des Strahlzerfalls. Zur Erzeugung der Pulse kam der Funktionsgenerator USB DrDAQ von Pico Technology zum Einsatz. Der Tropfengenerator wurde während der Experimente von einem Halter in waagerechter Lage fixiert, um LDV-Messungen an dessen Unterseite zu ermöglichen. Die Messungen erfolgten auf dem Düsenhalter, dem

Stütz- und dem Düsenplättchen. Vorliegend interessieren die Ergebnisse des Düsenplättchens. Die Position des verwendeten Messpunktes zeigt die fotografische Detailansicht in Abbildung 5.23b. Darin ist zu erkennen, dass eine Stelle direkt auf dem Düsenplättchen in unmittelbarer Nähe zum Strahlaustritt gewählt wurde. Um möglichst realitätsnahe Ergebnisse zu erzielen, war der Tropfengenerator während der LDV-Messungen mit Wasser gefüllt. Eine Druckbeaufschlagung war allerdings nicht möglich, weil der sich dabei bildende Flüssigkeitsstrahl sonst zu einem Wassereintrag in die LDV-Messköpfe und somit zu deren Beschädigung geführt hätte. In der Übersichtsskizze der Abbildung 5.23a sind auch die Messköpfe des LDVs eingezeichnet. Deren Ansteuerung und das Auslesen der Messsignale erfolgte über einen zweiten Computer. Zur Synchronisation des LDVs mit dem Steuersignal des Tropfengenerators wurde letzteres als Triggersignal für die LDV-Messung verwendet. Die entsprechende Leitung ist ebenfalls eingezeichnet. Als LDV kam das Gerät PSV-500-3D der Polytec GmbH zum Einsatz, welches Helium-Neon-Laserstrahlen mit einer Wellenlänge von 670 nm erzeugte. Dieser Gerätetyp besitzt drei Messköpfe und kann somit Oberflächenbewegungen in allen drei Raumrichtungen aufzeichnen. In der Übersichtsskizze sind nur zwei der drei Messköpfe dargestellt. Die Anordnung aller drei Messköpfe und deren Position relativ zum Tropfengenerator zeigt Abbildung 5.23c. Schwingungen des Düsenplättchens in paralleler Richtung zum Strahl, also entlang der Tropfengeneratorlängsachse, galten als ursächlich für den Strahlzerfall. Bei der Darstellung und Auswertung der Versuchsergebnisse wurde folglich stets diese Komponente der gemessenen Verschiebungsvektoren betrachtet. Diese ist, analog zu den Untersuchungen zum Strahlzerfall, mit z bezeichnet. Zur Veranschaulichung ist die z-Koordinate auch in die Übersichtsskizze der Abbildung 5.23a eingetragen.

Mit dem Versuchsaufbau wurden verschiedene Pulsdauern und Spannungsamplituden untersucht. An dieser Stelle interessiert das Ergebnis, welches mit dem gleichen Signal erhalten wurde wie auch das Experiment in Abschnitt 5.4.1. Abbildung 5.24a zeigt das entsprechende Steuersignal vor dessen Verstärkung auf die Spannungsamplitude von 80 V. Die gemessene Wegamplitude ist in Abbildung 5.24b dargestellt. Das Messsignal wurde mit einem Hoch- und einem Tiefpassfilter von unerwünschten Frequenzanteilen befreit, um dessen Anschaulichkeit zu verbessern. Es kamen dazu Butterworth-Filter 5. Ordnung mit Grenzfrequenzen von 5 und 12 kHz zum Einsatz. Das ungefilterte Messergebnis ist in Abbildung 5.25 dargestellt. Zusätzlich ist in Abbildung 5.24c eine theoretische Übergangsfunktion geplottet, die an späterer Stelle diskutiert wird.

Die erste offensichtliche Beobachtung des Experimentes ist, dass die gemessene Verschiebung z nach dem Ende der Signaldauer deutlich nachschwingt. Die

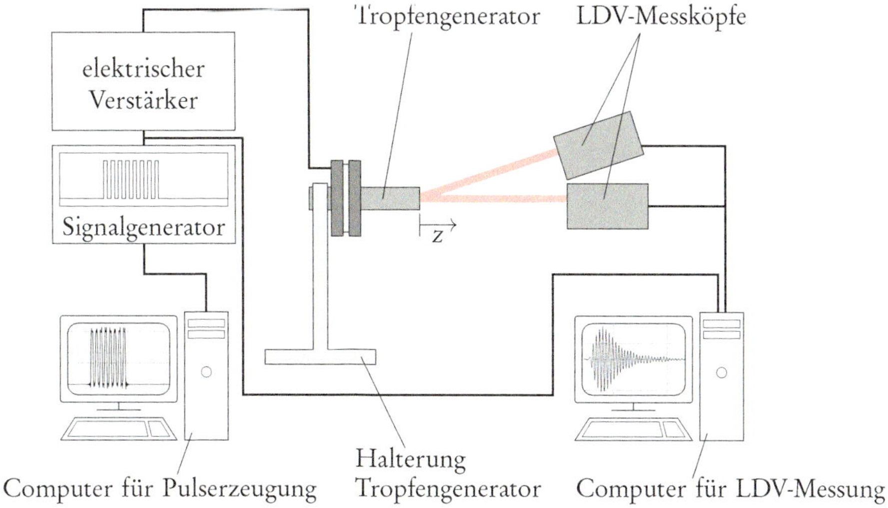

(a) Übersichtsskizze des Versuchsaufbaus

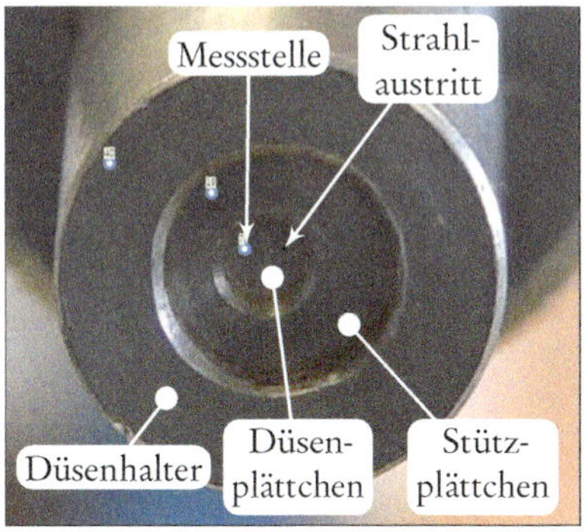

(b) Fotografie der Tropfengeneratorunterseite mit der verwendeten Messstelle

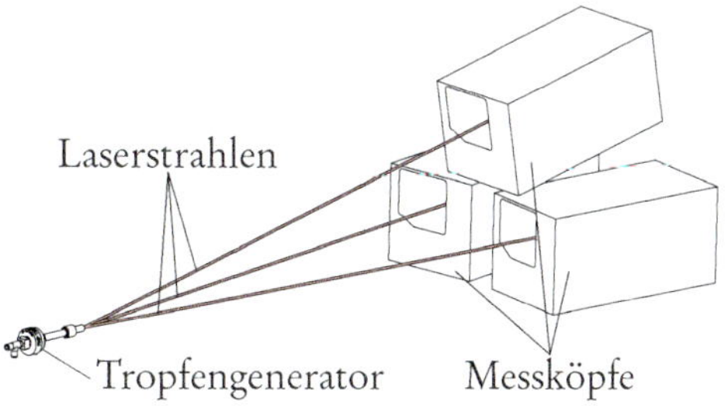

(c) Anordnung der drei Messköpfe

Abbildung 5.23: Versuchsaufbau der LDV-Messungen am Tropfengenerator.

Amplituden können in diesem Bereich mit einem exponentiellen Abfall näherungsweise beschrieben werden. Dies zeigt die rote Kurve in Abbildung 5.24b, die ein Fit der Hüllkurve der Messwerte für $t > 1$ ms ist. Die durch das Fitten bestimmte Abklingkonstante beträgt $\delta = 1{,}10 \cdot 10^3$ 1/s. Außerdem sind im Zeitraum mit eingeschaltetem Signal die Wegamplituden nicht konstant, denn die Einhüllende beschreibt eine Sinuskurve. Aus dem Messergebnis für eine Anregung durch 32 Pulse (hier nicht gezeigt, ist aber ähnlich) konnte für die Einhüllende

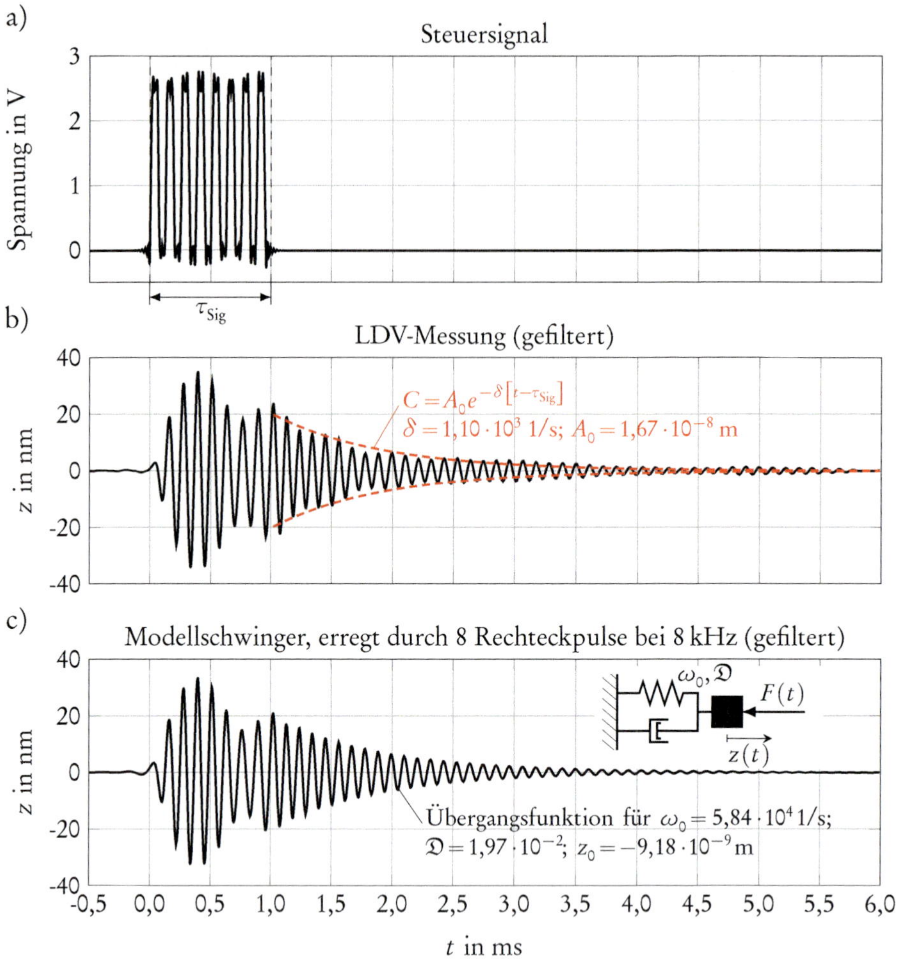

Abbildung 5.24: LDV-Messergebnis und Vergleich mit dem Steuersignal sowie mit einem theoretischen Modell.

eine Periodendauer von $\approx 0{,}82$ ms ermittelt werden. Dies weist auf das Vorliegen einer Schwebung mit einer Frequenz von $\approx 1{,}2$ kHz hin.

Die genannten Ergebnisse der Vibrometermessungen legen bereits nahe, dass das abklingende Verhalten der Strahllängen durch ein mechanisches Nachschwingen des Tropfengenerators zu erklären ist. Eine Gegenüberstellung von Strahlzerfalls- und LDV-Messergebnissen wird im nächsten Abschnitt vorgenommen. An dieser Stelle werden zunächst die LDV-Messungen detailliert ausgewertet.

Zur Verbesserung des Verständnisses für die gemessenen Verschiebungen erfolgte die Nachbildung der Messungen mit einem theoretischen Modell. Die Erarbeitung des Modells basiert auf den Grundlagen der Schwingungslehre. Für die Herleitung und detaillierte Informationen wird auf die Literatur verwiesen, siehe z.B. Magnus et al. [109].

Als Ansatz wurde ein simpler Einmassenschwinger gewählt. In Abbildung 5.24c befindet sich eine vereinfachte Skizze eines derartigen Schwingers, der durch eine zeitabhängige Kraft $F(t)$ fremderregt wird. Die Rolle der Kraft übernimmt im vorliegenden Fall der Piezoaktor, der kurzzeitig mit der Frequenz von 8 kHz schwingt. Ein Einmassenschwinger wird durch seine Eigenkreisfrequenz ω_0 und das Dämpfungsmaß $\mathfrak{D}$ vollständig beschrieben [109]. Die Antwort des Schwingers auf eine Anregung in Form einer Sprungfunktion zum Zeitpunkt $t = 0$ kann gemäß der folgenden Gleichung aus [109] analytisch berechnet werden:

$$z_{\text{Sp}}^* = \frac{z}{z_0} = 1 - \frac{e^{-\mathfrak{D}t^*}}{\sqrt{1-\mathfrak{D}^2}} \cos\left(\sqrt{1-\mathfrak{D}^2}[t^* - t_0^*]\right) \tag{5.24}$$

mit

$$t_0^* = \arctan\left(\frac{\mathfrak{D}}{\sqrt{1-\mathfrak{D}^2}}\right)\frac{1}{\sqrt{1-\mathfrak{D}^2}} \tag{5.25}$$

$$t^* = \omega_0 t \tag{5.26}$$

Die Größe z_0 berücksichtigt hierin die statische Ruhelage, die der Schwinger bei $t \to \infty$ erreicht. Die Übergangsfunktion bei Anregung durch acht Rechteckimpulse mit einer Frequenz f kann durch eine Superposition von 16 Sprungantworten gemäß Gleichung (5.24) berechnet werden. Die einzelnen Sprünge müssen dabei einen zeitlichen Versatz von $1/[2f]$ aufweisen und die Richtung bzw. das Vorzeichen der Sprünge muss alternieren, um die Anregung durch acht Rechteckimpulse nachzubilden. Mit dieser Methode erfolgte die Berechnung der Übergangsfunktion in Abbildung 5.24c. Das theoretische Signal wurde mit den gleichen Filtern bearbeitet wie auch die Messung in Abbildung 5.24b. Dies ermöglicht einen direkten Vergleich beider Signale, denn das Anwenden der Filter wirkt sich auch auf den Phasenversatz aus. Bei Filterung nur eines der beiden Signale wäre ansonsten eine scheinbare, tatsächlich nicht vorhandene Phasenverschiebung zwischen den Signalen sichtbar.

Die Anpassung der Modellparameter ω_0, $\mathfrak{D}$ und z_0 erfolgte durch Fitten an die Versuchsergebnisse, wobei hier jeweils die ungefilterten Signale verwendet wurden. In Abbildung 5.25 sind die ungefilterte Messung und die ungefilterte Übergangsfunktion des angepassten Modells in einem gemeinsamen Diagramm

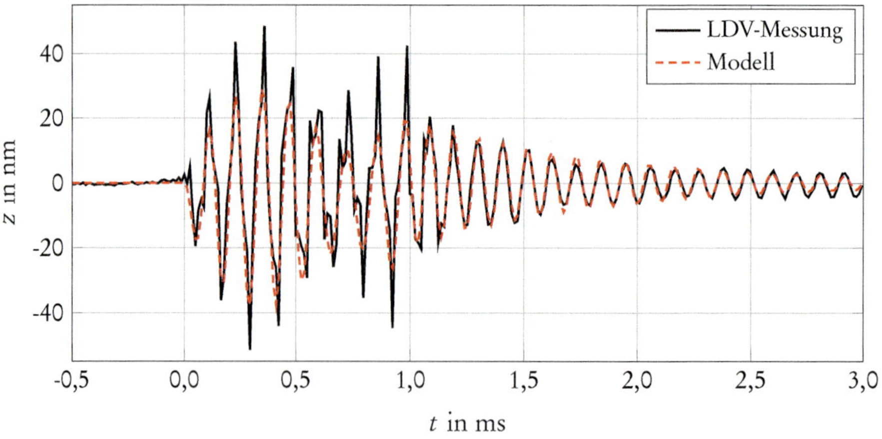

Abbildung 5.25: LDV-Messergebnis und Übergangsfunktion des theoretischen Modells (beide ungefiltert); Versuchs- und Modellparameter: siehe Abb. 5.24.

dargestellt. Eine gute Übereinstimmung ist erkennbar. Lediglich die lokalen Extrema bzw. Spitzen der LDV-Messung im Zeitraum $0 < t < 1{,}0$ ms können durch das Modell nicht nachgebildet werden. Bei Vergleich der gefilterten Signale in Abbildung 5.24b und (c) ist zu sehen, dass die theoretische Kurve das Messergebnis noch besser wiedergibt. Sowohl das Einschwing- als auch das Abklingverhalten können befriedigend angenähert werden. Offenbar ist das sehr einfache Modell eines gedämpften Einmassenschwingers ausreichend, um das Ergebnis der LDV-Messung zu beschreiben. Einzig beim Abklingen treten bei der theoretischen Kurve keine Schwebungen der Einhüllenden auf, wohingegen die Messkurve leichte Sinusschwingungen der Hüllkurve aufweist. Zu einem derartigen Abklingverhalten ist das Modell nicht in der Lage, da es nur eine Masse besitzt. Im Gegensatz dazu handelt es sich bei dem Messobjekt bzw. dem Tropfengenerator um ein Kontinuum mit unendlich vielen Massen und damit unendlich vielen Eigenfrequenzen. Die Abweichung zwischen Experiment und Theorie ist auf diese Limitierung des theoretischen Modells zurückzuführen.

Die bei der Ausgleichsrechnung erhaltenen Modellparameter sind in Abbildung 5.24c aufgeführt. Der ermittelte Wert für ω_0 entspricht einer Eigenfrequenz von 9,30 kHz. An der gleichen Messstelle, an der das gepulste Wegsignal aufgenommen wurde, erfolgen auch Messungen zur Bestimmung der Eigenfrequenzen des Tropfengenerators. Dazu wurde der Piezoaktor mit einem kontinuierlichen Sweep mit Frequenzen zwischen 0,5 und 100 kHz angesteuert. Der Betrag der Fouriertransformierten des dabei ermittelten Wegsignales ist in Abbildung 5.26 im Bereich bis 50 kHz dargestellt. Die Kurve weist ein ausgeprägtes Maximum

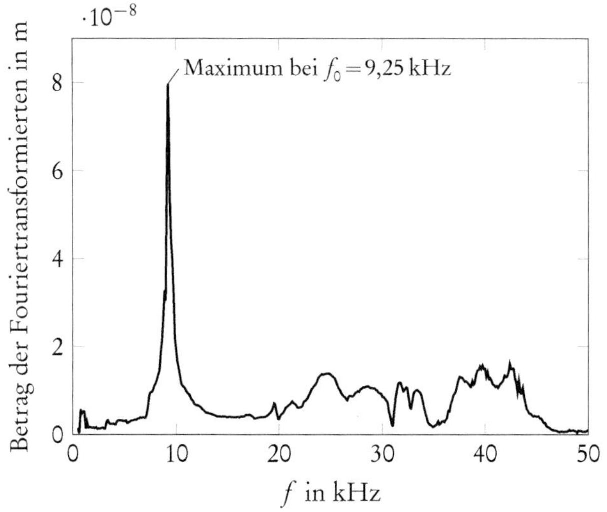

Abbildung 5.26: Fouriertransformation des Wegsignales bei einer Anregung durch einen Frequenzsweep von 0,5 bis 100 kHz, Darstellung bis 50 kHz.

bei $f_0 = 9{,}25$ kHz auf. Diese Eigenfrequenz liegt sehr nahe an der Eigenfrequenz des theoretischen Modells. Offenbar ist die gemessene Eigenfrequenz derartig dominierend, dass die Nachbildung der Übergangsfunktion mit einem Einmassenschwinger mit eben jener Eigenfrequenz möglich ist. Allerdings ist davon auszugehen, dass dies nur in der Umgebung von 9,25 kHz der Fall ist. Die hier vorliegende Nähe der untersuchten Anregungsfrequenz von 8 kHz zur Eigenfrequenz des Tropfengenerators ist rein zufällig, da letztere vor den Versuchen nicht bekannt war. Die ermittelte Eigenfrequenz erklärt auch die beobachtete Schwebung mit einer Frequenz von 1,2 kHz. Es handelt sich dabei in etwa um die Differenz zwischen der Anregungs- und der Eigenfrequenz.

Auch das Dämpfungsmaß $\mathfrak{D}$ des Schwingermodells kann hinsichtlich dessen physikalischer Bedeutung bewertet werden. Über den Zusammenhang $\delta = \omega_0 \mathfrak{D}$ erlaubt es die Berechnung der Abklingkonstanten. Diese beträgt für das Modell $1{,}15 \cdot 10^3$ 1/s und ist damit etwas größer als der Wert $1{,}10 \cdot 10^3$ 1/s, der durch ein Fitten der Messungen erhalten wurde, siehe Abbildung 5.24b. Die Ursache für diese Abweichung ist, dass bei der Parameterbestimmung des Modells die Übergangsfunktion im gesamten untersuchten Zeitbereich herangezogen wurde, wohingegen für die Bestimmung der Abklingkonstanten der Messungen nur der abklingende Zeitbereich Verwendung fand.

Das Dämpfungsmaß und das Verhältnis aus Anregungs- und Eigenfrequenz f_G/f_0 ermöglichen zusätzlich eine Berechnung der Phasenverschiebung ϑ anhand folgender Gleichung [109]:

$$\tan\vartheta = \frac{2\mathfrak{D}\frac{f_G}{f_0}}{1-\left[\frac{f_G}{f_0}\right]^2} \tag{5.27}$$

Für die vorliegenden Parameter und Versuchsbedingungen beträgt die Phasenverschiebung 3,7°, was einer Zeit von 2,6 µs entspricht. Um diese Zeitdifferenz eilt die mechanische Schwingung des Düsenplättchens dem elektrischen Steuersignal nach. Da die Periodendauer jedoch 125 µs beträgt, ist dieser Phasenversatz verhältnismäßig klein und somit auch in den Ergebnissen nicht sichtbar.

Der Modellparameter z_0 hat an dieser Stelle keine relevante physikalische Bedeutung, denn der tatsächliche Mechanismus der Krafteinleitung weicht auf jeden Fall von der Skizze in Abbildung 5.24c ab und ist auch nicht bekannt. Der Parameter z_0 diente hier der Anpassung der Modell- an die Messkurve.

5.4.3 Zusammenführung der Strahl- und Vibrometermessungen

Die Ergebnisse der Versuche zum Strahlzerfall und der Vibrometermessung des Tropfengenerators wurden anschließend zusammengeführt. Es erfolgte dazu die Überführung der jeweils gemessenen Anregungsintensitäten in eine dimensionslose Form, was eine gemeinsame Darstellung ermöglichte. Die Werte der Strahlanregung C aus Abbildung 5.20 wurden dazu durch ein Beziehen auf den Strahlradius in die dimensionslose Anregung ε umgerechnet. Die Messzeitskala konnte durch Subtrahieren der Zeit bis zur Teilung des Strahles in zwei Abschnitte Δt und durch Teilen mit der Signaldauer τ_{Sig} dimensionslos gemacht werden. Die erhaltene Kurve ist in das Diagramm der Abbildung 5.27 eingetragen. Die eingezeichnete Strichlinie markiert das Ende des Zeitraumes, in dem der Strahlzerfall durch die aktivierte Anregung hervorgerufen wurde.

Zusätzlich sind in die Abbildung 5.27 auch die LDV-Messungen eingetragen, die auf die gleiche Art und Weise dimensionslos gemacht wurden (mit $\Delta t = 0$). Zur Umrechnung von Vibrationsamplituden auf Strahlanregungen existiert ein theoretischer Ansatz von Moallemi et al. [116] (2016). Sie leiteten mit Energiebilanzen Gleichungen her, mit denen sich Vibrations- in Geschwindigkeitsamplituden und schlussendlich in Radiusdeformationen bzw. Anfangsstörungen des Strahlzerfalls umrechnen lassen. Bei Anwendung der Beziehungen von Moallemi et al. [116] verkleinert sich die Amplitude bei der Umrechnung von Düsenvibrationen auf Anfangsstörungen des Strahlzerfalls sehr stark. Dieses Ergebnis

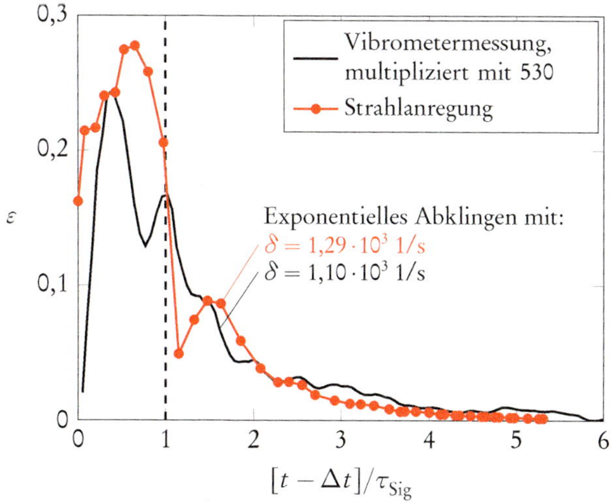

Abbildung 5.27: Vergleich der ermittelten Anregungsintensitäten aus den Strahl- und den LDV-Messungen.

steht in krassem Widerspruch zu den Beobachtungen dieser Arbeit, da hier der umgekehrte Effekt festgestellt wurde: Die absoluten ε-Werte der LDV-Messungen sind ungefähr 530-mal kleiner als die Anregungsintensitäten, berechnet aus den Strahllängen. Offenbar ist diese Problemstellung theoretisch noch nicht gelöst, zumal die Publikation [116] gegenwärtig die einzige ist, die sich mit dieser Thematik auseinandersetzt. Die LDV-Messungen hatten jedoch nur das Ziel, den zeitlichen Verlauf der Anfangsstörung bei pulsartiger Anregung zu erklären. Die Bearbeitung der genannten Problemstellung der Umrechnung der Wegamplituden stand nicht im Vordergrund der Arbeiten. Es wurde somit eine pragmatische Vorgehensweise zur gemeinsamen Darstellung der LDV- und der Strahlmessdaten gewählt. Dazu erfolgte die Multiplikation der ε-Werte der LDV-Messdaten mit einem empirischen Faktor von 530. Die so bearbeiteten Daten sind in Abbildung 5.27 als rote Kurve eingetragen. In dem Diagramm ist zu erkennen, dass sich beide Kurven komfortabel hinsichtlich ihrer Verläufe vergleichen lassen. Anhand der Unterschiede der absoluten Werte der Kurven dürfen allerdings keine Schlussfolgerungen gezogen werden.

Der Vergleich beider Kurven zeigt, dass die Anregung für beide Messungen zunächst monoton ansteigt und anschließend noch vor $[t - \Delta t]/\tau_{\mathrm{Sig}} = 1$ wieder abfällt. Die LDV-Messung weist hier noch ein erneutes Wiederansteigen auf, was durch den bereits diskutierten Einschwingvorgang zu erklären ist. Bei den Strahlmessungen konnte dies nicht festgestellt werden. Im Bereich rechts der

Strichlinie fallen beide Kurven im Mittel exponentiell ab. Beiden Abklingkurven sind Oszillationen überlagert. Die Abklingkonstanten für die Strahl- und die LDV-Messungen betragen $1{,}29 \cdot 10^3$ und $1{,}10 \cdot 10^3$ 1/s. Sie unterscheiden sich damit um einen Faktor von 0,85. Unter Berücksichtigung, dass die Versuche nicht simultan und an unterschiedlichen Versuchsständen durchgeführt wurden, ist die Übereinstimmung der beiden Kurven befriedigend. Die Ursache für das langsame und teilweise oszillierende Nachlassen der Strahlanregung nach Steuersignalende konnte somit durch die LDV-Messungen geklärt werden. Das Diagramm der Abbildung 5.27 und die Ausführungen dieses Abschnitts verdeutlichen, dass das Abklingen der mechanischen Schwingungen des Tropfengenerators das beschriebene Verhalten des oberen Strahlabschnitts verursachte.

Die Motivation der Experimente zum gepulsten Strahlzerfall bestand darin, die Reaktion eines Flüssigkeitsstrahles auf eine pulsartige Anregung zu untersuchen. Es konnte festgestellt werden, dass sich der Strahl dabei in einen oberen und einen unteren Abschnitt aufteilt. Durch die Wellenausbreitung auf dem unteren Strahlabschnitt sowie durch das Nachschwingen des Tropfengenerators (und des oberen Strahlabschnitts) erfolgt sowohl am Anfang als auch am Ende eines Signalpulses die Generierung zusätzlicher Tropfen. Es handelt sich hierbei um eine wichtige Erkenntnis für den angeregten Strahlzerfall im Allgemeinen und insbesondere für den modulierenden Tropfenprallzerstäuber. Die Menge des produzierten Sprays ist nämlich abhängig vom Zeitraum mit aufprallenden Tropfen. Dieser Zeitraum wird zwar durch die Steuersignaldauer vorgegeben, allerdings führen die beschriebenen Phänomene zu dessen Vergrößerung. Experimente zu den daraus resultierenden Spraymengen im intermittierenden Betrieb werden im Abschnitt 6.3.4 des nächsten Kapitels dokumentiert.

6 Zerstäubungseigenschaften von Pralltropfen und -strahlen

6.1 Grundlagen

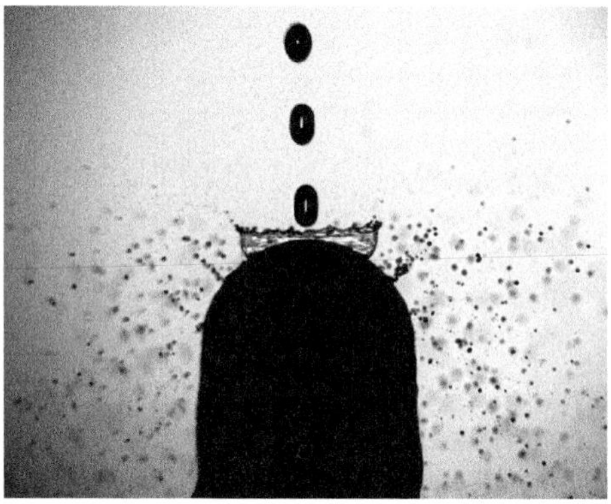

Abbildung 6.1: Aufprall einer monodispersen Tropfenkette auf einen abgerundeten Edelstahlprallkörper.

Ein wesentlicher Bestandteil der Funktionsweise des modulierenden Tropfenprallzerstäubers ist die Kollision der Primärtropfen mit einem Prallelement oder -körper, wie in Abbildung 6.1 zu sehen. Dieser Tropfenprallmechanismus ruft bei Erfüllung der notwendigen Kriterien die Entstehung des Sprays hervor. In der Fotografie der Abbildung 6.1 ist zu erkennen, dass die von oben auftreffenden Primärtropfen nach der Kollision in kleinere Sekundärtröpfchen zerfallen, die das gewünschte Spray bilden. Außerdem zeigt die Abbildung eine dünne, kronenförmige Flüssigkeitsschicht bzw. -lamelle an der Oberseite des Prallkörpers. Diese Lamelle entsteht nach dem Aufprall aus den Primärtropfen, bevor daraus wiederum die Sekundärtröpfchen gebildet werden.

Dieses Kapitel dokumentiert Untersuchungen zum Tropfenprallmechanismus in Bezug auf das entwickelte Zerstäubersystem. Nach einer Erläuterung grundlegender Zusammenhänge wird zunächst existierendes Wissen aus der Literatur zusammengefasst. Anschließend erfolgt die Darlegung von Versuchen und zugehörigen Ergebnissen. Außerdem wird in diesem Kapitel auch auf Strömungszustände beim Strahlprall eingegangen, denn Prallstrahlen sind ebenfalls Bestandteil der Funktionsweise des modulierenden Tropfenprallzerstäubers.

Wie beim Zerfall von (angeregten) Flüssigkeitsstrahlen sind auch die Phänomene beim Aufprallen von Tropfen auf feste oder flüssige Oberflächen noch nicht vollständig verstanden. Die Effekte, die bei Interaktionen von Einzeltropfen, Tropfenketten oder Sprays mit festen oder flüssigen Oberflächen auftreten, sind Gegenstand aktueller Forschungsarbeiten.

Tropfen-Wand-Interaktionen lassen sich gemäß Rein [140] nach folgenden Gesichtspunkten einteilen:

(1) Gestalt des Tropfens vor dem Aufprall: Meist wird hier von einer sphärischen Gestalt ausgegangen. Infolge von Tropfenoszillationen oder durch Wechselwirkungen mit dem ambienten Medium sind jedoch auch abweichende Tropfenformen möglich.

(2) Die interne Strömung des Tropfens: In der Regel wird angenommen, dass sich die Flüssigkeit innerhalb des aufprallenden Tropfens in Ruhe befindet. Die Interaktion mit dem umgebenden Fluid kann jedoch auch (zirkulierende) Strömungen im Tropfeninneren hervorrufen.

(3) Richtung des Tropfenpralls: Eine weitere Einflussgröße ist der Winkel, unter dem der Tropfen auf die feste oder flüssige Oberfläche trifft.

(4) Art der Prallfläche: feste, trockene oder flüssige bzw. nasse Oberflächen.
Bei festen, trockenen Oberflächen:

(a) Beschaffenheit der festen Oberfläche: Einen signifikanten Einfluss beim Tropfenprall auf feste Oberflächen haben deren Form (flach, wellig, etc.), Rauheit und Elastizität (starr oder elastisch).

(b) Temperatur der Wand (in [140] nicht erwähnt, aber dennoch wichtig, siehe [141]): Eine Veränderung der Wandtemperatur kann den Tropfenprallmechanismus grundlegend beeinflussen. Bei ausreichend hoher Temperatur und Wärmezufuhr kann beispielsweise der sich ausbildende Flüssigkeitsfilm verdampfen.

Bei flüssigen bzw. nassen Oberflächen:

(c) Dicke der Flüssigkeitsschicht: Beim Tropfenprall auf flüssige Oberflächen ist die Dicke des Flüssigkeitsfilmes ein wichtiger Einflussfaktor. Wenn die Filmdicke besonders dünn ist, spielt beispielsweise die Rauheit der darunter liegenden festen Oberfläche ebenfalls eine Rolle. Bei einer besonders großen Dicke der Flüssigkeitsschicht wird nicht mehr von einem Flüssigkeitsfilm, sondern von einem Flüssigkeitsbecken gesprochen. Die feste Wand an dessen Grund hat dann keinen Einfluss auf den Tropfenprallmechanismus.

(d) Beschaffenheit der Flüssigkeitsoberfläche: Der Film oder das Becken können im einfachsten Fall flache oder aber auch wellige Oberflächenformen aufweisen.

(e) Art der Flüssigkeiten: Der Tropfen und der Flüssigkeitsfilm oder das -becken können aus der gleichen oder aus verschiedenen Flüssigkeiten bestehen.

Der vorliegende Fall des entwickelten Tropfenprallzerstäubers kann folgendermaßen eingeordnet werden: (1) Die aufprallenden Primärtropfen können oszillieren und haben somit nicht zwangsläufig eine sphärische Gestalt. Im Rahmen dieses Kapitels wird bei der Berechnung der Kennzahlen und bei der Bewertung der Phänomene dennoch zunächst von kugelförmigen Tropfen ausgegangen. Die Betrachtung von Einflüssen durch Tropfenoszillationen erfolgt gesondert. (2) Es wird angenommen, dass keine Strömung innerhalb der Tropfen vorliegt. (3) Die Richtung des Aufpralls ist stets senkrecht. (4) Bei dem hier vorliegenden Fall mit kontinuierlichem Aufprallen von Tropfen auf eine Stelle einer festen Oberfläche bildet sich auf dieser ein Flüssigkeitsfilm aus [195]. (c) Dieser Flüssigkeitsfilm ist sehr dünn. (d) Es ist somit von einer nassen Oberfläche auszugehen, die je nach eingesetztem Prallkörper eine konvexe oder auch flache Form aufweisen kann. (e) Die Flüssigkeit der Tropfen und die Flüssigkeit des Films sind identisch.

6.2 Literaturübersicht

Die Mechanismen beim Tropfenaufprall und die Eigenschaften der dabei erzeugten Sprays bzw. Sekundärtröpfchen werden folgend anhand von Literaturstellen erläutert. Das Hauptaugenmerk liegt dabei auf den Phänomenen, die gemäß der obigen Einordnungen beim entwickelten Tropfenprallzerstäuber vorliegen. Auf Effekte bei Aufprall auf heiße und/oder trockene Oberflächen wird nicht eingegangen. Zusammenfassende Artikel für diese Fälle publizierten u.a. Josserand & Thoroddsen [83] (2016) (für trockene Oberflächen) sowie Rein [141] (2002) und Liang & Mudawar [102] (2017) (für heiße Oberflächen). Für allgemeine Übersichten über die Phänomene beim Tropfenprall wird auf die Arbeiten von Rein [140] (1993), Yarin [193] (2006) und Liang & Mudawar [101] (2017) verwiesen.

Mechanismen der Tropfenprallzerstäubung

Die Phänomene in Zusammenhang mit der Interaktion von Tropfen mit festen oder flüssigen Oberflächen wurden von vielen Autoren bereits umfangreich untersucht. Frühe experimentelle Arbeiten auf diesem Gebiet publizierte Worthington [187–190] in den Jahren 1876/77 und 1908. Einen sehr guten Einblick in den Zerstäubungsmechanismus lieferte die experimentelle Studie von Levin & Hobbs [99] (1971). Sie dokumentierten, dass die Tropfen nach deren Aufprall kronenförmige Lamellen, sog. Kronen (auf Englisch als „crown" oder „corona" bezeichnet) bilden, die jeweils in eine Vielzahl von Strahlen zerfallen. Diese Strahlen sind instabil, brechen auf und es kommt zur Bildung der Sekundärtröpfchen. Der gesamte Vorgang der Prallzerstäubung wird auch als „Splashing" bezeichnet.

Die Mechanismen der Kronenbildung und des Kronenzerfalls sind in Abbildung 6.2 anschaulich dargestellt. Die obere Abbildung 6.2a zeigt, dass sich infolge der periodisch aufprallenden Tropfen eine Flüssigkeitsschicht ausbildet und radial ausbreitet. Aus dieser Schicht entsteht an der radialen Koordinate r_k die Krone. Je nach Betriebsbedingungen variiert die Gestalt der Krone. Es können sich sowohl unterschiedliche initiale Ausbreitungswinkel gegenüber der r-Achse als auch verschiedene Konturen (gerade, S-förmig) ergeben [183]. Am oberen Ende der Krone bildet sich im Abstand h_k von der festen Oberfläche der Kronenrand aus.

In ihrer sehr bedeutsamen Arbeit konnten Yarin & Weiss [195] (1995) wesentliche Beiträge zur Ergründung der Ursache der Kronenbildung liefern. Sie führten Strömungsberechnungen mit einem eindimensionalen, oberflächenspannungs-, gravitations- und viskositätsfreien Modell für die wandnahe Flüssigkeitsschicht aus. Diese Restriktionen sind zulässig, wenn von $\mathrm{Re_d} \to \infty$, $\mathrm{We_d} \to \infty$ und $\mathrm{Fr_d} \to \infty$ ausgegangen wird, was beim Tropfenprall zumeist der Fall ist. Sie stellten fest, dass die Lösung für die radiale Geschwindigkeit des Flüssigkeitsfilmes eine kinematische Diskontinuität in Form einer Senke aufweist. An dieser Diskontinuität liegen eine sprunghafte Verringerung der radialen Geschwindigkeit und eine sprunghafte Erhöhung der Filmdicke vor. In Abbildung 6.2a ist die kinematische Diskontinuität eingezeichnet. Es wird deutlich, dass diese am Ursprung der Krone liegt. Ein von Yarin & Weiss [195] durchgeführter Vergleich von gemessenen radialen Kronenpositionen r_k aus eigenen Experimenten und von Levin & Hobbs [99] mit theoretischen Werten für die Positionen der kinematischen Diskontinuität zeigte eine gute Übereinstimmung. Yarin & Weiss konnten so nachweisen, dass die Kronenbildung durch die Senke in der Lösung für die radiale Geschwindigkeit hervorgerufen wird. Messungen von Ninomiya & Iwamoto [123] (2012) und Simulationen von Coppola et al. [38] (2011) bestätigen dieses Ergebnis.

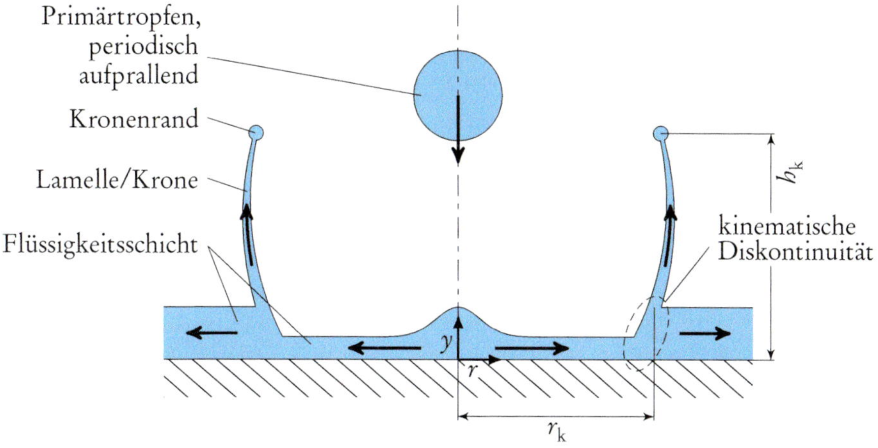

(a) Kronen-/Lamellenbildung infolge aufprallender Primärtropfen

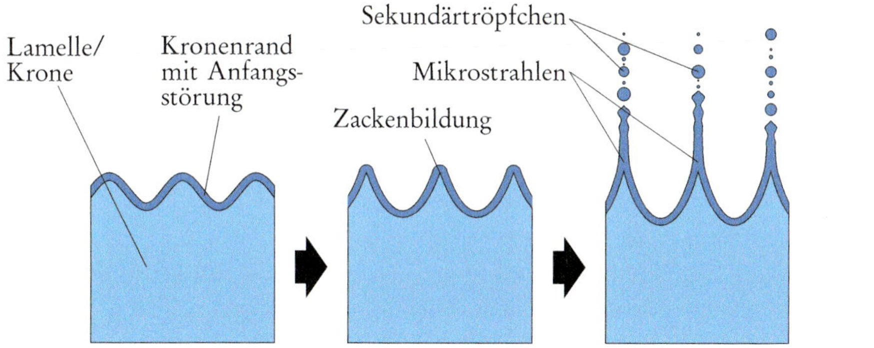

(b) Zerfall des Kronenrandes in Sekundärtröpfchen durch Zackenbildung sowie anschließender Bildung und Aufbruch von Strahlen

Abbildung 6.2: Prinzipskizze der Vorgänge beim Splashing einer kontinuierlichen Tropfenkette auf einer festen Oberfläche (nach [195]).

Yarin & Weiss [195] gaben auch einen theoretischen Zusammenhang für die Kronenposition in Abhängigkeit von der Zeit an: $r_k/d = K(\vartheta - \vartheta_0)^n$, wobei die Zeit t über $\vartheta = 2\pi f_G t$ eingeht. Die Parameter K, ϑ_0 und n sind von Tropfengeschwindigkeit, -frequenz und den Stoffdaten abhängig. Auch andere Autoren setzten sich mit der zeitlichen Evolution der Kronenposition auseinander. Eine sehr gute Übersicht über die Korrelationen für r_k aus insgesamt sechs Literaturstellen kann dem Übersichtsbeitrag von Liang & Mudawar [101] entnommen werden. Messungen der Kronenhöhe h_k zeigten einen linearen Zusammenhang mit der Kronenposition r_k.

Das theoretische Modell von Yarin & Weiss [195] wurde durch Roisman & Koautoren [147, 148] mehrfach weiterentwickelt und verallgemeinert. Roisman & Tropea [147] betrachteten den nicht-axialsymmetrischen Tropfenprall (z.B. durch schrägen Aufprall) auf Filme, die sich nicht in Ruhe befinden. Außerdem entwickelten sie eine analytische Lösung für die Kronengestalt. Einflüsse durch kleine Weberzahlen und dicke Filmhöhen vor dem Aufprall (entspricht signifikanten Gravitationseinflüssen) wurden von Roisman et al. [148] theoretisch erfasst und experimentell verifiziert. Sie stellten fest, dass die genannten Einflüsse insbesondere am Ende der Kronenbildung von Bedeutung sind. Eine weitere Erweiterung der Theorie von Yarin & Weiss [195] publizierten Trujillo & Lee [169]. Sie berücksichtigten Viskositätseffekte, die sich aber nur gering auf die Lösung auswirkten. Nach Roisman & Tropea [147] lag dies daran, dass der hauptsächliche Einfluss auf die Kronenposition letztendlich die Trägheitskräfte sind.

Neben der oben beschriebenen Diskontinuität in der Filmströmung als Ursache der Kronenbildung konnten Yarin & Weiss [195] auch den Zerfall der Krone theoretisch erklären. In Abbildung 6.2b ist die Bildung der Sekundärtröpfchen durch den Zerfall der kronenförmigen Lamelle skizziert. Die linke Teilabbildung zeigt einen Abschnitt der Lamelle mit deren Rand. Nach Yarin [196] entwickeln Ränder an Flüssigkeitslamellen stets spitzen- bzw. zackenförmige Instabilitäten, die zur Bildung von Mikrostrahlen führen. Dies zeigen die mittlere und die rechte Skizze. Die entstehenden Strahlen sind inhärent instabil und zerfallen gemäß der Plateau-Rayleigh-Instabilität in die Sekundärtröpfchen. Andere Autoren führten als Ursache für den Zerfall des torusförmigen Kronenrandes dessen direkten Zerfall infolge der Plateau-Rayleigh-Instabilität an [19, 44, 199]. Roisman et al. [149] erklären den Randzerfall ebenfalls mit einer Plateau-Rayleigh-Instabilität, die durch den Volumenstrom aus der Lamelle in die Krone schließlich zur Ausbildung von einem zackenförmigen Rand führt, wie von Yarin & Weiss [195] beschrieben. Weitere Ansätze zur Erklärung des Randzerfalls sind beispielsweise zusätzlich auftretende Rayleigh-Taylor- oder Richtmyer-Meshkov-Instabilitäten. Diesbezügliche Arbeiten können dem Übersichtsbeitrag von Liang & Mudawar [101] entnommen werden. Die Vielzahl der angeführten Ursachen des Kronenzerfalls aus der Literatur verdeutlicht, dass der Tropfenprallmechanismus noch nicht ganzheitlich verstanden ist.

Ein weiterer Mechanismus, der bei der Zerstäubung durch Tropfenprall auftreten kann, ist die Bildung der sog. Ejekta und deren Zerfall. Die Ejektabildung entdeckten erstmals Weiss & Yarin [184] (1999) durch numerische Rechnungen. Der erste experimentelle Nachweis gelang anschließend Thoroddsen [166] (2002). Die Ejekta ist eine Lamelle, die noch während des Aufpralls des Tropfens ausgebildet wird. Die Skizze in Abbildung 6.3a veranschaulicht die Ejektabildung. Es ist zu erkennen wie sich aus dem aufprallenden Tropfen eine Flüssigkeitslamelle senkrecht zur Richtung der Tropfengeschwindigkeit ausbreitet. Die Ejekta formiert sich oberhalb des Flüssigkeitsfilms, aus welchem zu einem späteren Zeitpunkt die Krone entsteht. Wie auch bei der Krone kann die Entstehung der Ejekta durch eine kinematische Diskontinuität erklärt werden [184]. Zhang et al. [198] (2012) ermittelten in ihrer experimentellen Arbeit mittels Röntgenaufnahmen die Evolution der Ejekta. Sie stellten fest, dass zu ihrer Entstehung die Primärtropfengeschwindigkeit einen Grenzwert überschreiten muss. Sofern die Ejekta gebildet ist, wird sie entweder von der Krone reabsorbiert oder sie zerfällt in Sekundärtröpfchen. Die Klassifikation der unterschiedlichen Regimes kann anhand von Ohnesorge- und Reynoldszahl des Tropfens vorgenommen werden. Abbildung 6.3b zeigt ein entsprechendes Diagramm, dass anhand der Angaben aus [101, 198] für den Tropfenprall auf ein Flüssigkeitsbecken erstellt wurde. In dem Diagramm ist zu erkennen, dass für die Ejektabildung und den -zerfall hohe Reynoldszahlen und kleine Ohnesorgezahlen erforderlich sind. Die beim Ejektazerfall gebildeten Tröpfchen sind deutlich feiner als die Tröpfchen infolge des Kronenzerfalls [43]. Zhang et al. [198] stellen aber heraus, dass ein Rückschluss auf den Zerfallsmechanismus aus den Tröpfchengrößen dennoch nicht möglich ist, da unter Umständen auch der Kronenzerfall zu Feinsttröpfchen führen kann.

Grenze der Tropfenprallzerstäubung

Die Abbildung 6.3b zeigt bereits, dass es einen Bereich im Oh_d-Re_d-Diagramm ohne die Bildung von Lamellen und damit ohne Zerstäubung durch Tropfenprall gibt. Zur Erzeugung der Spray- bzw. Sekundärtröpfchen müssen die Primärtropfen eine kritische Geschwindigkeit, das sog. Splashingkriterium, überschreiten. Es gibt eine Vielzahl von Publikationen, in denen das Splashingkriterium experimentell oder theoretisch bestimmt wurde. Im Übersichtsbeitrag von Liang & Mudawar [101] sind insgesamt zehn entsprechende Literaturstellen aufgeführt. Vorliegend werden zwei relevante Beiträge erläutert.

Mundo et al. [119] widmeten sich in ihrer sehr berühmten Arbeit u.a. dem Grenzkriterium für Splashing. Sie dokumentierten Versuche mit einer kontinuierlichen monodispersen Tropfenkette, die auf eine rotierende Walze aufprallte. Die Flüssigkeit auf der Walze wurde dabei durch ein Gummirakel entfernt, damit

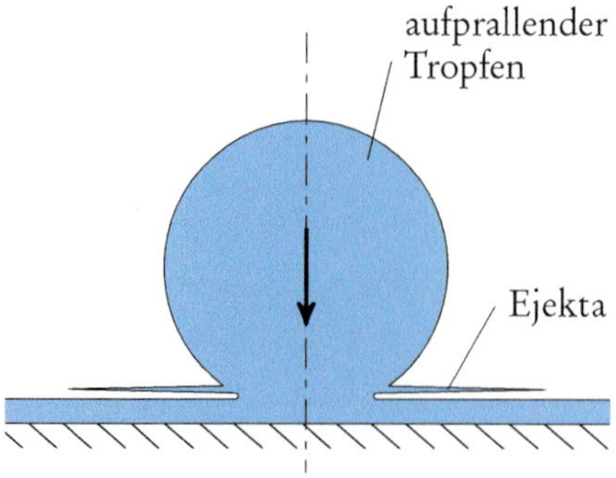

(a) Prinzipskizze der Ejektabildung (nach [80])

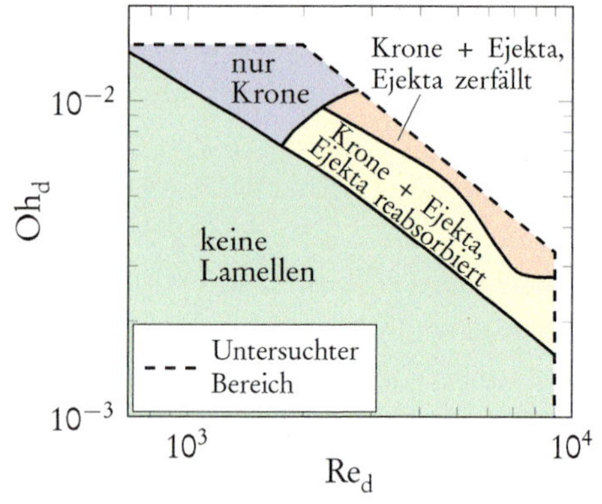

(b) Ejektabildung und -zerfall in Abhängigkeit von Oh_d und Re_d für Tropfenprall auf Flüssigkeitsbecken (nach [101, 198])

Abbildung 6.3: Ejektabildung durch Tropfenprall.

die Tropfen stets auf eine nahezu trockene Oberfläche auftrafen. Anhand der umfangreichen Versuchsdaten mit verschiedenen Flüssigkeiten und Tropfengrößen gaben Mundo et al. [119] eine empirische Korrelation für die Grenze zwischen Splashing und Deposition in Abhängigkeit von Ohnesorge- und Reynoldszahl an. Das entsprechende Kriterium für Splashing nach Mundo et al. [119] lautet:

$$57{,}7 < Oh_d Re_d^{1,25} \tag{6.1}$$

Dieses Kriterium gilt sowohl für glatte als auch für raue Oberflächen (die relativen mittleren Gesamthöhen der Rauheitsprofile betrugen $R_t/d = 0{,}03$ und 0,86).

Yarin & Weiss [183, 195] widmeten sich in ihren Experimenten ebenfalls der Ermittlung einer allgemeingültigen Beziehung für die Splashing-Grenzgeschwindigkeit. Sie verwendeten eine Versuchsanordnung bestehend aus einem konvexen Prallkörper und einem Tropfengenerator, der eine kontinuierliche Tropfenkette mit der Tropfenfrequenz f_G erzeugte (durch kontrollierten Strahlzerfall). Im Gegensatz zu den Experimenten von Mundo et al. [119] bewegte sich bei Yarin & Weiss die Pralloberfläche nicht, wodurch jeder Tropfen auf den Flüssigkeitsfilm seines Vorgängers prallte. In ihren Versuchen stellten Yarin & Weiss [195] fest, dass die Splashing-Grenzgeschwindigkeit nicht nur eine Funktion von Tropfengröße und -geschwindigkeit ist, sondern auch von der Düsengröße abhängt (bei konstanten Flüssigkeitseigenschaften). Hierbei liegt ein Unterschied zur Angabe von Mundo et al. [119] vor, denn deren Kriterium (6.1) ist bei gleichbleibenden

Flüssigkeitseigenschaften nur von Tropfengröße und -geschwindigkeit abhängig. Die Begründung für diesen Unterschied ist, dass sich bei Yarin & Weiss die Tropfen nach dem Aufprall gegenseitig beeinflussten. Bei den Experimenten von Mundo et al. war dies nicht der Fall, denn durch die Rotation der Walze traf jeder Tropfen auf eine nahezu trockene Oberfläche. Die von Yarin & Weiss festgestellte Abhängigkeit der Splashing-Grenzgeschwindigkeit vom Düsendurchmesser kann damit erklärt werden, dass zur Einstellung von identischen Tropfendurchmessern und -geschwindigkeiten bei unterschiedlichen Düsendurchmessern verschiedene Tropfenfrequenzen erforderlich waren. Somit ergaben sich auch verschiedene Zeitabstände zwischen den Tropfenprallereignissen. Da sich die Ereignisse gegenseitig beeinflussten, wirkte sich eine Frequenzänderung auf die Eigenschaften der Filmströmung und somit auch auf die Splashing-Grenzgeschwindigkeit aus. Nach Yarin & Weiss [195] lautet das Kriterium für Splashing:

$$17\ldots 18 < U^* = U\left[\frac{\rho}{\sigma}\right]^{\frac{1}{4}}\left[\frac{\rho}{\eta}\right]^{\frac{1}{8}} f_{\mathrm{G}}^{-\frac{3}{8}} \tag{6.2}$$

Der Parameter U^* repräsentiert eine dimensionslose Geschwindigkeit. Für die Grenzgeschwindigkeit stellten Yarin & Weiss [195] bei glatten Oberflächen ($R_z/d \ll 1$) nur eine schwache Abhängigkeit von der Oberflächenrauheit fest. Im Kriterium (6.2) sind neben den Stoffeigenschaften die Tropfengeschwindigkeit und -frequenz enthalten.

Das Kriterium (6.2) kann in eine Repräsentation in Abhängigkeit von Ohnesorge-, Reynolds- und Wellenzahl überführt werden. Basierend auf der Kontinuitätsgleichung und der Definition der Wellenzahl (siehe Gl. 5.4) ergibt sich folgender Ausdruck für die Tropfenfrequenz:

$$f_{\mathrm{G}} = \sqrt[3]{\frac{3k^2}{2\pi^2}}\,\frac{U}{d} \tag{6.3}$$

Einsetzen dieser Beziehung in die Definition von U^* nach Gleichung (6.2) liefert einen allgemeinen Zusammenhang zwischen der dimensionslosen Geschwindigkeit nach Yarin & Weiss [195] und den üblichen Kennzahlen von Tropfenketten:

$$\mathrm{Oh_d Re_d^{\frac{5}{4}}} = U^{*2}\left[\frac{3}{2}\right]^{\frac{1}{4}}\left[\frac{k}{\pi}\right]^{\frac{1}{2}} \tag{6.4}$$

Für optimalen Strahlzerfall bei einer Wellenzahl von $k=0{,}697$ und für $U^*>18$ kann mit dieser Gleichung das Splashingkriterium nach Yarin & Weiss in eine Form nur mit Reynolds- und Ohnesorgezahl umgeformt werden:

$$169 < \mathrm{Oh_d Re_d^{\frac{5}{4}}} \tag{6.5}$$

Diese Ungleichung ist der Korrelation (6.1) von Mundo et al. [119] sehr ähnlich. Lediglich die linke Seite weist einen deutlich größeren Wert auf, was mit den unterschiedlichen Versuchsanordnungen zu erklären ist. Für $k=0{,}697$ folgt $d/D=1{,}89$. Damit können $\mathrm{Re_d}$ und $\mathrm{Oh_d}$ in Kennzahlen mit dem Düsendurchmesser als charakteristische Länge umgeformt werden. Das Kriterium lautet dann:

$$105 < \mathrm{OhRe^{\frac{5}{4}}} \tag{6.6}$$

Yarin & Weiss [195] bestimmten ihr Splashingkriterium durch Versuche, die dem Funktionsprinzip des Tropfenprallzerstäubers sehr ähnlich sind. Sie brachten ebenfalls eine kontinuierliche Tropfenkette zum Aufprallen auf einen abgerundeten Körper. Folglich werden die Ungleichungen (6.5) und (6.6) innerhalb der vorliegenden Arbeit zur Repräsentation des Grenzkriteriums für die Zerstäubung durch Tropfenprall verwendet.

Tröpfchengrößenverteilung bei Pralltropfenzerstäubung

Da der Tropfenprallmechanismus im Rahmen der vorliegenden Arbeit zur Entwicklung eines Zerstäubersystems für Feinstsprays zur Anwendung gebracht wurde, sind die Eigenschaften der Sekundärtröpfchen ebenfalls von Interesse. Von Bedeutung sind hier insbesondere die Tröpfchengrößenverteilungen und deren charakteristische Kennwerte wie der Sauterdurchmesser. Es existieren eine Reihe von Publikationen, in denen entsprechende Messungen der Tropfengrößenverteilungen dokumentiert wurden, siehe [39, 40, 119, 149, 152]. Die in diesen Arbeiten enthaltenen Ergebnisse sind aufgrund der jeweiligen experimentellen Herangehensweise jedoch nicht auf die vorliegende Problemstellung mit einer kontinuierlichen Tropfenkette, die auf einen ruhenden Körper aufprallt, übertragbar. Die Experimente von Weiss [183] ähneln jedoch der Grundidee und den Versuchen dieser Dissertation. Seine Ergebnisse werden in Abschnitt 6.3.5 mit den Tröpfchengrößenmessungen der vorliegenden Arbeit verglichen. Er dokumentierte bei dimensionslosen Aufprallgeschwindigkeiten zwischen 18 und 32 Sauterdurchmesser zwischen 10 und 14% des Primärtropfendurchmessers.

Strömungszustände von Prallstrahlen

Neben den Phänomenen beim Tropfenprall sind vorliegend auch die Zerstäubungseigenschaften von Prallstrahlen von Interesse. Hierbei ist insbesondere von Bedeutung, unter welchen Bedingungen die Strömung infolge des kollidierenden Strahles am Prallelement anliegt und kein Spray entsteht. Dies ist gemäß des Funktionsprinzips des Tropfenprallzerstäubers die erforderliche Betriebsweise bei abgeschalteter Primärtropfenproduktion.

Untersuchungen auf diesem Gebiet wurden bei weitem nicht so häufig publiziert wie beim Tropfenprall. Im Zusammenhang mit der Erforschung und der Optimierung des Wärmeübergangs von heißen Oberflächen auf Prallstrahlen wurden aber eine Reihe von Studien veröffentlicht, deren Informationen vorliegend herangezogen werden konnten. Lienhard et al. [103] (1992) zeigten anhand experimenteller Untersuchungen mit turbulenten Wasserstrahlen, dass deren Zerstäubungscharakteristik beim Aufprall von der Intensität der Oberflächenstörungen der Strahlen abhängt. In Abschnitt 4.1 wurde ausführlich erklärt, dass Störungen entlang der Längsachse eines jeden Flüssigkeitsstrahles anwachsen und schlussendlich zu dessen Zerfall führen. Folglich ist der Strömungszustand von Prallstrahlen abhängig vom Abstand zwischen Düse und Prallfläche. So führt ein sehr kurzer Abstand nicht zur Tröpfchenbildung, wohingegen oberhalb einer kritischen Länge s_{krit} Sprayerzeugung einsetzt. In einer weiterführenden Arbeit gaben Bhunia & Lienhard [9] (1994) Messergebnisse für diese kritische Entfernung s_{krit} zwischen Düsenaustritt und Prallfläche an. Zur Abgrenzung verwendeten sie das Verhältnis aus Spray- und Gesamtmassenstrom. Überstieg dieses einen Wert von 5%, gingen Bhunia & Lienhard von einer zerstäubenden Prallströmung aus. Sie gaben die Ergebnisse als relative Entfernung bezüglich des Düsendurchmessers s_{krit}/D in Abhängigkeit von Weber- und Ohnesorgezahl an. Abbildung 6.4a zeigt deren Messdaten sowie zusätzliche Ergebnisse von Trainer [167] (2016). Es ist zu erkennen, wie die kritische Länge mit steigender Weberzahl zunächst leicht ansteigt und anschließend stark abfällt.

Da in den Literaturstellen Oberflächenwellen als Ursache der Prallstrahlzerstäubung benannt wurden, liegt ein Zusammenhang zwischen der kritischen Entfernung s_{krit} und der Strahlaufbruchlänge Z nahe. Dies erwähnten sowohl Bhunia & Lienhard als auch Trainer. Letztgenannter führte aus diesem Grunde auch Strahllängenmessungen durch und verglich die Ergebnisse mit den kritischen Entfernungen für einsetzende Prallstrahlzerstäubung. Trainer [167] stellte einen direkten Zusammenhang zwischen kritischer Entfernung s_{krit} und Aufbruchlänge Z fest. Eine Zusammenführung der Strahlaufbruchlängen und der kritischen Entfernungen führte er jedoch nicht durch. Dies erfolgte jedoch für die vorliegende Arbeit, indem die Werte für s_{krit} auf die jeweiligen Strahllängen Z

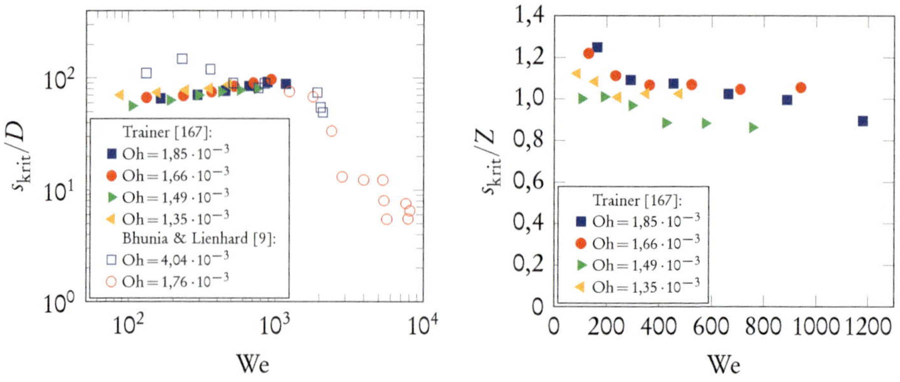

(a) Bezogen auf den Düsendurchmesser **(b)** Bezogen auf die Strahlaufbruchlängen

Abbildung 6.4: Gemessene kritische Entfernungen s_{krit} für einsetzende Prallstrahlzerstäubung von Bhunia & Lienhard [9] und Trainer [167].

aus der Publikation von Trainer (Fig. 6 und Fig. 11 in [167]) bezogen wurden. Ein entsprechendes Diagramm mit dem Verhältnis s_{krit}/Z als Ordinate zeigt die Abbildung 6.4b. Diese Darstellung verdeutlicht, dass die kritische Entfernung bei kleinen Weberzahlen etwa 20% größer ist als die Strahllänge und mit steigender Weberzahl auf minimal 86% von Z abfällt. Außerdem ist ersichtlich, dass kleinere Ohnesorgezahlen zu einer Begünstigung der Spraybildung führen, was auch zu erwarten ist.

Abbildung 6.4b bestätigt, dass ein direkter Zusammenhang zwischen s_{krit} und Z vorliegt. Die kritische Entfernung s_{krit} kann durch die Strahlaufbruchlänge mit einer Genauigkeit von $\pm 20\%$ angenähert werden. Die Abhängigkeit von der Weberzahl ist sehr gering. Es ist hier zu beachten, dass die Strahlaufbruchlängen beim natürlichen Zerfall zeitlich variieren. Für das Diagramm wurden die Mittelwerte herangezogen. An Messpunkten, bei denen die kritische Länge in etwa der Strahlaufbruchlänge Z entspricht, treffen somit wechselweise intakte Strahlen, abgeschnürte Strahlabschnitte und Tropfen auf die Prallfläche. In Abhängigkeit des Impulses zerspritzen diese beim Aufprall oder nicht. Dies erklärt zum einen, dass mit steigender Weberzahl die relative kritische Entfernung s_{krit}/Z sinkt. Zum anderen wird dadurch verdeutlicht, dass sich bei den Experimenten von Trainer [167] eigentlich eine Prall*tropfen*zerstäubung einstellte. Die ermittelten kritischen Längen sind Messpunkte, bei denen die Häufigkeit der Tropfenbildung und -zerstäubung zu einem 5%igen Spraymassenstrom führte.

Trainer [167] führte auch Experimente mit aufprallenden intakten Strahlen durch (mit $s \ll Z$). Er stellte dabei keine Zerstäubung im gesamten untersuchten Weberzahlbereich bis max. 1200 fest.

Die obigen Ausführungen zeigen, dass bei der Bewertung der Strömungszustände bei der Zerstäubung durch Prallstrahlen zwischen dem Aufprall intakter Strahlen mit $s \ll Z$ und dem Aufprall von Strahlen in der Nähe des Strahlzerfalls mit $s \approx Z$ unterschieden werden muss. Die in der Literatur verfügbaren Daten beziehen sich alle auf den letztgenannten Fall. Für den Aufprall intakter Strahlen wurde lediglich berichtet, dass keine Zerstäubung beobachtet werden konnte (bis max. We = 1200).

6.3 Experimentelle Untersuchungen

6.3.1 Versuchsaufbau

Zur Entwicklung des modulierenden Tropfenprallzerstäubers war ein Verständnis über verschiedene Phänomene beim Aufprallen von Tropfen und Strahlen auf zylinderförmige Prallelemente erforderlich. Es interessierten die generellen Erscheinungen beim Aufprall, das Verhältnis von Spray- zu Rückflussvolumenstrom, die Tröpfchengrößenverteilungen der Sprays und die Ableitungseigenschaften von Prallstrahlen. Insbesondere im geplanten Betriebsbereich des modulierenden Tropfenprallzerstäubers konnten nicht genügend Informationen durch existierendes Wissen abgedeckt werden. Die entsprechenden Experimente zur Ermittlung der notwendigen Informationen sind in diesem Abschnitt beschrieben.

Die für die experimentellen Untersuchungen erstellten Versuchsanordnungen sind in Abbildung 6.5 dargestellt. Teilabbildung (a) zeigt den Aufbau für die Messungen des Verhältnisses aus Spray- und Rückflussmassenstrom, für optische Aufnahmen des Tropfenpralls und für die Untersuchungen von Prallstrahlen. Den Aufbau für die Tröpfchengrößenmessungen der Sprays zeigt die Abbildung 6.5b.

In beiden Versuchsaufbauten kam für die Produktion der Flüssigkeitsstrahlen und der Primärtropfen, wie auch bei den Experimenten zum kontrollierten Strahlzerfall, ein Tropfengenerator von der FMP Technology GmbH zum Einsatz. Zur Flüssigkeitsversorgung wurde ein Druckbehälter mit einem maximalen Betriebsüberdruck von 30 bar und einem maximalen Nutzinhalt von 4,2 l verwendet. Die Einstellung des Luftdruckes innerhalb des Behälters erfolgte mit einem Präzisionsdruckregler, der über die zentrale Druckluftversorgung (für $p < 6$ bar) oder mit einer Pressluftflasche (für $p \geqslant 6$ bar) versorgt wurde. Zur Vermeidung von Verstopfungen der Düsen diente ein geeigneter Filter in der Leitung zwischen Druckbehälter und Tropfengenerator. Möglicherweise im Leitungssystem enthaltene Luft konnte durch die Entlüftungsleitung entfernt werden.

Die Ansteuerung des Tropfengenerators erfolgte im kontinuierlichen Betrieb über einen analogen Funktionsgenerator (TOE 7404, TOELLNER Electronic

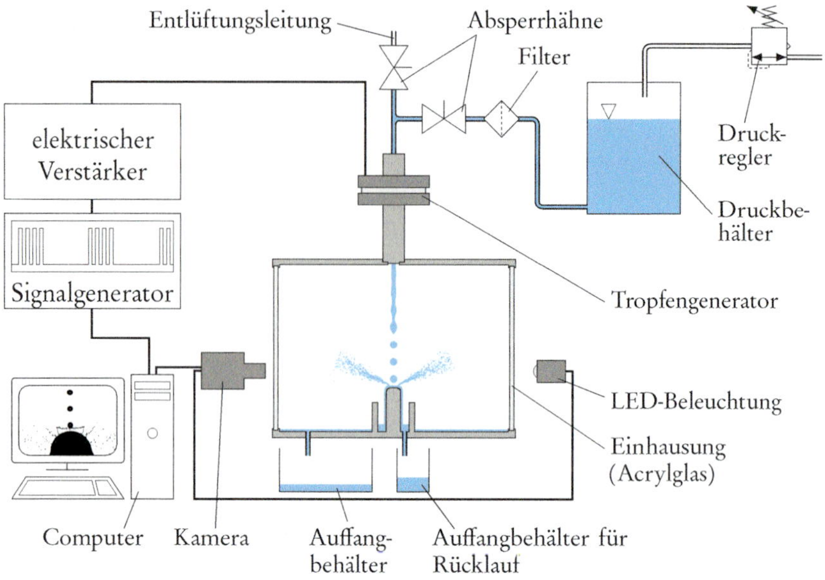

(a) Aufbau zur Vermessung der Sprayanteile, für Kameraaufnahmen des Tropfenpralls und für Experimente mit Prallstrahlen

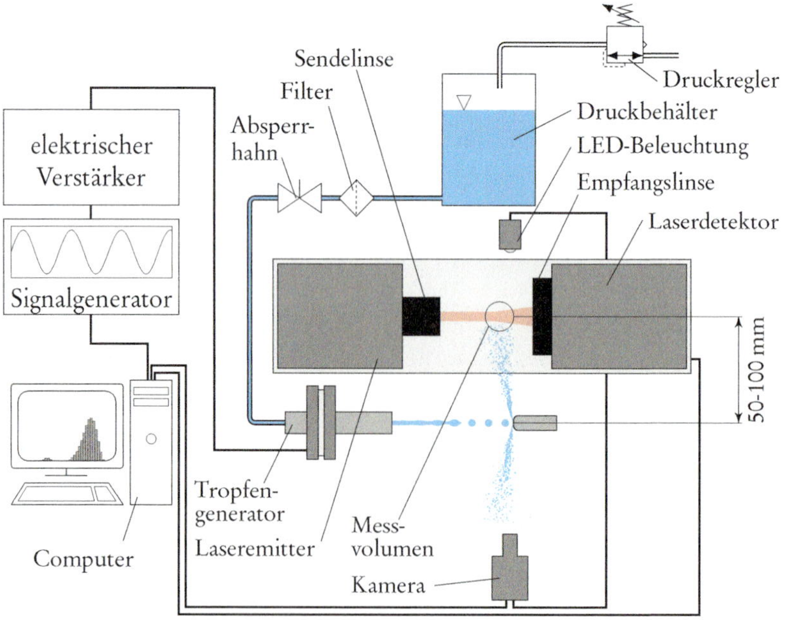

(b) Aufbau zur Messung der Tropfengrößenverteilungen der Sekundärtröpfchen

Abbildung 6.5: Experimentelle Anordnungen für die Versuche mit Pralltropfen und -strahlen.

Instrumente GmbH). Im gepulsten Betrieb kam eine spezielle Steuereinheit zum Einsatz. Diese wurde im Rahmen der Bachelorarbeit von Fees [61] für den modulierenden Tropfenprallzerstäuber entwickelt und angefertigt. Ein elektrischer Verstärker (LE 150/100 EBW, Piezomechanik GmbH) erhöhte die Spannungsamplituden der Steuersignale auf bis zu 150 V.

Mit einer Kamera und einer entsprechenden LED-Beleuchtung konnte sichergestellt werden, dass stets eine einwandfreie monodisperse Tropfenkette auf den Prallelementen auftraf. Das verwendete Kamerasystem entspricht dem aus Abschnitt 5.3.1 für die Versuche zum kontrollierten Strahlzerfall.

Für den in Abbildung 6.5a gezeigten Aufbau wurde eine Acrylglaseinhausung angefertigt. Ein Ablauf aus dieser Kammer für den Rücklauf erlaubte die Bestimmung der Volumenstromverhältnisse. Dazu wurde bei jedem Betriebspunkt zunächst der gesamte Düsenvolumenstrom $\dot{V}_G$ bestimmt. Anschließend erfolgte die Messung der Masse an Flüssigkeit, welche innerhalb eines definierten Zeitraumes am Prallelement ablief und sich im Auffangbehälter für den Rücklauf sammelte. Durch Umrechnen auf das Volumen und durch Beziehen auf die Zeit der Messung konnte der Rücklaufvolumenstrom $\dot{V}_{RS}$ ermittelt werden. Der Sprayvolumenstrom folgte dann aus $\dot{V}_S = \dot{V}_G - \dot{V}_{RS}$.

Für die Messungen der Tröpfchengrößenverteilungen kam ein Laserdiffraktometer (Mastersizer X, Malvern Instruments Ltd.) zum Einsatz. Dieses Gerät erzeugt einen Helium-Neon-Laserstrahl mit einer Wellenlänge von 633 nm. Durch die Sendeoptik bzw. -linse wird der Strahl auf einen Durchmesser von 18 mm im Messvolumen fokussiert. Gegenüber dem Laseremitter befinden sich 33 Detektoren, welche die radiale Intensitätsverteilung des Laserstrahles erfassen. Die Tröpfchen im Laserstrahl bzw. im Messvolumen erzeugen ein von den Tropfendurchmessern abhängiges Beugungsmuster. Kleine Tropfen brechen das Licht besonders stark, wohingegen große Tropfen kleinere Brechungswinkel hervorrufen. Die Detektoren zeichnen das Beugungsmuster als radiale Intensitätsverteilung auf. Anschließend wird daraus die Tröpfchendurchmesserverteilung berechnet. Die Empfangslinse legt dabei den möglichen Messbereich fest. Bei den Experimenten kamen zwei verschiedene Empfangslinsen mit Brennweiten von 100 und 300 mm zum Einsatz, mit denen Durchmesserbereiche von 0,5 bis 180 und 1,2 bis 600µm vermessen werden konnten. Es erfolgten je Betriebspunkt 10 Messungen mit je 2000 Einzelmessungen bei 445 Hz, die anschließend gemittelt wurden.

Bei den Versuchen kamen unterschiedliche Prallelementgeometrien und -materialien zum Einsatz. Die verwendeten Formen sind in Abbildung 6.6 dargestellt. Sie unterscheiden sich im Durchmesser und in der Neigung der Prallfläche. Erste Untersuchungen erfolgten mit einem simplen, zylinderförmigen Stift ohne

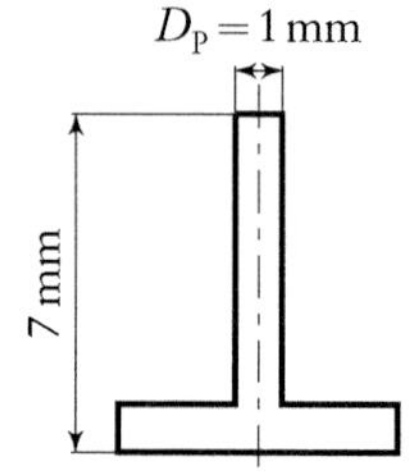

(a) Prallelement mit 1 mm Durchmesser ohne Abrundung (PE1)

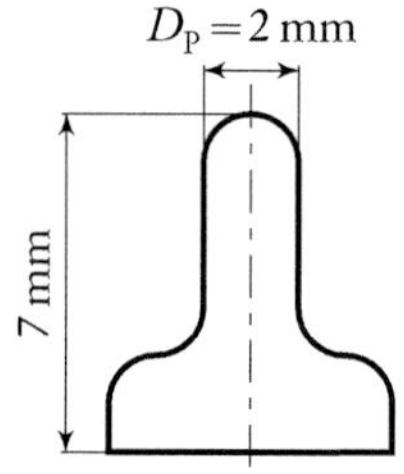

(b) Prallelement mit 2 mm Durchmesser (PE2)

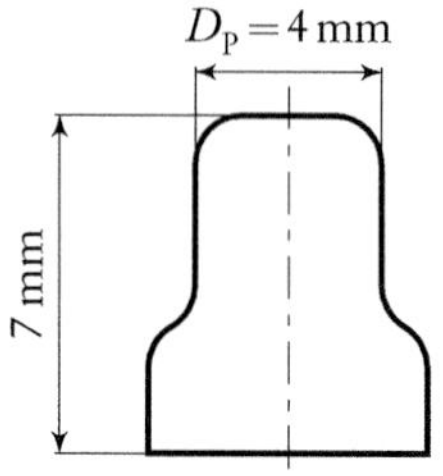

(c) Prallelement mit 4 mm Durchmesser (PE4)

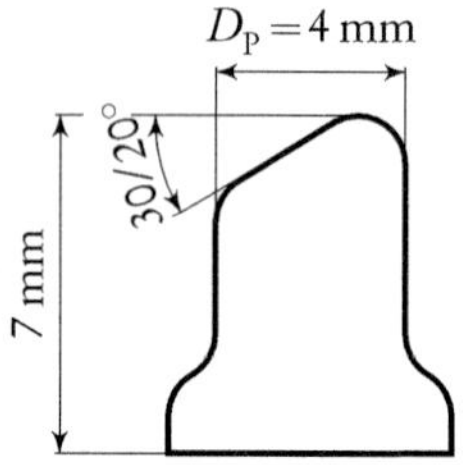

(d) Prallelemente mit 4 mm Durchmesser und geneigter Prallfläche (PE4/20 und PE4/30)

Abbildung 6.6: Geometrien der verwendeten Prallelemente.

Abrundungen (PE1) mit einem Durchmesser von $D_K = 1$ mm. Zur besseren Ableitung der Prallstrahlströmung wurde anschließend ein Prallelement mit einer halbkugelförmigen Prallfläche und einem Durchmesser von 2 mm (PE2) angefertigt. Aufgrund der einfacheren Positionierung eines größeren Prallelementes erfolgte die zusätzliche Anfertigung des Prallelementes mit 4 mm Durchmesser (PE4). Außerdem wurde der Einfluss von schrägen Prallflächen untersucht. Der Hintergrund dieses Ansatzes ist die Möglichkeit der Ausrichtung der Hauptausbreitungsrichtung des Sprays. Es wurden dazu zwei schräge Prallelemente mit Neigungswinkeln von 20 und 30° und Durchmessern von 4 mm angefertigt (PE4/20 und PE4/30). Die genannten Prallelemente PE1, PE2, PE4, PE4/20 und PE4/30 bestanden alle aus Edelstahl. Um auch den Einfluss der Benetzbarkeit zu untersuchen, erfolgten Versuche mit einem zusätzlichen Prallelement aus Polytetrafluorethylen (PTFE) und der Geometrie des PE4. Die Kurzbezeichnung im Rahmen dieser Arbeit für dieses Prallelement lautet PE4PTFE. Wenn in den weiterführenden Erläuterungen der Versuche keine Angaben über Prallelementmaterial oder -neigung gemacht werden, ist stets von Edelstahl und flacher Geometrie ohne Neigung auszugehen.

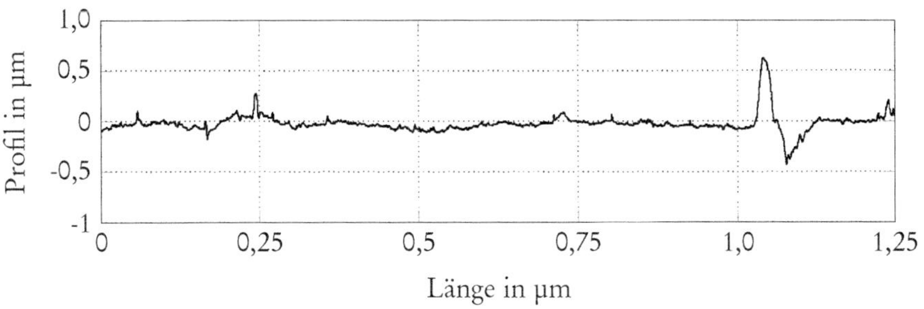

Abbildung 6.7: Rauheitsprofil des Prallelementes PE4; $R_a = 0{,}063\,\mu m$; $R_z = 0{,}042\,\mu m$; $R_{max} = 1{,}06\,\mu m$.

Die Oberflächen der Prallelemente PE2 und PE4 waren poliert und wiesen einen spiegelnden Glanz auf. Auf dem Element PE4 konnte das Rauheitsprofil vermessen werden. Das Ergebnis zeigt die Abbildung 6.7. Es ist zu erkennen, dass eine sehr glatte Oberfläche erzeugt wurde. Die mittlere Rautiefe beträgt $R_z = 0{,}042\,\mu m$. Bei einem Tropfendurchmesser von $d = 100\,\mu m$ ist somit die relative Rauheit $R_z/d = 4{,}2 \cdot 10^{-4}$. Dieser Wert ist viel kleiner als 1, was die Vernachlässigung der Prallelementrauheit als Einflussgröße erlaubt. Auf dem Prallelement PE2 war die Oberflächenmessung zwar nicht möglich, da es aber ebenfalls poliert wurde, konnte auch hier von vernachlässigbarer Prallelementrauheit ausgegangen werden.

Die Elemente PE4/20, PE4/30 und PE4PTFE wurden lediglich gedreht und nicht poliert. Die Oberflächen dieser Elemente konnten ebenfalls nicht vermessen werden. Eine Messung auf einem flachen Prallelement, das auf die gleiche Art und Weise wie PE4/20 und PE4/30 hergestellt wurde, ergab allerdings eine mittlere Rautiefe von $R_z = 0{,}99\,\mu m$. Relativ zu einem Tropfendurchmesser von $100\,\mu m$ ist dieser Wert mit $9{,}9 \cdot 10^{-3}$ zwar deutlich größer als beim polierten Prallelement, aber immer noch viel kleiner als 1. Es waren somit auch für die schrägen Prallelemente und das PTFE-Prallelement keine Einflüsse durch die Oberflächenrauheit zu erwarten.

Die Messungen dieses Kapitels erfolgten mit Wasser und teilweise mit einer additivierten Wasser-Glycerin-Lösung, deren Stoffeigenschaften in etwa denen von Heizöl EL entspricht. Zur Reduktion der Oberflächenspannung wurde das Additiv Dynwet 800 N (BYK-Chemie GmbH) verwendet. Die relevanten Stoffdaten der Vergleichsflüssigkeit (VF) sind in Tabelle 6.1 aufgeführt.

Tabelle 6.1: Relevante Stoffdaten der Vergleichsflüssigkeit (VF), gemessen bei 20 bis 25 °C.

Stoffeigenschaft	Symbol	Wert	Einheit
Dichte	ρ	1110	kg/m^3
dynamische Viskosität	η	5	mPas
Oberflächenspannung	σ	30,6	mN/m

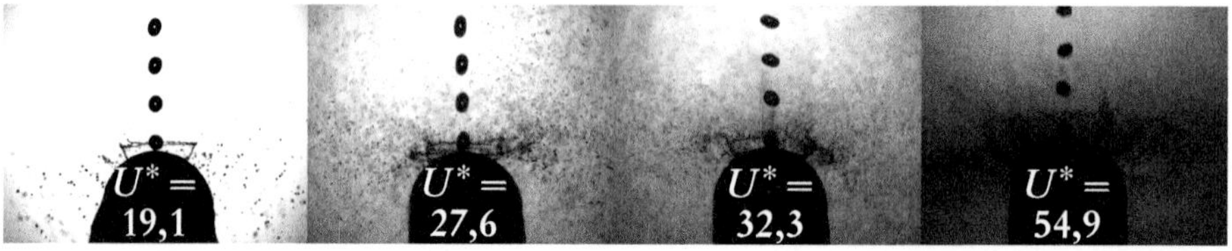

Abbildung 6.8: Aufnahmen von aufprallenden Tropfenketten bei verschiedenen Geschwindigkeiten; Wasser; $k = 0{,}71$; $D = 150\,\mu m$; $d = 282\,\mu m$; PE2; (Durchführung der Experimente: Betz [8]).

6.3.2 Zerfallsmechanismen

Für die phänomenologischen Untersuchungen wurde der Tropfenprall bei verschiedenen Tropfengeschwindigkeiten, -durchmessern und -abständen mit der Kamera aufgenommen. Es kamen Wasser und die Vergleichsflüssigkeit zum Einsatz. In Abbildung 6.8 sind ausgewählte Ergebnisse für Experimente mit Wasser und dem Prallelement PE2 für vier verschiedene Tropfengeschwindigkeiten dargestellt. Zur Einstellung der vier Geschwindigkeiten waren Behälterdrücke von 1; 3; 5 und 25 bar notwendig. Die dimensionslose Wellenzahl der kontinuierlichen Tropfenketten betrug in allen dargestellten Experimenten 0,71. Ergebnisse der Experimente mit der Vergleichsflüssigkeit werden hier nicht gezeigt, da in den Kameraaufnahmen durch die größeren Spraymengen nur sehr wenig erkannt werden kann (die Darlegung Spraymengenmessungen erfolgt gesondert in Abschnitt 6.3.3).

In der ersten Aufnahme von Abbildung 6.8 liegt die dimensionslose Geschwindigkeit mit $U^* = 19{,}1$ nur knapp über dem Splashingkriterium (6.2). Es ist darin gut zu erkennen, dass nach dem Aufprall eine Krone entsteht, die in Sekundärtröpfchen zerfällt. Die Krone erscheint in der Abbildung weiß bzw. sehr hell. Dies deutet darauf hin, dass die Flüssigkeitslamelle verhältnismäßig störungsfrei und glatt ist, da das durchscheinende Licht der LED nicht oder nur wenig gebrochen wurde. Im Vergleich mit den anderen drei Aufnahmen bei größerer

Geschwindigkeit ist das gesamte Bild deutlich heller. Dies liegt an der vergleichsweise geringen Spraymenge, denn der Hauptanteil des Gesamtvolumenstroms floss am Prallelement ab. Bei der nächstgrößeren Geschwindigkeit ist die Krone auch zu erkennen, die hier eine gekrümmte Form hat. Der Kronenrand weist kleine Mikrostrahlen auf. Insgesamt ist die Aufnahme aufgrund stärkerer Spraybildung deutlich dunkler. Bei $U^* = 32{,}3$ ist die Krone kaum noch zu erkennen. Bei der größten Geschwindigkeit von $U^* = 54{,}9$ liegt eine chaotische Zerstäubung ohne erkennbare zwischenzeitliche Kronenbildung vor. Aufgrund starker Spraybildung ist das gesamte Bild sehr dunkel. Die am Ende von Kapitel 2 in Abbildung 2.9b dargestellte Tropfenkette hat eine etwas kleinere dimensionslose Geschwindigkeit von 41,8. Auch hier ist bereits eine sehr chaotische und intensive Sprayerzeugung zu erkennen. Der schlechte optische Zugang aufgrund der intensiven Spraybildung bei derartig hohen Geschwindigkeiten erlaubt keine gesicherte Aussage über den Zerstäubungsmechanismus. Es erscheint aber als durchaus möglich, dass weder Kronen- noch Ejektabildung vorliegen, sondern ein chaotisches, direktes Zerplatzen der Tropfen.

Für eine detailliertere Untersuchung des Tropfenprallmechanismus erfolgten zusätzliche Versuche mit definiertem Phasenversatz zwischen den Tropfenprallereignissen und den Zeitpunkten der Kameraaufnahmen. Es wurde dazu die gleiche Technik eingesetzt wie bei den Experimenten zum gepulsten Strahlzerfall: Durch verschiedene Zeitversätze zwischen dem Triggersignal der Kamera und der Belichtung konnten Bilder zu verschiedenen Zeitpunkten aufgenommen werden. Abbildung 6.9 präsentiert zwei Experimente mit Wasser auf dem Prallelement PE2. Die Tropfenfrequenzen wurden so eingestellt, dass mit dem kleinstmöglichen Zeitversatz der Kamera (1 µs) mindestens 10 Bilder je Periodendauer $T_G = 1/f_G$ aufgenommen werden konnten. Außerdem war die Periodendauer stets ganzzahliges Vielfaches des Zeitversatzes, um zeitlich gleichmäßig verteilte Bilder innerhalb einer Periode zu erhalten. In Abbildung 6.9 betragen die Frequenzen in Teilabbildung (a) 50,0 kHz und in (b) 33,3 kHz. Die untereinander angeordneten Aufnahmen geben zehn unterschiedliche Zeitpunkte während des Tropfenpralls wieder. Die Zeitunterschiede zwischen den Einzelbildern betragen in (a) 2 µs und in (b) 3 µs. Es sind je Teilabbildung zwei Spalten dargestellt. In den jeweils linken Spalten befinden sich Aufnahmen eines beliebigen Einzelereignisses. Die rechten Spalten zeigen mittlere Bilder, berechnet aus 50 Einzelaufnahmen. Diese Bilder ermöglichen eine Betrachtung des deterministischen Anteils der Vorgänge beim Tropfenprall, da die stochastischen Anteile durch die Mittelung entfernt wurden.

In Abbildung 6.9a beträgt die dimensionslose Geschwindigkeit 23,2. Insbesondere die gemittelten Bilder geben gut wieder, wie sich die Krone kurz nach dem Aufprallen des Tropfens bildet und radial nach außen propagiert. Es sind

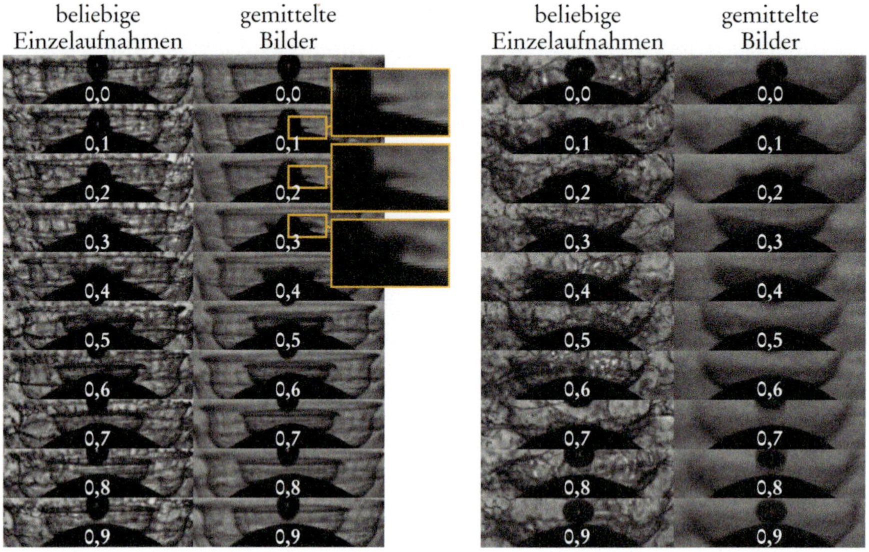

(a) $U^* = 23{,}2$; $k = 1{,}07$ (b) $U^* = 27{,}1$; $k = 0{,}71$

Abbildung 6.9: Tropfenprallmechanismus zu verschiedenen Zeitpunkten; Zahlenwerte: Phasenversatz als Vielfaches der Periodendauer T_G; $D = 150\,\mu m$; $U = 22{,}1\,m/s$; PE2; Wasser.

mehrere Kronen zu erkennen, die aus jeweils einem Tropfen entstanden. Bei einer detaillierten Betrachtung der Zeitpunkte $0{,}1T_G$ und $0{,}2T_G$ kann eine kleine, flache Lamelle erkannt werden (siehe orange umrandete Detailansichten). Dabei muss es sich um die sog. Ejekta handeln (vgl. Abbildung 6.3a). Wie in der Literaturrecherche angegeben, bildet sich diese sehr kurz nach dem Aufschlag des Tropfens und breitet sich anschließend in radialer Richtung aus. Zum Zeitpunkt $0{,}3T_G$ ist die Ejekta bereits nicht mehr zu sehen, weil diese von der Krone reabsorbiert wurde, die sich aus dem Film bildete. Das Reabsorbieren ist offenbar auch für die S-förmige Gestalt der Krone verantwortlich. Die Kronenform ergibt sich nämlich aus der Überlagerung der seitlichen bzw. radialen Bewegung der Ejekta und der nach oben gerichteten Bewegung der Krone. Für diesen Betriebspunkt mit $U^* = 23{,}2$ konnte somit die Ejektaformation sowie die anschließende Verschmelzung mit der Krone dokumentiert werden. Eine Eintragung des Betriebspunktes in das Oh-Re-Diagramm der Abbildung 6.3b macht allerdings keinen Sinn, denn das Diagramm gilt für unendlich tiefe Becken und nicht für flache Filme. Beide Betriebspunkte der Abbildung 6.9 würden aber außerhalb des untersuchten Bereiches liegen, d.h. bei größeren Reynoldszahlen als von Zhang et al. [198] getestet.

In Abbildung 6.9b ist der Tropfenprallvorgang bei einer größeren dimensionslosen Geschwindigkeit dargestellt. Die Erhöhung von U^* erfolgte ausschließlich durch die Verringerung der Frequenz bei gleicher Geschwindigkeit. Bei diesem Experiment kann die Ejekta nicht nachgewiesen werden. Kronen sind zwar in den Einzelaufnahmen zu sehen, allerdings sind diese in den gemittelten Bildern deutlich schwächer und unschärfer ausgebildet als bei $U^* = 23{,}2$. Dies weist darauf hin, dass der Zerfall zunehmend unregelmäßiger und chaotischer wurde. Die Tatsache, dass auf den Aufnahmen keine Ejekta zu sehen ist, belegt aber nicht zwangsläufig deren Nichtexistenz. Aufgrund des schwierigen optischen Zugangs infolge der Spraybildung könnte die Ejekta lediglich nicht erkennbar sein.

Die fotografischen Aufnahmen des Tropfenpralls bestätigten im Wesentlichen die Literaturangaben. Sowohl Kronen- als auch Ejektabildung wurde beobachtet. Das sich beim Tropfenprall bildende Spray erschwerte jedoch die optischen Untersuchungen merklich, weshalb keine tiefergehenden quantitativen Betrachtungen möglich waren. Zur Überwindung dieser Beschränkung von optischen Messungen wäre beispielsweise die Röntgentechnik in der Lage, wie sie Zhang et al. [198] zur Erforschung der Ejektaformation anwendeten. Allerdings wäre dies mit sehr hohem Aufwand verbunden.

6.3.3 Sprayanteil im kontinuierlichen Betrieb

Die Messungen des Sprayvolumenstroms bei kontinuierlichem Aufprallen von Tropfen ohne Pulsweitenmodulation erfolgten bei vielen verschiedenen Versuchsbedingungen und mit vier unterschiedlichen Prallelementen. Es kamen bis auf das PE1 alle Prallelemente zum Einsatz. Die Versuche wurden hauptsächlich mit der Vergleichsflüssigkeit durchgeführt, nur bei den Prallelementen PE2, PE4 und PE4PTFE fand zusätzlich Wasser Verwendung. Die Ergebnisse der Experimente sind in den Abbildungen 6.10 und 6.11 dargestellt. In den Diagrammen sind die Sprayvolumenströme $\dot{V}_S$ relativ zum Gesamtvolumenstrom $\dot{V}_G$ über der dimensionslosen Geschwindigkeit U^* dargestellt. Die Abszissenwerte entsprechen dimensionsbehafteten Geschwindigkeiten von ca. 10 bis 68 m/s und Behälterdrücken bis max. 26 bar. Bei jeder Geschwindigkeit wurden mehrere Tropfenfrequenzen eingestellt, so dass sich Wellenzahlen von ca. 0,5; 0,6; 0,7; 0,8 und 0,9 ergaben.

In den Diagrammen der Abbildung 6.10 ist zu sehen, dass jeweils eine Grenzgeschwindigkeit existiert, oberhalb derer Spraymassenströme gemessen wurden. Diese Stellen können als Splashingkriterien herangezogen werden. Für die beiden flachen Prallelemente PE2 und PE4 liegen die minimalen U^*-Werte mit vorhandenem Spray bei 15,5 und 17,1. Für das PE4 wird somit der von Yarin & Weiss [195] angegebene Bereich für die Splashing-Grenzgeschwindigkeit von

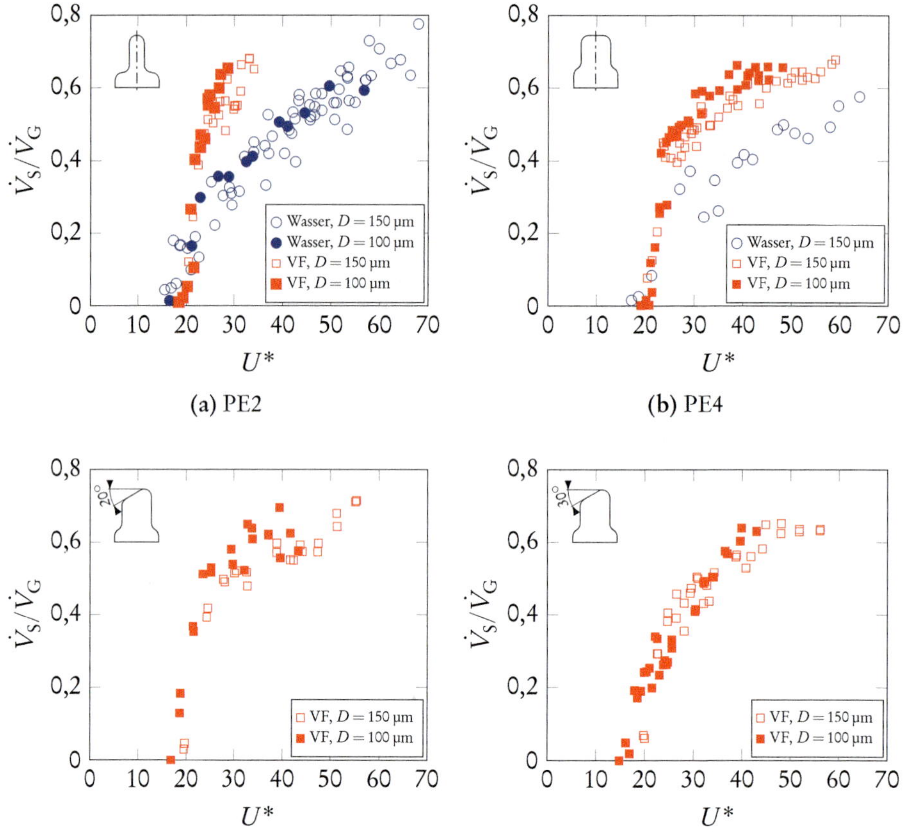

(a) PE2 (b) PE4

(c) PE4/20 (d) PE4/30

Abbildung 6.10: Relativer Sprayvolumenstrom in Abhängigkeit von der dimensionslosen Geschwindigkeit für alle getesteten Prallelemente aus Edelstahl (Durchführung der Experimente: Betz [8]).

17 bis 18 sehr gut bestätigt. Bei dem Prallelement PE2 liegt eine etwas kleinere Grenzgeschwindigkeit vor. Allerdings hat dieses Prallelement auch eine stark gekrümmte Oberfläche, die in [195] nicht vorhanden war. Die beiden schrägen Prallelemente weisen Grenzgeschwindigkeiten von 16,9 (20°) und 13,9 (30°) auf. Während bei der Neigung von 20° der schräge Aufprall keinen Einfluss hat, liegt bei 30° das Splashing-Grenzkriterium deutlich niedriger.

Der generelle Verlauf ist für alle vermessenen Flüssigkeiten, Prallelemente und Düsendurchmesser ähnlich: Nach Übersteigen der kritischen Geschwindigkeit steigen die relativen Spraymengen zunächst sehr stark an. Ab einer Spraymenge von ca. 30% lassen die Anstiege nach und es ergeben sich unterschiedliche

Verläufe für verschiedene Flüssigkeiten. Die Messkurven der Prallelemente mit flachen Prallflächen scheinen sich für große U^* einem jeweils eigenen Grenzwert anzunähern. Für das PE2 ist dies nicht erkennbar. Qualitativ stimmen diese Beobachtungen mit den experimentellen Angaben von Weiss [183] überein. Er erhielt jedoch deutlich größere relative Spraymengen. Allerdings ermittelte Weiss diese nicht aus Massenstrommessungen, sondern aus seinen Kameraaufnahmen, die große relative Fehler von 14% aufwiesen.

Bei den Versuchen mit den Prallelementen PE2 und PE4 sind die Spraymengen der Vergleichsflüssigkeit deutlich größer als für Wasser. Der Hauptunterschied der Vergleichsflüssigkeit zu Wasser ist die um einen Faktor fünf größere Viskosität. Offenbar führt eine höhere Viskosität zu einer Erhöhung der zerstäubten Menge. Diese Beobachtung ist bei einer Auftragung über der dimensionslosen Geschwindigkeit U^* nach [183, 195] nicht zu erwarten, denn diese enthält alle relevanten Einflussgrößen und somit auch die Viskosität. Offenbar liegt bei den hier vorgestellten Experimenten ein zusätzlicher Einflussparameter vor, der bei verschiedenen Viskositätswerten auch verschiedene Auswirkungen hat. Für den vorliegenden Fall könnte dieser Parameter die Geometrie (Breite und Krümmung) der Prallelemente sein, denn diese ist in der Definition von U^* nicht enthalten. Dies zeigt, dass die theoretischen Überlegungen zu den Einflussparametern des Tropfenpralls von Yarin & Weiss [183, 195] nicht ausreichen, um die im Rahmen der vorliegenden Arbeit bearbeitete Problemstellung mit verschiedenen Prallelementgeometrien vollständig zu beschreiben.

Die Abbildung 6.10c zeigt, dass der Kurvenverlauf im Vergleich zum PE4 durch die leichte Schräge des Prallelements PE4/20 im Wesentlichen nicht beeinflusst wurde. Bei der Neigung der Prallelementfläche um 30° des PE4/30 ist eine geringe Änderung in Richtung kleinerer Spraymengen zu erkennen. Eine geneigte Prallelementform hat folglich nur kleine Auswirkungen auf die relative Spraymenge.

Insgesamt kann festgehalten werden, dass der relative Sprayanteil $\dot{V}_S/\dot{V}_G$ mit steigender Tropfengeschwindigkeit ebenfalls ansteigt. Typischerweise wurden bis zu 70% des Gesamtvolumenstroms erreicht. Der absolute Maximalwert aller Versuche lag bei 77,6%, erzielt mit Wasser auf dem Prallelement PE2 bei $U^* = 67{,}9$.

Der Einfluss der Benetzungseigenschaften auf die Spraymenge ist in Abbildung 6.11 dargestellt. In diesem Diagramm sind die Ergebnisse des PTFE-Prallelements (entnetzend) mit denen des PE4 (benetzend) gegenübergestellt. Sowohl die Geometrie als auch die Flüssigkeit sind für beide Messkurven gleich. Es ist zu erkennen, dass bei Berücksichtigung der Streuung der Messwerte keine Unterschiede zwischen beiden Prallelementmaterialien vorliegen. Offenbar

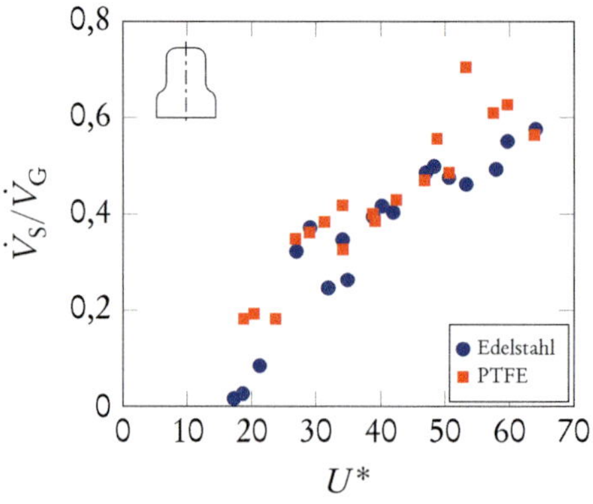

Abbildung 6.11: Relativer Sprayvolumenstrom in Abhängigkeit von der dimensionslosen Geschwindigkeit für die Prallelemente PE4PTFE (entnetzend) und PE4 (benetzend); $D = 150\,\mu m$; Wasser (Durchführung der Experimente: Betz [8]).

ist der Einfluss der Grenzflächenspannungskräfte zwischen der Wand und der Flüssigkeit vernachlässigbar. Diese Beobachtung steht im Einklang mit dem theoretischen Modell von Yarin & Weiss [195]. Das Modell vernachlässigt Oberflächenspannungskräfte gänzlich, da beim Tropfenprall die Weberzahl und damit das Verhältnis von Trägheits- zu Oberflächenkräften meist groß ist.

In allen Diagrammen der Abbildungen 6.10 und 6.11 fällt die große Streuung der Messwerte auf, die auch bei sehr sorgfältiger Versuchsdurchführung nicht beseitigt werden konnte. Diese Streuung war insbesondere bei den Experimenten mit Wasser hoch. Zur Erklärung dieser Beobachtung wird im Folgenden auf Oszillationen der Primärtropfen eingegangen.

Ein Gesichtspunkt, der in den bisherigen Darstellungen des Sprayanteils außer Acht gelassen wurde, ist die Abweichung der Tropfen von der Kugelgestalt. Die Abbildung 5.1 zeigte bereits, dass die Tropfen durch den Abschnürvorgang zu Oberflächenschwingungen angeregt werden, die unter Umständen zu signifikanten Abweichungen von der Kugelform führen. Eine detailliertere Darstellung bezüglich der Tropfenoszillationen zeigen die experimentellen Ergebnisse in Abbildung 6.12. Die Teilabbildung (a) zeigt Aufnahmen einer Tropfenkette in unterschiedlichen Abständen vom Düsenaustritt. Es ist gut zu erkennen, wie nach dem Strahlzerfall ein Tropfen mit einer zunächst länglichen Tropfenform entsteht. Die Oberflächenspannung hat anschließend das Bestreben diesen Tropfen in eine Kugelgestalt zu ziehen, ruft aber ein Überschwingen in eine flache bzw. scheibenartige Form hervor. Der Tropfen pendelt fortan zwischen diesen beiden Zuständen. Durch den Einfluss der Viskosität wird die Schwingung allmählich gedämpft, bis schlussendlich die Kugelform erreicht ist. In Abbildung 6.12a ist kein

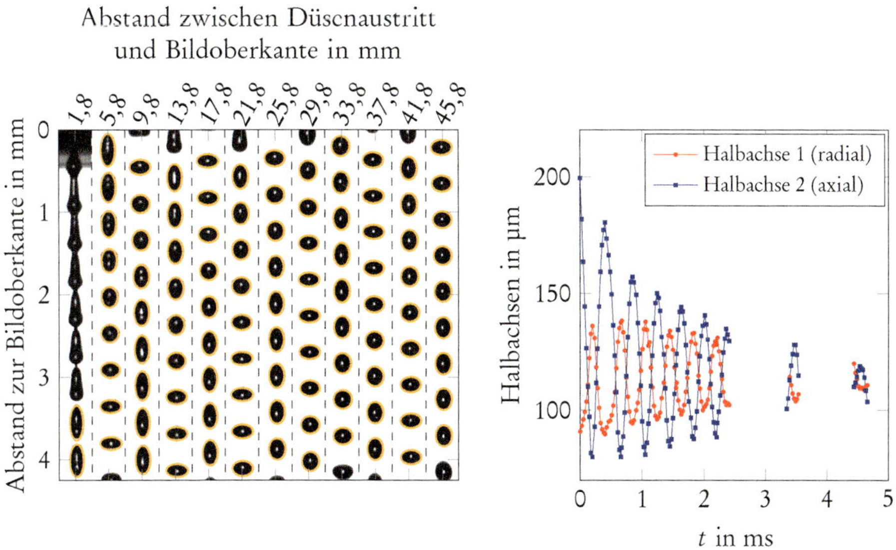

(a) Aufnahme oszillierender Tropfen und Annäherung mit Ellipsoiden.

(b) Halbachsen der Ellipsoiden in Abhängigkeit von der Zeit.

Abbildung 6.12: Tropfenoszillationen in einer Tropfenkette; $f_G = 39{,}2\,\text{kHz}$; $k = 0{,}78$; $U = 18{,}0\,\text{m/s}$; $D = 150\,\mu\text{m}$; $d = 249\,\mu\text{m}$.

vollständiges Abklingen sichtbar, ein deutliches Nachlassen der Amplituden allerdings schon. Oszillationen von Tropfen lassen sich theoretisch über harmonische Auslenkungen von der Kugeloberfläche nachbilden [30, 66]. Die Grundmode hat die Ordnung 2 und führt zu zwei gegenüberliegenden Ausbeulungen des Tropfens von der Kugeloberfläche. Sie kann mit einem Ellipsoiden beschrieben werden [27]. Höhere Ordnungen sind ebenfalls möglich und führen zu weiteren Ausbeulungen. Die Tropfen in Abbildung 5.1 weisen beispielsweise zum Teil Schwingungen der 3. Ordnung mit drei Ausbeulungen auf. Höhere Ordnungen treten insbesondere kurz nach der Tropfenentstehung auf und klingen rascher ab als die jeweils niedrigere Schwingungsordnung [63]. Die Grundmoden der Tropfen in Abbildung 6.12a wurden durch Fitten von Ellipsen angenähert. Die Ergebnisse dieser Annäherungen sind als orangefarbene Konturen dargestellt. In Abbildung 6.12b sind die beiden Halbachsen der ermittelten Ellipsen über der Zeit aufgetragen. Das Diagramm veranschaulicht sehr gut die abklingende Tropfenoszillation. Die Amplitude der radialen Halbachse ist stets kleiner als die der axialen Halbachse, was durch die Massenerhaltung zu erklären ist.

Der obige Absatz macht deutlich, dass der Abstand der Prallelementoberfläche vom Strahlaufbruch den momentanen Schwingungszustand und folglich die Gestalt der Tropfen beim Aufprall beeinflusst. Zur Untersuchung dieses Einflusses erfolgten Messungen der relativen Spraymenge bei gleichbleibenden Einstellungen unter alleiniger Veränderung der Tropfengestalt beim Aufprall. Die neun untersuchten Tropfenformen zeigt die Abbildung 6.13. Die Versuchsparameter sind in der Bildunterschrift aufgeführt. Zur Erzeugung besonders intensiver Oszillationen wurde hier mit 200 µm eine verhältnismäßig große Düse und als Flüssigkeit Wasser ausgewählt. Die verschiedenen Einzelaufnahmen der Abbildung 6.13 sind von links nach rechts mit steigendem relativen Sprayanteil angeordnet. Die Werte für $\dot{V}_S/\dot{V}_G$ sind jeweils in weißer Schrift auf dem Prallelement aufgeführt. Es ist zu erkennen, dass sehr große Unterschiede in den Tropfenformen vorlagen und dass sich auch große Unterschiede in den relativen Spraymengen ergaben. Es wurden Werte zwischen 0,058 und 0,373 erzielt, was einem mittleren Wert und einer großen prozentualen Streuung von 0,22 ± 73% entspricht. Die Einzelaufnahme ganz links zeigt einen aufprallenden Tropfen kurz nach dem Zerfall des Strahles. Der Tropfen besitzt dadurch eine sehr stark langgestreckte Form, was offensichtlich zu einem sehr kleinen Sprayvolumenstrom führt. Die Tropfen auf den nächsten beiden Bildern sehen zwar relativ rund aus, bei näherer Betrachtung ist allerdings zu erkennen, dass auf deren Oberfläche die dritte und die vierte Schwingungsmode vorliegen (die zweidimensionalen Tropfenkonturen weisen drei und vier Ausbeulungen auf). Für diese beiden Fälle sind die relativen Spraymengen mit 0,194 und 0,202 deutlich größer. Einen ähnlich großen Sprayanteil hat auch die Tropfenkette auf der vierten Teilabbildung. Hier vereinigte sich kurz vor dem Aufprall ein während des Zerfalls entstandenes Ligament mit dem Haupttropfen. Bei den nächsten drei Tropfenformen ist ein deutlicher Sprung der Sprayanteile auf 0,258; 0,301 und 0,304 zu verzeichnen. Hier liegen im Wesentlichen scheibenförmige Tropfengestalten vor, wobei diese für $\dot{V}_S/\dot{V}_G = 0{,}301$ kurz vor dem Aufprall wieder in eine Kontur mit drei Ausbeulungen zurückschwingt. Die größten Spraymengen wurden schließlich mit den letzten beiden Tropfenformen erzeugt. Im Moment des Aufpralls sind hier die Tropfen länglich geformt.

Die Ergebnisse der Abbildung 6.13 zeigen zwar, dass die Sprayanteile bei verschiedenen Tropfenformen beim Aufprall sehr stark variieren, allerdings können daraus keine Rückschlüsse gezogen werden. So wurden mit länglichen Tropfen sowohl große als auch kleine Spraymengen erzielt. Offenbar hängt die Menge der zerstäubten Flüssigkeit vom Einzelfall ab, was die Formulierung allgemeingültiger Zusammenhänge erschwert. Hinzu kommt, dass ein schwingender Tropfen durch seine Gestalt nicht vollständig beschrieben ist. Eine weitere Größe ist die zeitliche Änderung der Oberfläche bzw. die Schwingungsgeschwindigkeit. Diese

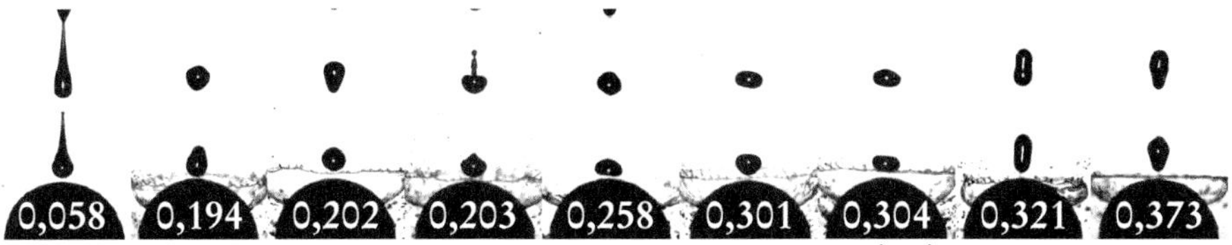

Zahlenwerte: relativer Sprayvolumenstrom $\dot{V}_S/\dot{V}_G$

Abbildung 6.13: Relativer Sprayvolumenstrom für verschiedene Tropfengestalten vor dem Aufprall; $U^* = 23{,}4 \pm 0{,}25$; $D = 200\,\mu m$; $k = 0{,}53$; PE2; Wasser (Durchführung der Experimente: Betz [8]).

ist in den Momentanaufnahmen der Abbildung 6.13 nicht ersichtlich. Es ist anzunehmen, dass neben der Oberflächenform und -geschwindigkeit auch die mit den Schwingungen einhergehende Strömung innerhalb der Tropfen die Sprayanteile beeinflusst. Diese Problemstellung ist nur durch numerische Simulationen zu klären.

Die Experimente zu Tropfenoszillationen konnten zeigen, dass die Streuung der Messergebnisse der Sprayanteile durch unterschiedliche Schwingungszustände der Tropfen beim Aufprall zu erklären ist. Bedingt durch unterschiedliche Wellenzahlen, Geschwindigkeiten, etc. variierten die Schwingungszustände während der Sprayanteilmessungen. Die kleineren Streuungen bei den Experimenten mit der Vergleichsflüssigkeit unterstreichen diese Schlussfolgerung, denn durch die fünfmal größere Viskosität müssen die Tropfenoszillationen zum Zeitpunkt des Aufpralls deutlich schwächer ausgeprägt gewesen sein. Hinzu kommt die schwache Reproduzierbarkeit des kontrollierten Strahlzerfalls, die in Abschnitt 5.3.2 ausführlich beschrieben wurde. Diese bedingt bei praktisch gleichen Einstellungen unterschiedliche Zustände der Tropfenketten, was sich auf die Tropfenoszillationen und somit auf die Sprayanteile auswirken muss.

6.3.4 Sprayanteil im intermittierenden Betrieb

Die Vermessung der Sprayvolumenströme erfolgte auch im intermittierenden Betrieb, der durch eine getaktete Strahlanregung mittels einer Pulsweitenmodulation realisiert wurde. Der innovative Ansatz des modulierenden Tropfenprallzerstäubers basiert auf genau diesem Vorgang, der auf den ersten Blick trivial erscheint. Die Darstellungen in Abschnitt 5.4 zeigten jedoch, dass bereits der kurzzeitig angeregte Strahlzerfall ein sehr komplexer Vorgang ist, der sich auch auf die Spraymengen auswirken muss. Zur Verifikation des Funktionsprinzips des Tropfenprallzerstäubers und zur Beschreibung der physikalischen Vorgänge beim kurzzeitigen Tropfenprall wurden Experimente bei verschiedenen Pulsweiten τ_{Sig}

des PWM-Signals und bei verschiedenen Abständen s zwischen Strahlaustritt und Prallelementen durchgeführt. Die Bewertung erfolgte anhand der gemessenen mittleren Sprayvolumenströme.

In Abbildung 6.14 sind die Ergebnisse einer Versuchsreihe dargestellt. Der mittlere Sprayvolumenstrom $\overline{\dot{V}_S}$ wurde durch Normierung mit dem Sprayvolumenstrom bei permanenter Zerstäubung $\dot{V}_S$ dimensionslos gemacht: $\overline{\dot{V}_S}^* = \overline{\dot{V}_S}/\dot{V}_S$. Auch die Pulsweite ist als relativer Wert bezüglich der Periodendauer des PWM-Signals $\tau^*_{Sig} = \tau_{Sig}/T_{PWM}$ aufgetragen. Da die Experimente im Rahmen eines Projektes zur Entwicklung eines Heizölbrenners durchgeführt wurden, erfolgte die Wahl der Versuchsparameter weitestgehend gemäß der beabsichtigten Kennwerte des Brenners. Es kam die in Tabelle 6.1 charakterisierte Vergleichsflüssigkeit zum Einsatz. Ein Behälterdruck von ca. 16 bar war notwendig, um den Gesamtmassenstrom von 21,9 g/min mit der 100 µm-Düse zu erzeugen. Es ergab sich ein absoluter bzw. relativer Sprayanteil von 13,1 g/min bzw. 60% bei kontinuierlicher Zerstäubung, d.h. ohne Pulsweitenmodulation. Für Heizöl EL würde dies einer maximalen Brennerleistung von $\mathcal{P} = 16{,}6\,\text{kW}$ entsprechen (siehe Gl. 2.7 und Tab. 2.3). Bei abgeschaltetem Piezoaktor wurde der gesamte Volumenstrom am Prallelement abgeleitet, ohne dass eine Sprayerzeugung vorlag. In Abbildung 6.14 wird dies durch den Punkt bei $\tau^*_{Sig} = 0$ mit $\overline{\dot{V}_S}^* = 0$ verdeutlicht. Es kam das Prallelement PE4 zum Einsatz, weil es aufgrund des verhältnismäßig großen Durchmessers der Prallfläche einfach positioniert werden konnte. Die Frequenz des PWM-Signales wurde zu $f_{PWM} = 200\,\text{Hz}$ gewählt. Die unterschiedlichen Kurven in Abbildung 6.14 geben Versuche in verschiedenen Abständen zwischen Düsenaustritt und Prallelement wieder. Die Abstände sind als Vielfaches der Strahlaufbruchlänge Z angegeben, wobei letztere nicht verändert wurde. Die Strichlinie repräsentiert die Übereinstimmung von dimensionslosem mittleren Sprayvolumenstrom $\overline{\dot{V}_S}^*$ mit der relativen Pulsweite τ^*_{Sig} und damit den Idealzustand, bei dem die relative Spraymenge direkt über die Pulsweite eingestellt werden kann.

Den Messwerten können eine Reihe von Informationen entnommen werden:

- Der grundlegende Ansatz des entwickelten Zerstäubersystems funktioniert. Über die Pulsweite des Steuersignals lässt sich der mittlere Sprayvolumenstrom einstellen, wobei eine Vergrößerung der Pulsdauer zu einer Vergrößerung des Sprayvolumenstroms führt.
- Der mittlere Sprayanteil hängt auch vom Abstand zwischen Düsenaustritt und Prallelement ab. Bei größeren Abständen liegen größere Sprayanteile

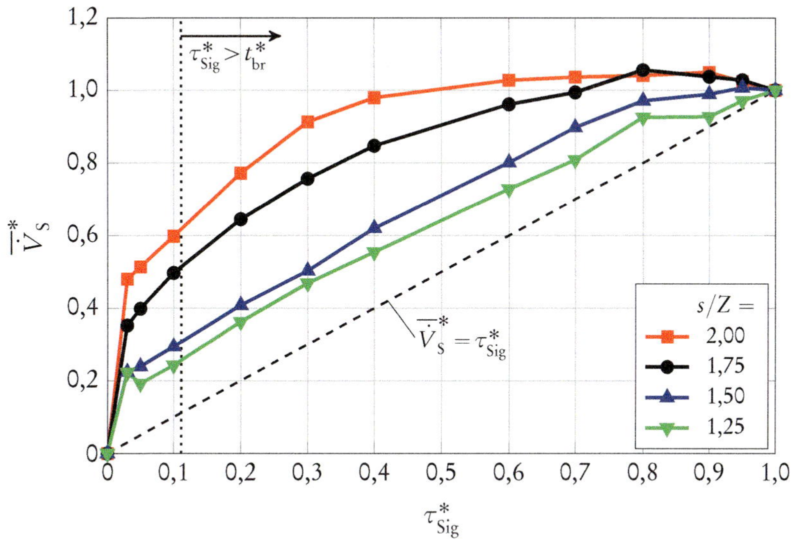

Abbildung 6.14: Mittlerer Sprayvolumenstrom in Abhängigkeit von der Steuersignaldauer bei pulsartiger Strahlanregung; $U = 42{,}3$ m/s; $D = 100$ µm; $k = 0{,}70$; PE4; Vergleichsflüssigkeit; $f_{PWM} = 200$ Hz.

vor. Im weiteren Verlauf dieses Abschnittes erfolgt die Angabe der Ursache für dieses Verhalten.

- Der aus regelungstechnischer Sicht wünschenswerte Zustand mit $\tau_{Sig}^* = \overline{\dot{V}}_S^*$ wird nie erreicht (außer bei den trivialen Fällen $\tau_{Sig}^* = 0$ und 1). Die relativen Spraymengen sind stets größer als durch die dimensionslosen Steuersignaldauern vorgegeben. In Abbildung 6.15 sind zur besseren Veranschaulichung die Differenzen zwischen den mittleren relativen Sprayvolumenströmen und den dimensionslosen Anregungszeiten dargestellt. Es ist gut zu erkennen, dass sich die Differenz $\overline{\dot{V}}_S^* - \tau_{Sig}^*$ mit steigendem Abstand s/Z vergrößert. Die Darstellung in Abbildung 6.15 offenbart außerdem, dass die kurzen relativen Abstände von 1,25 und 1,5 eine nahezu konstante Differenz zur eingestellten Zeit aufweisen, was bei $s/Z = 1{,}75$ und 2,00 nicht der Fall ist. Bei den letztgenannten Abständen steigt die Differenz anfangs mit steigender Signaldauer bis $\tau_{Sig}^* = 0{,}3$ an und sinkt anschließend wieder.

- Für $s/Z = 1{,}75$ und 2,00 sind die maximalen Spraymengen $\overline{\dot{V}}_S^*$ größer als 1,0. Diese Beobachtung erscheint intuitiv sehr unverständlich. Letztlich bedeutet

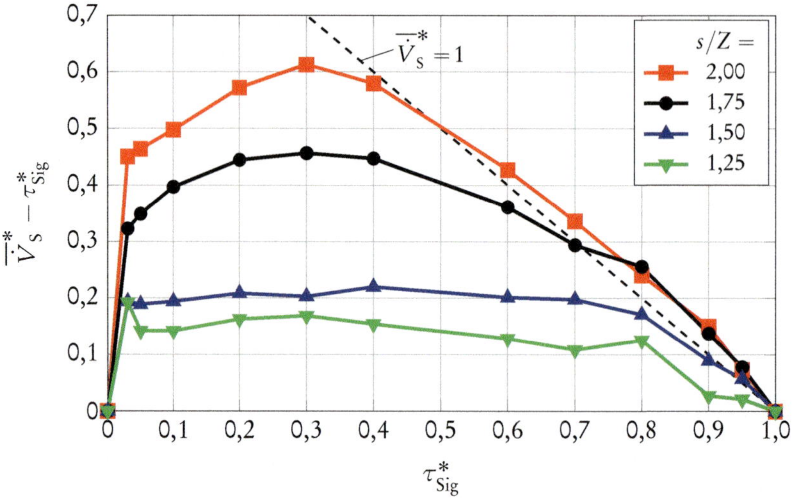

Abbildung 6.15: Differenz von mittlerem Sprayvolumenstrom und Steuersignaldauer; Stoff- und Versuchsparameter: siehe Bildunterschrift von Abb. 6.14.

dies, dass mehr Spray erzeugt wurde, als bei dauerhaft eingeschaltetem Steuersignal. Eine Erklärung für dieses Verhalten wird nachfolgend angegeben.

- Die dimensionslose Strahlaufbruchzeit betrug in den Versuchen $t_{br}^* = t_{br}/T_{PWM} = 0{,}11$. Die Punktlinie und der Pfeil in Abbildung 6.14 veranschaulichen, ab welcher Signaldauer selbige größer ist als die Strahlaufbruchzeit. Dadurch wird verdeutlicht, dass die Spraybildung bereits bei Signaldauern einsetzt, die kleiner sind als die Zeit bis zum Strahlaufbruch. So wurden bereits beim ersten Messpunkt mit $\tau_{Sig}^* = 0{,}03$ signifikante Volumenstromanteile zerstäubt (bis zu 48% bei $s/Z = 2{,}00$).

Zur Klärung der Ursachen der aufgeführten Beobachtungen mussten die Schlussfolgerungen aus Abschnitt 5.4 über Untersuchungen zum kurzzeitig angeregten Strahlzerfall herangezogen werden. Diese zeigten, dass sowohl am Anfang als auch am Ende eines Signalpulses mehr Tropfen generiert werden als durch das Steuersignal vorgegeben. Die zusätzlich erzeugten Tropfen zerspritzen und erhöhen somit den Sprayvolumenstrom. Gemessene Sprayvolumenströme oberhalb der Geraden $\tau_{Sig}^* = \overline{\dot{V}}_S^*$ können somit grundsätzlich erklärt werden.

Des Weiteren steigt in Abbildung 5.16 der Zeitraum mit den zusätzlich generierten Tropfen mit steigendem Abstand z an. Dies ist die Ursache für den Anstieg von $\overline{\dot{V}}_S^*$ mit größer werdenden Abständen s/Z in den Abbildungen 6.14 und 6.15.

Für eine anschauliche Darstellung der Zusammenhänge wurden, basierend auf den Erkenntnissen zum gepulsten Strahlzerfall, die Abbildungen 6.16a und b erstellt. Die beiden Skizzen veranschaulichen qualitativ den Zusammenhang des Strömungszustands (Strahl, Tropfenkette oder Übergangsbereich) mit der Zeit und mit dem Abstand von der Düse. In den beiden Diagrammen ist die Zeit jeweils auf der Abszisse und der Abstand von der Düse auf der Ordinate aufgetragen. Mit 1,5Z und 2Z sind zwei exemplarische Abstände von der Düse eingezeichnet. Die blauen Bereiche markieren Regionen, in denen ein Strahl oder ein Strahlabschnitt vorliegt. Die grünen Flächen repräsentieren Tropfen. In den roten Bereichen liegt eine Überlappung zweier grüner Flächen vor. Hierin ist das Ende eines oberen Strahlabschnitts mit dem Ende des unteren Strahlabschnitts des nachfolgenden Pulses zusammengetroffen.

Die obere Abbildung 6.16a veranschaulicht die Vorgänge bei einer verhältnismäßig kurzen Signaldauer von $\tau^*_{\mathrm{Sig}} = 0{,}2$. Anhand der eingezeichneten Strichlinien ist zu erkennen, dass mit steigendem Abstand auch der Zeitraum ansteigt, in dem Tropfen den jeweiligen Abstand durchqueren. Die Überlappungsgebiete entstehen für $\tau^*_{\mathrm{Sig}} = 0{,}2$ erst in einer verhältnismäßig großen Entfernung vom Düsenaustritt und spielen somit für die Sprayentstehung bei $z = 1{,}5Z$ und 2Z keine Rolle. In der unteren Teilabbildung bei $\tau^*_{\mathrm{Sig}} = 0{,}9$ ist dies jedoch nicht der Fall. Durch die längere Signaldauer entstehen hier bereits in einer kurzen Entfernung vom Strahlaufbruch Überlappungsgebiete. Der zeitliche Anteil dieser Zonen an der Gesamtzeit vergrößert sich mit steigendem Abstand. Durch die Überlappungen sind bereits bei kleinen Abständen keine aufprallenden Strahlen mehr möglich. Es kommt stets zu aufprallenden Tropfen. Dies erklärt, weshalb bei den Versuchen mit den großen Abständen von $s/Z = 1{,}75$ und 2,0 bei kritischen Signaldauern von 0,7 und 0,5 der mittlere relative Sprayvolumenstrom den Wert 1,0 erreichte. Beim kleineren Abstand $s/Z = 1{,}75$ ist die kritische Signaldauer größer, da die Überschneidung gemäß der Darstellungen der Abbildung 6.16 durch kleine Abstände länger verhindert wird.

Oberhalb der kritischen Signaldauer verändert sich durch eine Änderung der Signaldauer nur das zeitliche Verhältnis aus Überlappungs- und Tropfengebiet. Aufprallende Strahlen sind nicht mehr möglich. In den Experimenten ergaben sich für diese Bereiche relative Spraymengen > 1. Diese Beobachtung kann nur damit erklärt werden, dass die Primärtropfenentstehung ungleichmäßig wurde und nicht mehr mit der ursprünglichen Frequenz des Steuersignals ablief. Eine Frequenzänderung einer Tropfenkette führt bei ansonsten konstanten Parametern zu einer abweichenden dimensionslosen Geschwindigkeit U^*. Eine Erhöhung von U^* zieht immer auch eine Vergrößerung des relativen Sprayvolumenstroms nach sich, wie im vorherigen Abschnitt experimentell nachgewiesen. Mittlere

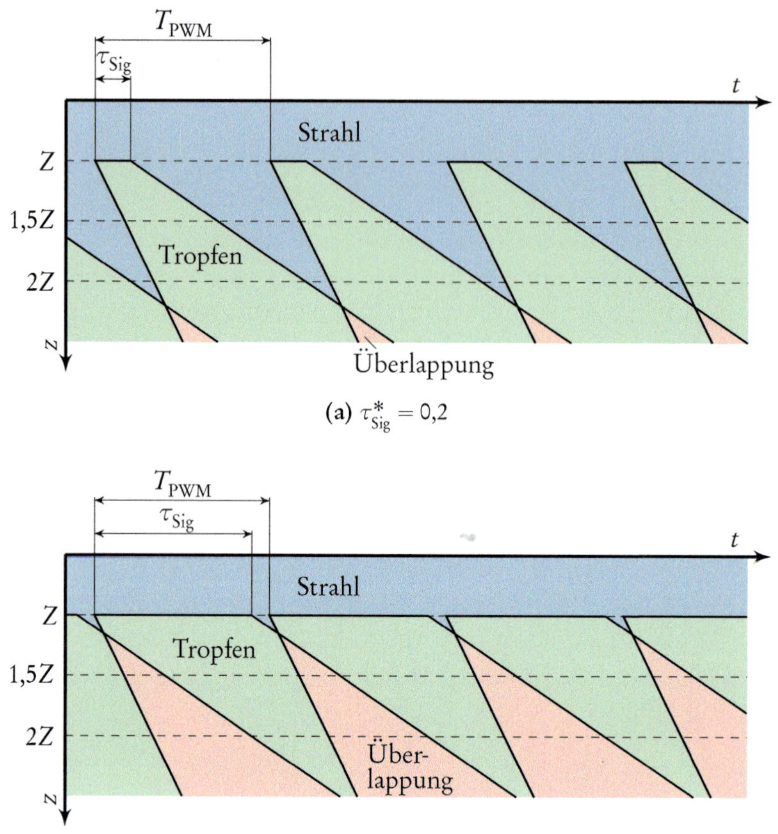

(a) $\tau^*_{Sig} = 0{,}2$

(b) $\tau^*_{Sig} = 0{,}9$

Abbildung 6.16: Prinzipskizze der zeitlichen Entwicklung der Zustände des Strahlzerfalls bei Anregung mittels PWM in Abhängigkeit des Abstands zur Düse.

Sprayanteile > 1 müssen somit die Folge von zeitlich begrenzten Erhöhungen der dimensionslosen Geschwindigkeit U^* durch kurzzeitige Verringerungen der Tropfenfrequenz sein, denn es gilt $U^* \sim f_G^{-3/8}$. Das Ungleichmäßigwerden des Primärzerfalls kann grundsätzlich durch die Überlappungsgebiete oder durch lange Zeiten nach abgeschaltetem Steuersignal hervorgerufen werden. Die letztgenannte Ursache wird durch die gemessenen Strahllängen des oberen Strahlabschnitts in Abbildung 5.19 verdeutlicht. Hierin fluktuiert die Strahllänge anfangs noch zyklisch gemäß der Frequenz des Steuersignals. Bei größeren Zeiten nach abgeschaltetem Steuersignal ist dies allerdings nicht mehr der Fall. Die entsprechenden Tropfen weisen somit eine abweichende dimensionslose Geschwindigkeit auf.

Die Erläuterungen konnten verschiedene Gründe angeben, die zu den experimentell dokumentierten Vergrößerungen der relativen Sprayanteile führten. Die Versuchsergebnisse erlaubten keine detailliertere Interpretation. Dazu wären weitere Versuche notwendig, bei denen mittels einer geeigneten Kamera die komplette Strecke zwischen Düsenaustritt und Prallfläche betrachtet werden kann. Mit der verfügbaren Kameratechnik der vorliegenden Dissertation war dies nicht möglich. Für die praktische Umsetzung des modulierenden Tropfenprallzerstäubers konnten aber ausreichende Erkenntnisse ermittelt werden. Es empfiehlt sich ein Betrieb bei relativen Prallelementabständen $s/Z \leqslant 1{,}5$. Innerhalb der Tastgrade $\tau^*_{\mathrm{Sig}} = 0{,}05$ bis 0,8 kann so der Sprayvolumenstrom stufenlos moduliert werden. Zum relativen Sprayanteil muss dabei ein weitestgehend konstanter Korrekturwert addiert werden.

6.3.5 Tröpfchengrößenverteilungen

Eine wesentliche Eigenschaft aller Spraysysteme sind die Durchmesser der im Spray enthaltenen Tröpfchen. Für die Zerstäubung durch Tropfenprall wurden somit Experimente zur Bestimmung der Tropfengrößenverteilung durchgeführt. Dazu diente der in Abschnitt 6.3.1 anhand der Abbildung 6.5b bereits erläuterte Versuchsstand. Es kam das Prallelement PE1 zum Einsatz. Die Versuche erfolgten mit Wasser und Düsendurchmessern von 50; 100 und 150 µm.

Zwei beispielhafte Tropfengrößenverteilungen für zwei verschiedene Betriebspunkte mit unterschiedlichen Geschwindigkeiten der Primärtropfen zeigt die Abbildung 6.17. Die Parameter der Experimente sind in den Bildunterschriften aufgeführt. Die Weberzahlen wurden mit dem Düsendurchmesser D berechnet, wie bei Betrachtungen zu Spraysystemen üblich. In beiden Diagrammen sind zwei Hochpunkte zu erkennen: je ein stark ausgeprägter Hochpunkt bei 20 und 24 µm und ein Hochpunkt mit deutlich kleinerem Volumenanteil bei 3 und 0,8 µm. Es ist zu erkennen, dass sich die Erhöhung der Weberzahl von 592 auf 3857 kaum auf die Position des größeren Hochpunktes auswirkte. Stattdessen ist dieser Hauptpeak und auch die gesamte Verteilung bei der größeren Weberzahl breiter, was durch die relativen Spanfaktoren RSF ebenfalls aufgezeigt wird. Zusätzlich verdeutlichen dies die beiden volumetrischen Grenzdurchmesser $d_{\mathrm{v},0.1}$ und $d_{\mathrm{v},0.9}$. Der Durchmesser $d_{\mathrm{v},0.9}$ ist in der rechten Verteilung ca. 18% größer als in der linken Verteilung. Eine deutlichere Änderung ist für $d_{\mathrm{v},0.1}$ zu verzeichnen. Bei der größeren Weberzahl ist dieser nur noch halb so groß wie bei der kleineren Weberzahl. Die Verringerung von $d_{\mathrm{v},0.1}$ geht einher mit der Verschiebung des kleineren Hochpunktes in Richtung kleinerer Tropfengrößen, wobei dessen Volumenanteil nur leicht ansteigt. Der charakteristische Durchmesser $d_{\mathrm{v},0.5}$ ist für

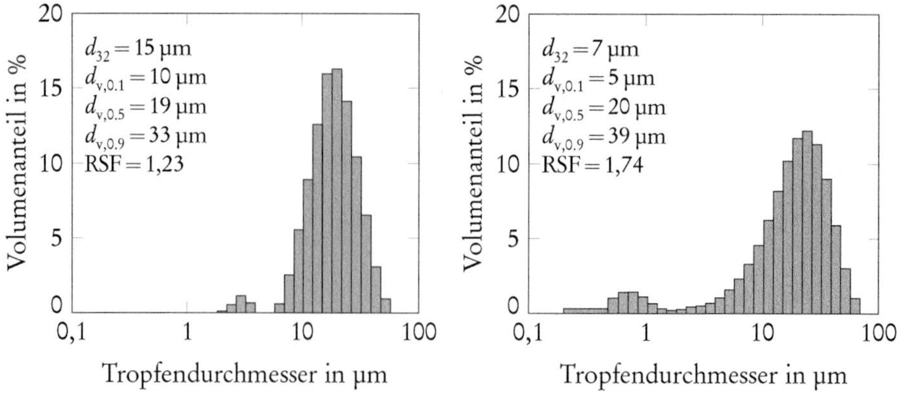

(a) We = 592; $U = 20{,}8$ m/s; $k = 0{,}59$; $U^* = 24{,}0$

(b) We = 3857; $U = 53{,}1$ m/s; $k = 0{,}61$; $U^* = 42{,}5$

Abbildung 6.17: Gemessene Durchmesserverteilungen der Sekundärtröpfchen für zwei verschiedene Betriebspunkte; $D = 100$ µm; $d \approx 200$ µm; Wasser; PE1.

beide Verteilungen in etwa gleich. Bezüglich des mittleren Sauterdurchmessers d_{32} liegt jedoch eine deutliche Verringerung um den Faktor 2 durch die Erhöhung der Weberzahl vor, was durch die Halbierung von $d_{v,0.1}$ zu erklären ist.

Wie im vorigen Absatz erläutert, weisen die Verteilungen jeweils zwei Bereiche auf. Es liegt somit die Vermutung nahe, dass zwei verschiedene Mechanismen zur Bildung der Sekundärtröpfchen führten. Basierend auf der Literaturrecherche und den eigenen optischen Aufnahmen von Tropfenprallsprays kommen dafür der Kronen- und der Ejektazerfall in Frage. Es ist anzunehmen, dass wie in den Experimenten von Deegan et al. [43] die feineren Tröpfchen durch die zerfallende Ejekta und die größeren Tröpfchen durch den Kronenzerfall erzeugt wurden. Zhang et al. [198] zeigten jedoch, dass Rückschlüsse aus den Durchmesserverteilungen auf die Bildungsmechanismen nicht immer zulässig sind. Basierend auf den gemessenen Tröpfchendurchmesserverteilungen dieser Arbeit sind somit Aussagen bezüglich der Bildungsmechanismen nicht möglich. Es wurde bei den hier beschriebenen Untersuchungen kein bildgebendes Verfahren angewendet, das einen Zugang zur Stelle der Tröpfchenentstehung ermöglichte und gleichzeitig die Größe der Tröpfchen erfassen konnte.

Für eine Veranschaulichung aller Messergebnisse sind in den beiden Diagrammen der Abbildung 6.18 der Sauterdurchmesser und die volumetrischen Grenzdurchmesser für 10, 20 und 90% in Abhängigkeit von der Weberzahl dargestellt. Jedem Punkt in den Diagrammen liegen zehn Verteilungen wie in Abbildung 6.17

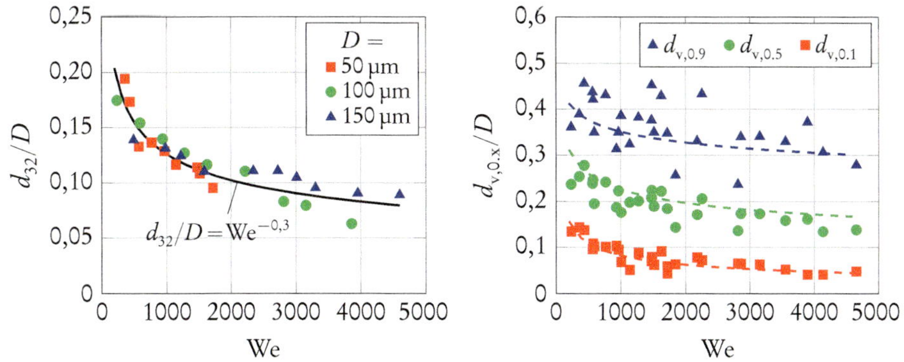

(a) Sauterdurchmesser (b) Volumetrische Grenzdurchmesser

Abbildung 6.18: Charakteristische Durchmesser der Sprays; Wasser; PE1.

zugrunde. Die charakteristischen Tropfendurchmesser wurden mit dem Düsendurchmesser D normiert. Dem linken Diagramm für den Sauterdurchmesser kann entnommen werden, dass dieser mit ansteigender Weberzahl sinkt. Insbesondere bei kleinen Weberzahlen unterhalb von 2000 ist die Änderung von d_{32}/D besonders groß. Für alle getesteten Düsendurchmesser wurden bei der jeweils maximalen Weberzahl Sauterdurchmesser von weniger als 10% des Düsendurchmesser erzeugt. Es konnten also sehr feine Sprays erzielt werden. Eine brauchbare Annäherung der gemessenen Sauterdurchmesser lässt sich mit folgender Korrelation angeben:

$$\frac{d_{32}}{D} = \mathrm{We}^{-0,3} \tag{6.7}$$

Eine Kurve gemäß dieser Gleichung ist in Abbildung 6.18a ebenfalls dargestellt. Die volumetrischen Grenzdurchmesser der Abbildung 6.18b verringern sich ebenfalls mit steigender Weberzahl, was durch die als Strichlinien eingezeichneten Ausgleichskurven verdeutlicht wird. Die Gleichungen dieser drei Kurven lauten $d_{v,0.1}/D = 1{,}3\mathrm{We}^{-0,4}$; $d_{v,0.5}/D = 0{,}9\mathrm{We}^{-0,2}$ und $d_{v,0.9}/D = 0{,}7\mathrm{We}^{-0,1}$. Die Streuung der Werte für $d_{v,0.9}$ um die entsprechende Ausgleichskurve ist hier wesentlich größer als bei den übrigen Grenzdurchmessern und beim Sauterdurchmesser.

Eine alternative Repräsentation der Daten zeigt die Abbildung 6.19. Hierin ist auf der Abszisse die von Yarin & Weiss [183, 195] eingeführte dimensionslose Geschwindigkeit aufgetragen. Der Sauterdurchmesser wurde mit dem Durchmesser der Primärtropfen d normiert. Das Diagramm zeigt zunächst, dass die Betriebspunkte mit messbarem Spray bei dimensionslosen Geschwindigkeiten $U^* \geqslant 18$ liegen. Das Splashingkriterium nach Yarin & Weiss konnte somit auch

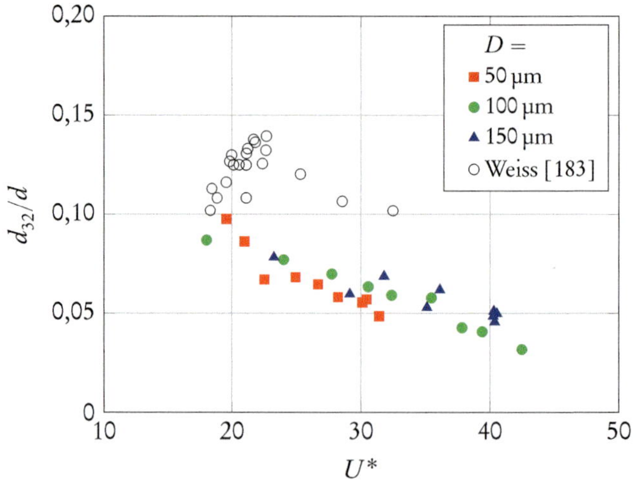

Abbildung 6.19: Relativer Sauterdurchmesser in Abhängigkeit der dimensionslosen Geschwindigkeit; Wasser; PE1.

durch die Tropfengrößenmessungen bestätigt werden. In der Nähe der Splashing-Grenzgeschwindigkeit wurden die größten Sauterdurchmesser gemessen. Diese betragen höchstens 10% der Primärtropfendurchmesser. Mit steigender Geschwindigkeit U^* nehmen die Messwerte annähernd linear ab, auf minimal 3% der Primärtropfendurchmesser.

Die Darstellung in Abbildung 6.19 erlaubt einen Vergleich mit den experimentellen Daten von Weiss [183]. Dessen Messwerte sind in dem Diagramm ebenfalls eingetragen. Es ist zu erkennen, dass die Sauterdurchmesser von Weiss an der Splashing-Grenzgeschwindigkeit ähnliche Werte annehmen wie die Messungen dieser Arbeit. Danach steigen die Messwerte von Weiss allerdings an, um nach Überschreiten eines lokalen Hochpunktes bei $U^* = 22{,}7$ und $d_{32}/d = 0{,}14$ wieder abzunehmen. Im absteigenden Bereich sind die Sauterdurchmesser von Weiss [183] in etwa doppelt so groß wie die Werte dieser Arbeit. Die Diskrepanz ist auf Unterschiede in den Experimenten zurückzuführen. Diese sind zum einen die Form der Prallelemente: Weiss nutzte Prallelemente mit einem sehr großen Durchmesser (relativ zu den Primärtropfen). In dieser Arbeit wurde jedoch ein Prallelement mit einem deutlich kleineren relativen Durchmesser verwendet. Zum anderen weichen die Messpositionen voneinander ab: Das Messvolumen lag bei Weiss [183] nur 1 mm entfernt vom Auftreffpunkt der Tropfen. Die Entfernung zwischen Messvolumen und Auftreffpunkt war bei den vorliegend dokumentierten Messungen mit 50 bis 100 mm jedoch deutlich größer. Diese beiden aufgeführten Unterschiede sind die Ursachen für die Abweichungen zwischen den experimentellen Ergebnissen dieser Arbeit und den Messwerten von Weiss [183].

Aus wissenschaftlicher Sicht ist der beschriebene Vergleich mit Ergebnissen eines anderen Autors wichtig. Ein Hauptanliegen der vorliegenden Arbeit ist die Anwendung des Tropfenprallmechanismus für ein innovatives Zerstäubersystem. Somit ist auch ein Vergleich mit anderen Spraydüsen von großem Interesse. Einen derartigen Vergleich ermöglicht die Abbildung 6.20. In dem Diagramm sind analog zu Abbildung 2.2 Korrelationen für die Sauterdurchmesser bei Zerstäubung mittels Einzelstrahl-, Doppelstrahl- und Hohlkegeldüse sowie durch Tropfenprall in Abhängigkeit vom Düsenvolumenstrom $\dot{V}_{G}$ aufgetragen. Für die Doppelstrahldüse entspricht $\dot{V}_{G}$ hier dem Volumenstrom einer der beiden Düsenöffnungen. Dies erlaubt die zusätzliche Auftragung des Düsendruckes Δp durch eine sekundäre x-Achse an der Diagrammoberseite. Zur Umrechnung zwischen Volumenstrom und Druck wurde ein Ausflusskoeffizient von $c_{D} = 0{,}75$ angenommen. Die Gleichungen für die Korrelationen können Tabelle 2.1 entnommen werden. Für das Beispiel wurden Stoff- und Betriebsparameter für die Zerstäubung von Wasser in Luft bei Standardatmosphäre und ein Düsendurchmesser von 100 μm angenommen. Zur Untermauerung der Korrelationen sind für die Hohlkegel- und die Doppelstrahldüse Versuchsdaten angegeben, die bei der FMP Technology GmbH ermittelt wurden. Es kam dazu der gleiche Versuchsstand wie bei den Messungen der Tröpfchengrößen beim Tropfenprall zum Einsatz. Als Hohlkegeldüse wurde das Modell 121-123 von der Düsen-Schlick GmbH verwendet. Das Doppelstrahlspray hatte einen halben Kollisionswinkel von $\theta = 20°$. Auch für die Zerstäubung durch Tropfenprall sind die Messergebnisse eingetragen. Für alle dargestellten Messwerte gilt $D = 100$ μm.

Die Abbildung 6.20 zeigt, dass der Tropfenprallmechanismus von allen betrachteten Zerstäubern die feinsten Sprays liefert. Bei $\dot{V}_{G} = 20$ ml/min produziert der Tropfenprallmechanismus ein Spray mit einem ca. fünfmal kleineren Sauterdurchmesser als die Einzelstrahldüse. Gegenüber der Doppelstrahl- und der Hohlkegeldüse ist der Sauterdurchmesser ca. 3 bzw. 2,5-mal kleiner. Diese Angaben machen deutlich, dass durch die grundlegende Änderung und Verbesserung des Sprayprozesses wesentlich feinere Sprays hergestellt werden können. Auch die untere Volumenstrom- bzw. Druckgrenze des nutzbaren Betriebsbereiches liegt deutlich niedriger. Bei einem Düsendruck von ca. 1,5 bar erzeugt der Tropfenprall bereits ein Spray mit $d_{32} < 20$ μm, was eine erhebliche Verbesserung gegenüber den herkömmlichen Spraydüsen darstellt. Es sei an dieser Stelle angemerkt, dass der Sprayvolumenstrom $\dot{V}_{S}$ für den Tropfenprallmechanismus vom dargestellten

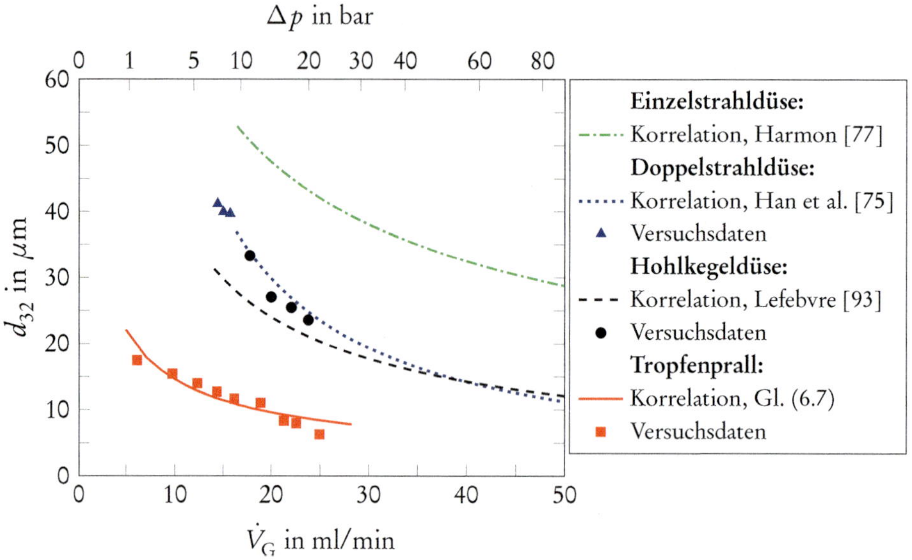

Abbildung 6.20: Sauterdurchmesser für die Tropfenprallzerstäubung und relevante Einstoffdüsen in Abhängigkeit von Durchsatz und Düsendruck; $D = 100\,\mu\text{m}$; Wasser.

Düsenvolumenstrom $\dot{V}_G$ abweicht, da stets nur ein Teil der Flüssigkeitsmenge zerstäubt wird.

Zusammenfassend kann festgehalten werden, dass die Zerstäubung durch Tropfenprall sehr feine Sprays bei kleinen Durchsätzen bzw. Düsendrücken liefert. Der Vergleich mit den herkömmlichen Einstoffdüsen zeigte, dass der Tropfenprallmechanismus die beste Zerstäubungsart hinsichtlich der Feinheit der produzierten Sprays ist. Dessen Ausnutzung zur Entwicklung eines Spraysystems für kleine Durchsätze drängt sich somit auf. Ein weiterer wichtiger Vorteil bei der Zerstäubung durch Tropfenprall ist, dass die Sprayerzeugung durch eine Pulsweitenmodulation gesteuert werden kann. Zum einen ist es damit möglich den Sprayvolumenstrom zu regulieren. Zum anderen können noch kleinere Spraydurchsätze bereitgestellt werden. Dabei bleibt die Zerstäubungsqualität erhalten, da der Düsendruck und damit die Tropfengeschwindigkeit nicht verändert werden müssen. Das bei herkömmlichen Einstoffdüsen vorliegende Problem der nachlassenden Sprayaufbereitung bei absinkenden Durchsätzen wird somit beseitigt.

6.3.6 Stabilisierung der Prallstrahlströmung

Wie auch bei aufprallenden Tropfen kann sich infolge des Aufpralls eines Flüssigkeitsstrahles auf eine feste Oberfläche ein Spray ausbilden. In der Literaturrecherche wurde bereits gezeigt, dass zusätzlich zu den üblichen dimensionslosen Kennzahlen zur Bewertung derartiger Vorgänge auch der Zerfallszustand des Strahles herangezogen werden muss. Je näher der Strahl seinem Zerfall ist, desto stärker sind die Oberflächenwellen ausgebildet und desto wahrscheinlicher ist auch die Sprayerzeugung beim Aufprall. Dabei gilt, dass mit steigendem Abstand vom Düsenaustritt die Amplitude der Oberflächenwellen ebenfalls ansteigt.

Im Rahmen dieser Arbeit wurde zunächst untersucht, unter welchen Bedingungen die Prallstrahlströmung auf einem abgerundeten Körper durch den Coandă-Effekt ohne Strömungsablösungen abgeleitet werden kann. Bei den zugehörigen Experimenten prallten nur intakte Strahlen ohne signifikante Oberflächenwellen (bei abgeschaltetem Piezoaktor) auf die Prallelemente. Dazu war die Entfernung zwischen Düsenaustritt und Prallelementoberfläche stets sehr kurz. In Abbildung 6.21 wird die stabilisierende Wirkung des Coandă-Effektes auf Prallstrahlströmungen anhand von drei Kameraaufnahmen veranschaulicht. In Bild (a) trifft ein Wasserstrahl auf das Prallelement PE1, das keine abgerundeten Kanten besitzt. Aufgrund des schroffen Übergangs tritt der Coandă-Effekt nicht auf. Trotz der vergleichsweise moderaten Weberzahl kommt es zur Ablösung der Filmströmung. Die gebildete Lamelle ist deutlich zu erkennen. Im mittleren Bild (b) ist ein Prallstrahl auf dem halbkugelförmigen Prallelement PE2 zu sehen. Trotz einer deutlich größeren Weberzahl liegt hier keine Strömungsablösung vor. Durch die runde Gestalt des Prallelementes bleibt die Filmströmung infolge des Coandă-Effektes angelegt. Es bildet sich keine Lamelle und folglich auch kein Spray aus. Diese Stabilisierung der Filmströmung hat jedoch ebenfalls ihre Grenzen. Bei der noch größeren Weberzahl im letzten Bild (c) löst sich die Strömung ab. Lamellen- und anschließende Spraybildung sind die Folge.

Gemäß der Fotografien der Abbildung 6.21 existiert eine kritische Weberzahl We_{krit}, oberhalb derer der Coandă-Effekt die Strömung nicht mehr stabilisieren kann und es zur Ablösung des nach unten laufenden Filmes kommt. In Abschnitt 2.3 wurde der Coandă-Effekt bereits erläutert. Die Ausführungen zeigten u.a., dass neben der Geschwindigkeit und der Dicke des Strahles auch die Krümmung des Körpers einen Einfluss auf das Ablösungsverhalten hat. Die experimentelle Bestimmung der kritischen Weberzahl erfolgte somit für verschiedene Verhältnisse von Prallelement- zu Strahldurchmesser D_P/D, welche unterschiedliche Krümmungen repräsentierten. Es wurde dazu nur der Strahldurchmesser bei identischem Prallelement variiert. Es kamen das Prallelement PE2 und Wasser zur Anwendung. Die Bestimmung der kritischen Weberzahl für ein bestimmtes

(a) Ablösung; PE1; We = 695; $D_P/D = 6{,}7$

(b) Keine Ablösung; PE2; We = 2649; $D_P/D = 13{,}3$

(c) Ablösung; PE2; We = 5380; $D_P/D = 13{,}3$

Abbildung 6.21: Stabilisierung eines Prallstrahls durch den Coandă-Effekt; $D = 150\,\mu m$; Wasser.

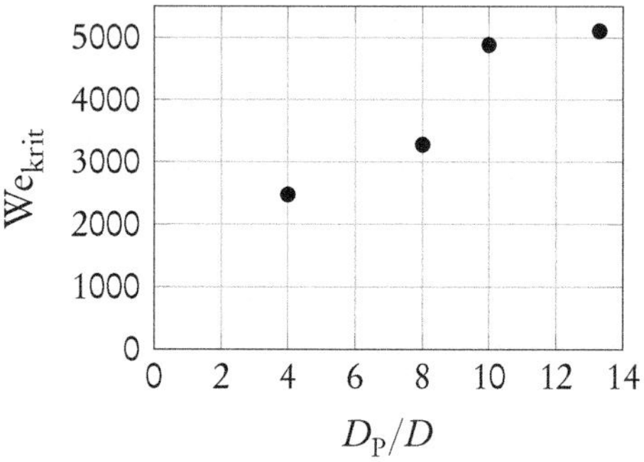

Abbildung 6.22: Kritische Weberzahlen für die Strömungsablösung der Prallstrahlströmung; Oh = $[5{,}23 \cdot 10^{-3}; 9{,}56 \cdot 10^{-3}]$; Wasser; PE2.

Verhältnis D_P/D erfolgte durch die langsame Erhöhung der Strahlgeschwindigkeit, ausgehend von einem sehr niedrigen Wert. Mit dem Sichtbarwerden einer Ablösung im Kamerabild wurde die kritische Geschwindigkeit durch Auslitern gemessen und notiert.

Die Versuchsergebnisse sind in Abbildung 6.22 in dimensionsloser Form dargestellt. Dem Diagramm ist zu entnehmen, dass die kritische Weberzahl mit steigendem relativen Prallelementdurchmesser ansteigt. Diese Beobachtung steht im Einklang mit den allgemeinen Angaben zum Coandă-Effekt aus Abschnitt 2.3. Die beiden Messpunkte bei $D_P/D = 10$ und 13,3 entsprechen Düsendurchmessern von 200 und $150\,\mu m$. Bei noch kleineren Düsendurchmessern wurde mit dem Versuchsstand keine Ablösung erzielt, weil die Strahlgeschwindigkeit aufgrund des maximal möglichen Behälterdruckes nicht ausreichend erhöht werden

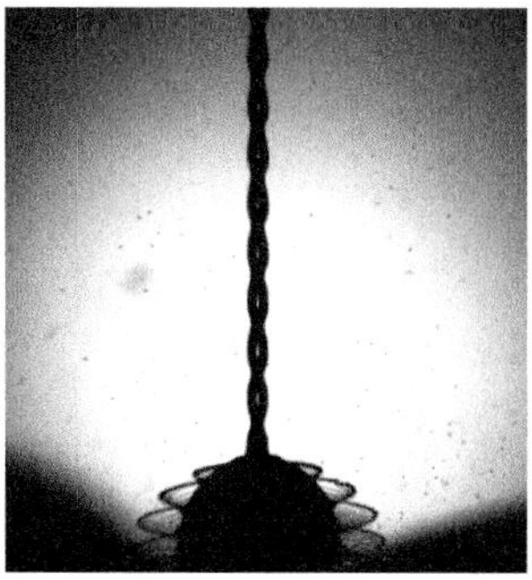

Abbildung 6.23: Sprayerzeugung durch einen Prallstrahl mit deutlichen Oberflächenwellen auf dem Prallelement PE2.

konnte. Da die kritische Weberzahl jedoch höher sein muss als bei $D_P/D = 13{,}3$, kann für die an dieser Stelle praktisch relevanten Durchmesserverhältnisse mit $D_P/D \geqslant 10$ (entspricht $D \leqslant 200\,\mu m$ beim PE2) folgendes Kriterium für eine anliegende Prallstrahlströmung formuliert werden:

$$\mathrm{We} \lesssim 5000 \tag{6.8}$$

Für größere Ohnesorgezahlen als in den Versuchen ist anzunehmen, dass aufgrund des intensiveren molekularen Impulsaustausches die kritische Weberzahl noch weiter steigt. Davon ist auch bei Prallelementen mit größeren Durchmessern auszugehen, da hier der Einfluss durch die Krümmung der Oberfläche schwächer ist.

Das Kriterium (6.8) und die beschriebenen experimentellen Ergebnisse gelten für den Aufprall intakter Strahlen ohne nennenswerte Oberflächenstörungen. In weiterführenden Experimenten wurde das Grenzkriterium der Prallstrahlzerstäubung auch für den Aufprall von Strahlen in Abhängigkeit von deren Zerfallszustand untersucht. Dieser Zerfallszustand lässt sich durch die Amplitude der Wellen auf der Strahloberfläche charakterisieren. Die Zerstäubung eines Prallstrahls mit deutlichen Oberflächenwellen veranschaulicht die Abbildung 6.23. Darin ist zu erkennen, wie sich infolge der Strahldeformationen nach dem Aufprall regelmäßige Lamellen ausbilden, die eine Sprayerzeugung hervorrufen.

Die Amplitude der Oberflächenwellen eines Strahles ändert sich entlang dessen Längsachse. Das Grenzkriterium der Prallstrahlzerstäubung kann somit über das Verhältnis aus einer kritischen Entfernung vom Düsenaustritt s_{krit} und der Strahlaufbruchlänge bei natürlichem Strahlzerfall Z ausgedrückt werden, da ein

Zusammenhang zwischen diesen beiden Größen besteht (siehe Literaturübersicht oder [9, 167]).

Zur experimentellen Bestimmung des Grenzkriteriums wurde bei einer konstanten Strahlgeschwindigkeit die Entfernung zwischen dem Düsenaustritt und der Prallelementoberfläche ausgehend von einem sehr kurzen Wert langsam erhöht. Sobald der Strahl zerspritzte, erfolgte die Dokumentation der zugehörigen Entfernung als kritischer Wert s_{krit}. Es kamen die Prallelemente PE2 und PE4 zum Einsatz. Die Prallstrahlen bestanden aus Wasser und hatten Durchmesser von 150 µm.

Bei der Versuchsdurchführung stellte sich heraus, dass sich die Strahlzerstäubung am besten über auditive Wahrnehmung detektieren lässt. Ein Prallstrahl ohne Zerstäubung fließt absolut geräuschlos am Prallelement ab, wohingegen bereits kurze Zerstäubungsereignisse deutlich hörbar sind. Sobald während des langsamen Vergrößern des Abstandes zwischen Düsenaustritt und Prallelementoberfläche ein Zerstäubungsereignis hörbar war, wurde der jeweilige Abstand als kritischer Wert s_{krit} notiert. Die auf diese Art und Weise ermittelten Entfernungen geben somit Strahllängen wieder, ab denen der Spraymassenstrom verschieden von Null wird. Das entsprechende Kriterium wird somit im Folgenden als 0%-Grenze für den Sprayvolumenstrom bezeichnet.

Die Ergebnisse der Experimente sind in Abbildung 6.24 angegeben. Zur Berechnung von Z wurde das in Abschnitt 4.3 erarbeitete Modell gemäß der Gleichungen (4.48), (4.53) und (4.75) mit $\psi = 0{,}189$ verwendet.

Für die Versuchsergebnisse des Prallelements PE4 beträgt die relative kritische Länge bei der kleinsten gemessenen Weberzahl 0,9. Mit steigender Weberzahl sinkt s_{krit}/Z zunächst und bleibt ab $We \approx 1300$ in etwa konstant bei 0,76. Zum Vergleich sind die experimentellen Ergebnisse von Trainer [167] für $Oh = 1{,}85 \cdot 10^{-3}$ ebenfalls eingetragen. Trainer definierte den kritischen Schwellwert für die Länge, bei der der Spraymassenstrom 5% des Gesamtmassenstroms übersteigt. Die kritischen Längen dieser Arbeit basieren auf einer 0%-Grenze des Spraymassenstroms und müssen somit kürzer sein. Dies erklärt den Versatz zwischen der Messkurve dieser Arbeit für das PE4 und den Versuchsdaten von Trainer. Da aber der Anstieg beider Kurven in etwa gleich ist, stehen die vorliegend dokumentierten Experimente durchaus im Einklang mit den Ergebnissen von Trainer [167].

Das halbkugelförmige Prallelement PE2 führte zu deutlich kleineren relativen Entfernungen. Auch der Abfall der Kurve mit steigender Weberzahl ist vergleichsweise schwach. Offenbar wirkte sich die Abrundung sehr stark auf die Filmströmung aus, sodass auch schon relativ schwache Oberflächenstörungen bei $s_{\text{krit}}/Z \approx 0{,}5$ zu Ablösungen und Spraybildung führten. Dies lässt sich qualitativ

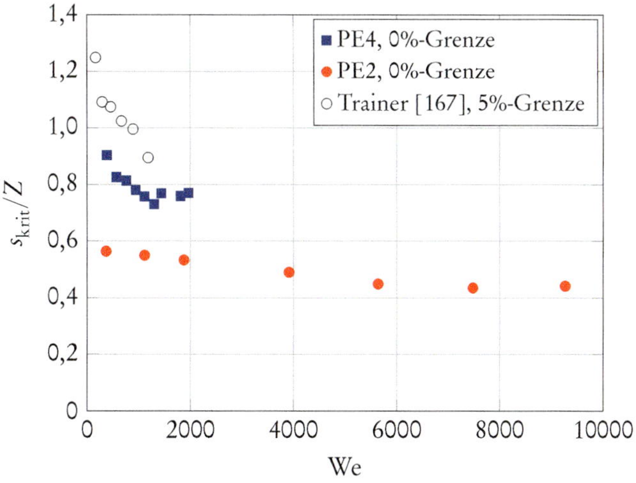

Abbildung 6.24: Experimentelle kritische Entfernungen zwischen Düsenaustritt und Prallelement; $D = 150\,\mu m$; $Oh = 9{,}56 \cdot 10^{-3}$; Wasser (Durchführung der Experimente: Betz [8]).

damit erklären, dass die Filmströmung auf dem PE2 bereits kurz nach dem Aufprall des Strahles stark umgelenkt werden muss und somit Fliehkräfte auftreten, die das Ablösen der Strömung begünstigen. Auf dem Prallelement PE4 hingegen prallt der Strahl auf eine flache Fläche. Erst nach einer größeren stromabwärts gerichteten Entfernung von der Prallstelle erfolgt die Umlenkung. Somit ist die Filmströmung an der Umlenkungsstelle durch die Viskositätskräfte bereits stark verlangsamt, was die Ablösung der Strömung behindert.

Im Wesentlichen dokumentieren die Versuchsergebnisse, dass das Prallelement PE4 im Vergleich mit dem PE2 ein deutlich besseres Strahlableitungsverhalten aufweist und sich somit besser für die praktische Umsetzung des modulierenden Tropfenprallzerstäubers eignet. Die Messdaten für das PE4 in Abbildung 6.24 zeigen, dass für die kritische Strahllänge im gesamten getesteten Weberzahlbereich $s_{krit} < 0{,}75Z$ gilt. Für die Einstellung eines sicheren Betriebspunktes, bei dem der Abstand s zwischen dem Düsenaustritt und dem Prallelement den kritischen Wert s_{krit} nicht überschreitet und keine Sprayerzeugung beim Strahlprall vorliegt, muss somit bei Verwendung des PE4 folgendes Kriterium erfüllt sein:

$$s < 0{,}75Z \tag{6.9}$$

Bei Betrachtung der Ergebnisse der Abbildung 6.24 fällt außerdem auf, dass die getesteten Weberzahlen bei den Versuchen mit dem PE2 den kritischen Wert für die Ablösung der Filmströmung beim Aufprall intakter Strahlen überschreiten. Diese kritische Weberzahl beträgt gemäß der Versuchsreihe aus Abbildung 6.22 ca. 5100. Bei Weberzahlen größer als 5100 müsste die kritische Länge somit Null sein, weil hier bereits der intakte Strahl zerstäubt. Da dies offensichtlich nicht der Fall ist, muss es zum Ablösen der Filmströmung gekommen sein, ohne dass dies auditiv wahrgenommen wurde. Die Erklärung dafür ist, dass bei der zeitlich weitestgehend gleichmäßigen Ablösung von Strahlen ohne Oberflächenwellen keine pulsierenden Druckwellen entstehen können, wohingegen stochastisch auftretende Oberflächenstörungen akustische Wellen erzeugen. Es handelt sich folglich um zwei verschiedene Phänomene. Um die Zerstäubung durch Strahlprall sicher zu vermeiden, dürfen somit sowohl die Weberzahl als auch die Entfernung die jeweiligen kritischen Werte We_{krit} und s_{krit} nicht überschreiten.

In Zusammenhang mit den Ergebnissen zum gepulsten Strahlzerfall aus Abschnitt 5.4.1 bedeuten die beschriebenen Beobachtungen auch, dass die Sprayerzeugung im intermittierenden Betrieb des Tropfenprallzerstäubers nicht ausschließlich auf zerspritzenden Tropfen basiert. Gemäß der Versuche zum gepulsten Primärzerfall ruft jeder Ein- und Ausschaltvorgang immer auch die Entstehung von Strahlabschnitten hervor, die an ihren Enden eine wellige Gestalt besitzen. Die Experimente zu Prallstrahlen zeigten, dass diese welligen Enden der Strahlabschnitte beim Aufprall zur Entstehung von Sprays führen können. Bei intermittierend betriebenem Tropfenprall werden dadurch die relativen Sprayvolumenströme erhöht. Für das Prallelement PE4 ist dieser Effekt schwächer ausgeprägt als für das PE2, da es eine deutlich größere kritische Länge s_{krit}/Z aufweist. Diese Schlussfolgerung ist ein weiteres Argument für die Nutzung des PE4 bei der Realisierung des modulierenden Tropfenprallzerstäubers.

Die in diesem Kapitel beschriebenen Untersuchungen von Pralltropfen und -strahlen zeigten, dass sich der Tropfenprallmechanismus sehr gut für die Entwicklung eines innovativen Zerstäubersystems eignet. Im Vergleich mit herkömmlichen Einstoffdüsen liefert der Tropfenprall deutlich feinere Sprays und vergrößert den Betriebsbereich in Richtung kleinerer Volumenströme. Außerdem kann die Spraymenge durch intermittierend betriebenen Primärzerfall unter Beibehaltung der Zerstäubungseigenschaften reguliert werden. Es wurden für die Umsetzung der vorgestellten Technologie wichtige Informationen und aus wissenschaftlicher Sicht relevante Erkenntnisse über die Mechanismen und Eigenschaften der Vorgänge bei Tropfen- und Strahlprall dokumentiert.

7 Niederenergiebrenner auf Basis der modulierenden Tropfenprallzerstäubung

Die vorherigen Kapitel beinhalten ausführliche Erklärungen zum Funktionsprinzip des modulierenden Tropfenprallzerstäubers und der zugrunde liegenden Strömungsphänomene. Im Rahmen eines Kooperationsprojektes zwischen dem Engler-Bunte-Institut (EBI) des Karlsruher Instituts für Technologie (KIT) und der Firma FMP Technology GmbH erfolgte die Anwendung des innovativen Ansatzes zur Sprayerzeugung und der Erkenntnisse dieser Arbeit zum Bau eines Heizölbrenners für kleine thermische Leistungen. Die Hauptarbeiten zur Erstellung und zum Test des Prototypen wurden dabei am EBI durchgeführt und sind nicht Bestandteil dieser Dissertation. In diesem Kapitel werden der Brennerprototyp und die Ergebnisse der zugehörigen Verbrennungsversuche kurz vorgestellt. Detailliertere Darstellungen sind in der Masterarbeit von Kühn [87] und dem Konferenzbeitrag von Müller et al. [118] zu finden.

Die Abbildung 7.1 zeigt eine vereinfachte Skizze des Brenners für Heizöl EL. Der Brenner ist in zwei Zonen unterteilt: die Zone der Sprayerzeugung und die Verbrennungszone. Zur Erzeugung der Primärtropfen in der abgeschlossenen Spraykammer diente, wie in den Versuchen dieser Arbeit, ein Tropfengenerator der FMP Technology GmbH. Die Tropfen zerspritzten auf einem Prallelement entsprechend der Geometrie des PE4, siehe Abbildung 6.6c. Die verwendete Düse hatte einen Durchmesser von 100 µm. Eine Pumpe und ein Massenstromregler versorgten den Tropfenprallzerstäuber mit Brennstoff. Über einen Ablauf im Boden der Spraykammer konnten der Rücklauf und eventuelle Wandanhaftungen durch deponierende Tröpfchen abgeführt werden. Zum Transport des Sprays in die Verbrennungszone wurde die Kammer seitlich von einem Teil des benötigten Luftmassenstroms, der Primärluft, durchflutet. Die Zufuhr des Sekundärluftstromes in die Verbrennungszone erfolgte mit einem Drall bzw. einer tangentialen Geschwindigkeitskomponente, was der verbesserten Vermischung und der Flammenstabilisierung diente. Für die Dosierung der Luftmengen kamen ebenfalls Massenstromregler zum Einsatz.

Die Versuche ergaben, dass das Brennerkonzept grundsätzlich funktioniert. Abbildung 7.2 zeigt eine Fotografie des Brenners im Betrieb. Die Spraykammer mit dem Tropfengenerator und das transparente Flammrohr sind darin gut zu erkennen. Es konnte ein stabiler Betriebsbereich thermischer Leistungen

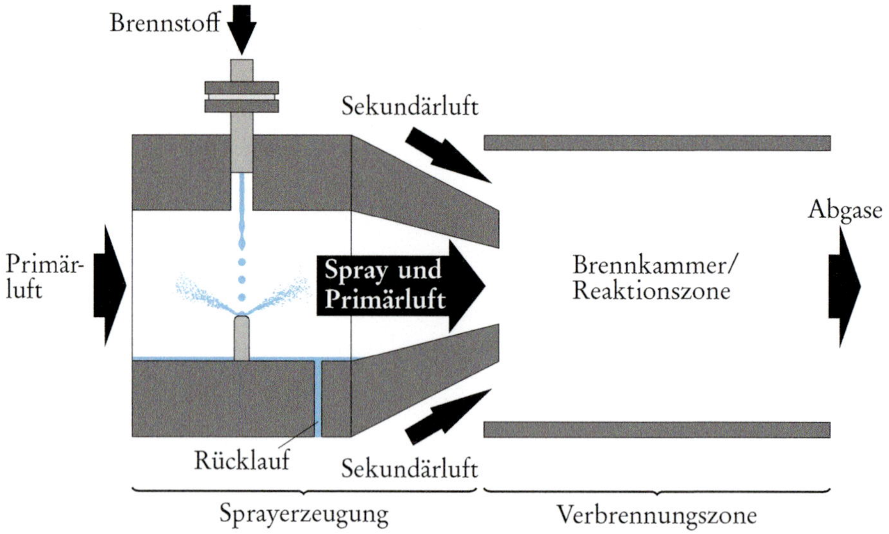

Abbildung 7.1: Vereinfachte Skizze des Brennerprototypen (nach [87, 118]).

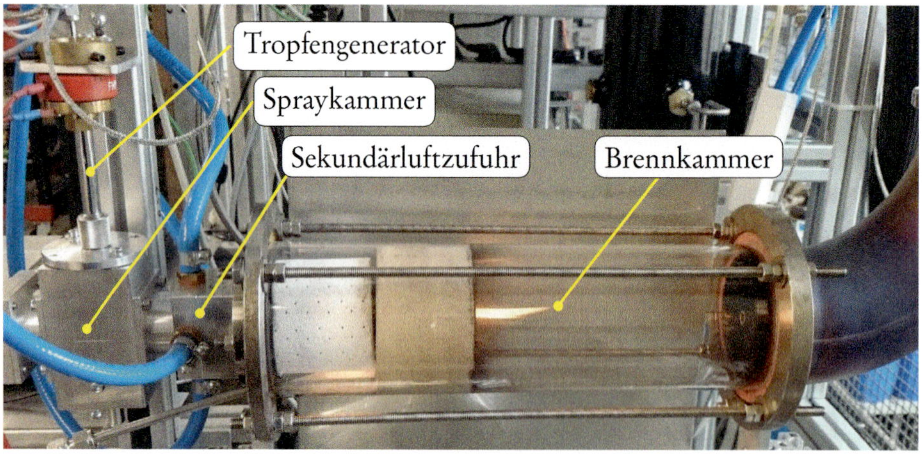

Abbildung 7.2: Fotografie des Brenners in Betrieb.

von 1,6 bis 4,9 kW angefahren werden. Noch kleinere Leistungen wären grundsätzlich möglich gewesen. Zur Vermeidung eines Flammenrückschlages durfte jedoch an der Übergangsstelle zwischen der Spray- und der Verbrennungszone eine Mindestströmungsgeschwindigkeit nicht unterschritten werden. Bei kleinen Brennstoffmassenströmen wäre somit eine zu hohe Luftzahl notwendig gewesen,

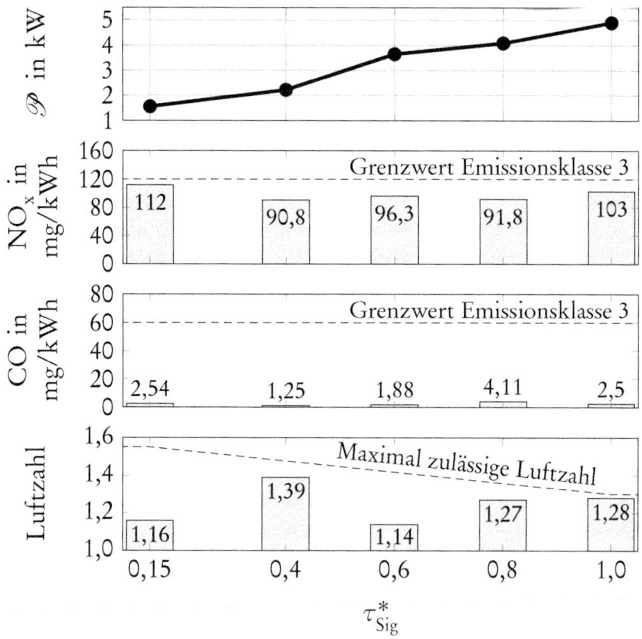

Abbildung 7.3: Ergebnisse der Verbrennungsversuche und Grenzwerte gemäß DIN EN 267 [46] (aus [87, 118]).

die den zulässigen Betriebsbereich für Gebläsebrenner nach DIN EN 267 [46] überstiegen hätte.

Bei den Verbrennungsversuchen erfolgte die Vorgabe der Steuersignalpulsweite sowie der Massenströme des Brennstoffs und der beiden Luftzuführungen. Die Abgase wurden hinsichtlich der Konzentrationen von Kohlenstoffmonoxid (CO) und Stickoxiden (NO_x) vermessen. In Abbildung 7.3 sind die Ergebnisse einer Versuchsreihe zusammenfassend dargestellt. Im oberen Diagramm ist zu erkennen, dass die thermische Leistung $\mathscr{P}$ durch die Änderung der Pulsweite des Steuersignales τ^*_{Sig} im Bereich von 1,6 bis 4,9 kW annähernd linear variiert werden konnte. Die beiden Diagramme darunter zeigen die Schadstoffemissionen für CO und NO_x an den getesteten Betriebspunkten. Zusätzlich sind die Grenzwerte gemäß der strengsten Emissionsklasse 3 der DIN EN 267 [46] eingetragen. In den Versuchen wurden für beide Schadstoffe die Grenzwerte eingehalten, wobei die gemessenen Stickoxidkonzentrationen sehr nahe am maximal zulässigen Wert von 120 mg/kWh liegen. Das unterste Diagramm veranschaulicht die eingestellten Luftzahlen im Vergleich mit den maximal zulässigen Werten, die ebenfalls eingehalten werden konnten.

In der Arbeit von Kühn [87] sind weitere Versuchsreihen beschrieben. Unter anderem wurde darin ein und derselbe Betriebspunkt an zehn unterschiedlichen Tagen jeweils erneut angefahren. Die eingestellten Luft- und Brennstoffmassenströme sowie die Tropfenfrequenz waren an jedem Tag identisch. Es kam stets dasselbe Düsenplättchen zum Einsatz. Bei den Versuchen wurde beobachtet, dass sich an den einzelnen Tagen unterschiedliche relative Sprayanteile und damit auch unterschiedliche thermische Leistungen ergaben. Dies wirkte sich auch auf die Schadstoffemissionen aus, die ebenfalls deutlich schwankten. Die Ursache dieser schlechten Wiederholbarkeit muss die vorliegend bereits beschriebene schlechte langfristige Reproduzierbarkeit von kontrolliertem Strahlzerfall und Tropfenprallmechanismus sein. Aufgrund der großen Auswirkungen der schwankenden Sprayanteile auf die Verbrennung bei praktisch gleichen Einstellparametern, konnte in [87] nicht garantiert werden, dass sich die Grenzwerte hinsichtlich der Stickoxidkonzentration und der Luftzahl zuverlässig einhalten lassen.

Dennoch zeigen die Ergebnisse der Verbrennungsversuche, dass das entwickelte Zerstäuberkonzept dieser Arbeit erfolgreich in ein funktionierendes Brennerkonzept für kleine thermische Leistungen ($\mathscr{P} \leqslant 5\,\mathrm{kW}$) überführt werden konnte. Der geplante Modulationsbereich von 0,3 bis 7,5 kW (1:25) wurde zwar noch nicht erzielt, dennoch ist die Performance des ersten Brennerprototyps als befriedigend einzuschätzen. Bereits dieser erste Aufbau ermöglichte die Einhaltung der strengsten Emissionsklassen der DIN EN 267 [46]. Insbesondere ist dies von Bedeutung, weil herkömmliche Ölbrenner derartig kleine Leistungen gar nicht abdecken. Die Ergebnisse verdeutlichen, dass aufgrund der Feinheit der Tröpfchen bereits im ersten Schritt gute Verbrennungsergebnisse erzielt werden konnten. Die grundlegende Änderung des Zerstäubungsmechanismus von der üblicherweise eingesetzten Druckzerstäubung mit Hohlkegeldüsen auf den modulierenden Tropfenprallmechanismus hat offensichtlich großes Potential zur Verbesserung von Flüssigkeitsbrennern hinsichtlich des Leistungsmodulationsbereiches und der Schadstoffemissionen. Weitere Schritte zur Vergrößerung des Leistungsbereiches des Prototyps und zur Lösung der Problematik der Reproduzierbarkeit sind geplant.

8 Zusammenfassung und Ausblick

Die Erzeugung feiner Sprühnebel ist ein wichtiger Bereich der Verfahrenstechnik zur Vergrößerung der spezifischen Oberfläche von Flüssigkeiten. Chemische Reaktionen laufen so schneller ab und führen zu besseren Zusammensetzungen der Reaktionsprodukte. Bei Verbrennungsvorgängen können dadurch beispielsweise geringere Schadstoffanteile in den Abgasen erzielt werden. Auch für andere Anwendungen ist die Zerstäubungstechnik von Bedeutung. Folglich sind Beiträge zum Verständnis über die physikalischen Vorgänge der zugrunde liegenden Mehrphasenströmungen und innovative Techniken zur verbesserten Sprayerzeugung von großem Interesse. Die vorliegende Dissertation dokumentiert Forschungsergebnisse hinsichtlich dieser beiden Gesichtspunkte.

Es wurde ein neuartiger Zerstäuber entwickelt, basierend auf dem kontrollierten Zerfall von Flüssigkeitsstrahlen in Primärtropfen und dem anschließenden Zerspritzen dieser Tropfen auf einem Prallkörper. Im Vergleich mit herkömmlichen Einstoffzerstäubern führt dieser Vorgang zu deutlich feineren Sprays. Dieser Vorteil ist insbesondere bei kleinen Volumenströmen von Bedeutung, weil für diese Betriebsbedingungen gewöhnliche Spraysysteme prinzipbedingt schlechte Sprayaufbereitungseigenschaften aufweisen. Der vorgestellte innovative Ansatz sieht vor, dass durch ein Abschalten des kontrollierten Strahlzerfalls auch die Zerstäubung abgestellt werden kann. Es prallt dann ein intakter Flüssigkeitsstrahl auf das Prallelement, der bei korrekt eingestellten Betriebsparametern ohne Strömungsablösung und Tröpfchenentstehung abläuft. Durch sehr schnelles Alternieren zwischen Pralltropfen- und strahlen können praktisch beliebig kleine Sprayvolumenströme erzeugt werden. Dieses neuartige Zerstäubungsprinzip, die modulierende Tropfenprallzerstäubung, wurde in der vorliegenden Arbeit detailliert beschrieben und untersucht. Durch umfangreiche Experimente erfolgte die Verifikation der Funktionsweise und die Charakterisierung der Betriebsparameter. Es wurden u.a. die Tröpfchengrößenverteilungen der erzeugten Sprays bestimmt und die Spraymengen im kontinuierlichen und im intermittierenden Betrieb vermessen. Betrachtungen zum Stand der Forschung ermöglichten die Interpretation der experimentellen Beobachtungen.

Im Rahmen eines Kooperationsprojektes zwischen dem Karlsruher Institut für Technologie (KIT) und der Firma FMP Technology GmbH konnte durch das

KIT, basierend auf dem neuartigen Zerstäubungsprinzip, ein Ölbrenner für kleine Leistungen aufgebaut werden. Dieser funktionierte stabil im Betriebsbereich kleiner Sprayvolumenströme und erfüllte die strengsten Schadstoffgrenzwerte für Gebläsebrenner. Es wurde so ebenfalls das Funktionsprinzip verifiziert und gezeigt, dass der innovative Zerstäubungsansatz für eine praktische Anwendung von Nutzen ist. Der ursprünglich geplante Leistungs- bzw. Modulationsbereich konnte nicht vollständig erfüllt werden. Dennoch ist diese erstmalige Inbetriebnahme eines Niederenergiebrenners mit einem modulierenden Tropfenprallzerstäuber als Erfolg zu werten, zumal für diesen thermischen Leistungsbereich kein Brenner am Markt verfügbar ist.

Neben der Nutzung für die Brennertechnik sind prinzipiell auch andere Anwendungsgebiete für den neuartigen Zerstäuber denkbar. Überall wo kleine Spraymengen bei gleichzeitig feinen Tröpfchengrößen gefordert sind, macht die modulierende Tropfenprallzerstäubung Sinn. Als Beispiele seien hier die Luftbefeuchtung kleiner Räume oder die Einspritzung von wässrigen Harnstofflösungen zur Stickoxidreduktion in Abgasen von Dieselmotoren genannt.

Die Entwicklung des modulierenden Tropfenprallzerstäubers machte eine Reihe von wissenschaftlichen Untersuchungen notwendig. In einer Studie zur Ausbildung von Flüssigkeitsstrahlen erfolgten detaillierte theoretische Betrachtungen und Experimente zum statischen und dynamischen Abtropfen von Rundlochdüsen. Im Rahmen dieser Untersuchungen wurden praktisch leicht nutzbare Darstellungen und Beziehungen für den Kontaktwinkel bei statischer Tropfenbildung sowie für die Abtropffrequenz bei dynamischer Tropfenbildung bestimmt und experimentell verifiziert.

Der natürliche Zerfall von Flüssigkeitsstrahlen ist seit dem 19. Jahrhundert ein wichtiger theoretischer und experimenteller Forschungsgegenstand im Bereich der Strömungsmechanik. Die Entwicklung des theoretischen Wissens zum Strahlzerfall startete mit Rayleigh [136, 137] (1878/79) für viskositätsfreie Strahlen in evakuierter Atmosphäre. Weitere wesentliche Beiträge ermöglichten die Berücksichtigung von Effekten infolge der Flüssigkeitsviskosität und des ambienten Gases (Weber [182], 1931), der Dämpfung durch die Viskosität des ambienten Gases (Sterling & Sleicher [162], 1975) sowie der Strahlrelaxation bei langen Düsenkanälen (Grant & Middleman [72], 1966 und Leroux et al. [97], 1996). Für die im Rahmen dieser Arbeit eingesetzten Düsen wurden erhebliche Diskrepanzen zwischen den experimentellen Strahlstabilitätskurven und der existierenden Theorie festgestellt. Als Ursache für diese Diskrepanzen konnte die theoretisch nicht akkurate Berücksichtigung der Gasströmung in der Strahlumgebung ermittelt werden. Dies erforderte, die Effekte infolge der axialsymmetrischen Grenzschichtströmung der umgebenden Gasphase von Flüssigkeitsstrahlen zu erforschen. Es erfolgte dabei eine Weiterentwicklung der existierenden Theorie, zusätzlich zu den Beiträgen der oben genannten Autoren. Die ermittelte Erweiterung der Theorie ermöglichte die zusätzliche Berücksichtigung der Auswirkungen der Gasgrenzschicht auf den Strahlzerfall. Damit konnten die experimentellen und theoretischen Stabilitätskurven in Einklang gebracht werden.

Auch für den kontrollierten Strahlzerfall wurden eine Reihe von Erkenntnissen gewonnen, die sowohl aus wissenschaftlicher als auch aus praktischer Sicht relevant sind. Durch eine implementierte Mess- und Auswertemethode konnten für die kontinuierliche Betriebsweise große Mengen an Daten erzeugt und daraus die relevanten Eigenschaften der Tropfenketten ermittelt werden. Im Wesentlichen bestätigten die Untersuchungen die vorhandenen Erkenntnisse der Literatur. Aus den Versuchsergebnissen wurden sinnvolle Prozessfenster für den Betrieb des modulierenden Tropfenprallzerstäubers abgeleitet.

Die Experimente offenbarten auch, dass der kontrollierte Strahlzerfall eine hervorragende kurzfristige Reproduzierbarkeit hinsichtlich aller Eigenschaften der erzeugten Tropfenketten aufweist. Langfristig können sich allerdings minimale und damit kaum messbare Änderungen der Versuchsparameter in signifikanten Änderungen der Gestalt der Tropfenketten bemerkbar machen. Eine theoretische Erklärung oder eine vollständige empirische Beschreibung dieser Beobachtung steht aus. Es wurde weiterhin herausgefunden, dass sich diese Schwankungen auf den Oszillationszustand der Primärtropfen und damit auch auf den Prallmechanismus auswirken. Auch bei den Verbrennungsversuchen am KIT machten sich die langfristigen Variationen in Form von abweichenden Verbrennungsergebnissen bemerkbar. Folglich muss bei einer Weiterführung der Entwicklung des modulierenden Tropfenprallzerstäubers diese Problematik unbedingt bearbeitet werden.

Bei Experimenten mit pulsartig angeregten Strahlen wurden ebenfalls wissenschaftlich und praktisch bedeutsame Erkenntnisse ermittelt. Es erfolgten zeitaufgelöste optische Messungen des Strahlzerfalls und Messungen der mechanischen Schwingungen des Düsenplättchens mittels Laservibrometrie. Dabei konnte ein Zusammenhang zwischen den mechanischen Schwingungen und der strömungsmechanischen Anregungsintensität des Flüssigkeitsstrahles festgestellt werden. Außerdem zeigten die optischen Messungen, dass die Kontur des am Anfang eines Pulses gebildeten Strahles und die daraus resultierende Tropfenabschnürung mit ausschließlich temporären oder räumlichen Ansätzen theoretisch nicht beschrieben werden kann. An dieser Stelle wurde die Basis für weiterführende theoretische Betrachtungen anhand raum-zeitlicher Theorien geschaffen.

Die wissenschaftlichen und praktischen Beiträge zur statischen und dynamischen Tropfenbildung, zum Funktionsprinzip des modulierenden Tropfenprallzerstäubers und zur Erweiterung der Theorie des Zerfalls von Flüssigkeitsstrahlen konnten im Laufe der Entstehung dieser Dissertation patentiert [57] und publiziert [58–60] werden. Die Überführung des ermittelten Wissens in eine praktische Anwendung zeigte, welches erhebliche Potential Weiterentwicklungen auf diesem Gebiet der Spray- und Tropfenproduktion bieten. Es wurden außerdem Probleme und Fragestellungen eröffnet, welche die Grundlage weiterführender Forschungsarbeiten darstellen können.

Literatur

[1] M. Ahmed, M. M. Abou-Al-Sood & A. h. H. Ali: "A One-Dimensional Model of Viscous Liquid Jets Breakup". *Journal of Fluids Engineering* 133.11 (2011), 114501.

[2] K. Anders, N. Roth & A. Frohn: "Operation Characteristics of Vibrating-Orifice Generators: The coherence length". *Particle & Particle Systems Characterization* 9.1-4 (1992), 40–43.

[3] N. Ashgriz & F. Mashayek: "Temporal analysis of capillary jet breakup". *Journal of Fluid Mechanics* 291 (1995), 163–190.

[4] F. Bashforth & J. C. Adams: *An attempt to test the theories of capillary action: by comparing the theoretical and measured forms of drops of fluid.* University Press, 1883.

[5] L. Bayvel & Z. Orzechowski: *Liquid atomization.* Washington, DC: Taylor & Francis, 1993.

[6] T. B. Benjamin: "Shearing flow over a wavy boundary". *Journal of Fluid Mechanics* 6.2 (1959), 161–205.

[7] R. N. Berglund & B. Y. H. Liu: "Generation of monodisperse aerosol standards". *Environmental Science & Technology* 7.2 (1973), 147–153.

[8] G. K. Betz: „Theoretische und experimentelle Untersuchung der Zerstäubung durch Tropfenprall für ein innovatives Zerstäubersystem". Masterarbeit. Technische Hochschule Nürnberg Georg Simon Ohm, 2017.

[9] S. K. Bhunia & V. J. H. Lienhard: "Splattering During Turbulent Liquid Jet Impingement on Solid Targets". *Journal of Fluids Engineering* 116 (1994), 338–338.

[10] G. Bidone: *Expériences sur la forme et sur la direction des veines et des courans d'eau lancés par diverses ouvertures.* Imprimerie royale, 1829.

[11] M. Birouk & N. Lekic: "Liquid jet breakup in quiescent atmosphere: A review". *Atomization and Sprays* 19.6 (2009), 501–528.

[12] D. B. Bogy: "Use of one-dimensional Cosserat theory to study instability in a viscous liquid jet". *Physics of Fluids* 21.2 (1978), 190–197.

[13] D. B. Bogy: "Break-Up of a Liquid Jet: Second Perturbation Solution for One-Dimensional Cosserat Theory". *IBM Journal of Research and Development* 23.1 (1979), 87–92.

[14] D. B. Bogy: "Breakup of a liquid jet: Third perturbation Cosserat solution". *Physics of Fluids* 22.2 (1979), 224–230.

[15] D. B. Bogy: "Drop formation in a circular liquid jet". *Annual Review of Fluid Mechanics* 11.1 (1979), 207–228.

[16] D. B. Bogy: "Steady draw-down of a liquid jet under surface tension and gravity". *Journal of Fluid Mechanics* 105 (1981), 157–176.

[17] G. L. Borman & K. W. Ragland: *Combustion engineering*. New York: McGraw-Hill, 1998.

[18] D. W. Bousfield, I. H. Stockel & C. K. Nanivadekar: "The breakup of viscous jets with large velocity modulations". *Journal of Fluid Mechanics* 218 (1990), 601–617.

[19] N. Bremond & E. Villermaux: "Atomization by jet impact". *Journal of Fluid Mechanics* 549 (2006), 273–306.

[20] G. Brenn: "Droplet Stream Generator". *Handbook of Atomization and Sprays*. New York: Springer, 2011, 603–624.

[21] G. Brenn & F. Durst: *Vorrichtung zum Zertropfen einer Flüssigkeit*. Patent Nr. DE 44 41 553 A1. 1995.

[22] G. Brenn, T. Helpiö & F. Durst: "A new apparatus for the production of monodisperse sprays at high flow rates". *Chemical Engineering Science* 52.2 (1997), 237–244.

[23] G. Brenn: „Die gesteuerte Sprayerzeugung für industrielle Anwendungen". Habilitation. Friedrich-Alexander-Universität Erlangen-Nürnberg, 1999.

[24] G. Brenn: "On the controlled production of sprays with discrete polydisperse drop size spectra". *Chemical Engineering Science* 55.22 (2000), 5437–5444.

[25] G. Brenn: *Analytical Solutions for Transport Processes*. Berlin: Springer, 2016.

[26] G. Brenn, F. Durst & C. Tropea: "Monodisperse Sprays for Various Purposes – Their Production and Characteristics". *Particle & Particle Systems Characterization* 13.3 (1996), 179–185.

[27] G. Brenn & A. Frohn: "An experimental method for the investigation of droplet oscillations in a gaseous medium". *Experiments in Fluids* 15.2 (1993), 85–90.

[28] D. R. Brown: "A study of the behaviour of a thin sheet of moving liquid". *Journal of Fluid Mechanics* 10.2 (1961), 297–305.

[29] P. Castellini, G. M. Revel & E. P. Tomasini: "Laser doppler vibrometry". *An Introduction to Optoelectronic Sensors*. Singapur: World Scientific, 2009, 216–229.

[30] S. Chandrasekhar: *Hydrodynamic and hydromagnetic stability*. Oxford: Clarendon Press, 1961.

[31] K. C. Chaudhary & T. Maxworthy: "The nonlinear capillary instability of a liquid jet. Part 2. Experiments on jet behaviour before droplet formation". *Journal of Fluid Mechanics* 96.2 (1980), 275–286.

[32] K. C. Chaudhary & T. Maxworthy: "The nonlinear capillary instability of a liquid jet. Part 3. Experiments on satellite drop formation and control". *Journal of Fluid Mechanics* 96.02 (1980), 287–297.

[33] K. C. Chaudhary & L. G. Redekopp: "The nonlinear capillary instability of a liquid jet. Part 1. Theory". *Journal of Fluid Mechanics* 96.02 (1980), 257–274.

[34] L. Chen: „Oh-Re-Diagramm für Strahl- und Sprayausbildungen für Rundlochdüsen". Bachelorarbeit. Universität Paderborn, 2011.

[35] B. S. Cheong & T. Howes: "Capillary jet instability under the influence of gravity". *Chemical Engineering Science* 59.11 (2004), 2145–2157.

[36] C. Clanet & J. C. Lasheras: "Transition from dripping to jetting". *Journal of Fluid Mechanics* 383 (1999), 307–326.

[37] H. E. Cline & T. R. Anthony: "The effect of harmonics on the capillary instability of liquid jets". *Journal of Applied Physics* 49.6 (1978), 3203–3208.

[38] G. Coppola, G. Rocco & L. de Luca: "Insights on the impact of a plane drop on a thin liquid film". *Physics of Fluids* 23.2 (2011), 022105.

[39] G. E. Cossali, A. Coghe & M. Marengo: "The impact of a single drop on a wetted solid surface". *Experiments in Fluids* 22.6 (1997), 463–472.

[40] G. E. Cossali, M. Marengo, A. Coghe & S. Zhdanov: "The role of time in single drop splash on thin film". *Experiments in Fluids* 36.6 (2004), 888–900.

[41] L. Crane, S. Birch & P. D. McCormack: "The effect of mechanical vibration on the break-up of a cylindrical water jet in air". *British Journal of Applied Physics* 15.6 (1964), 743–751.

[42] F. E. C. Culick: "Comments on a Ruptured Soap Film". *Journal of Applied Physics* 31.6 (1960), 1128–1129.

[43] R. D. Deegan, P. Brunet & J. Eggers: "Complexities of splashing". *Nonlinearity* 21.1 (2008), C1–C11.

[44] R. D. Deegan, P. Brunet & J. Eggers: "Rayleigh-Plateau instability causes the crown splash". *arXiv:0806.3050* (2008).

[45] DIN Deutsches Institut für Normung e.V.: *Flüssige Brennstoffe - Heizöle - Teil 1: Heizöl EL, Mindestanforderungen*. DIN 51603-1:2017-03. 2017.

[46] DIN Deutsches Institut für Normung e.V.: *Gebläsebrenner für flüssige Brennstoffe*. DIN EN 267:2017-02. 2017.

[47] M. Dobre & L. Bolle: "Practical design of ultrasonic spray devices: experimental testing of several atomizer geometries". *Experimental Thermal and Fluid Science* 26.2 (2002), 205–211.

[48] R. J. Donnelly & W. Glaberson: "Experiments on the capillary instability of a liquid jet". *Proceedings of the Royal Society of London A: Mathematical, Physical and Engineering Sciences* 290.1423 (1966), 547–556.

[49] L. E. Drain: *The Laser Doppler Technique*. Chichester: John Wiley & Sons, 1980.

[50] C. Dumouchel: "On the experimental investigation on primary atomization of liquid streams". *Experiments in Fluids* 45.3 (2008), 371–422.

[51] F. Durst & H. Beer: „Blasenbildung an Düsen bei Gasdispersionen in Flüssigkeiten". *Chemie Ingenieur Technik* 41.18 (1969), 1000–1006.

[52] F. Durst & Y. Han: „Doppelstrahlsprays zur Verbesserung von Hochdruck-Dieselinjektorsystemen". *MTZ-Motortechnische Zeitschrift* 76.7-8 (2015), 74–79.

[53] J. Eggers: "Nonlinear dynamics and breakup of free-surface flows". *Reviews of Modern Physics* 69.3 (1997), 865–929.

[54] J. Eggers & E. Villermaux: "Physics of liquid jets". *Reports on Progress in Physics* 71.3 (2008), 036601.

[55] M. M. Elkotb: "Fuel atomization for spray modelling". *Progress in Energy and Combustion Science* 8.1 (1982), 61–91.

[56] E. Esposito: "Laser Doppler Vibrometry". *Handbook of the Use of Lasers in Conservation and Conservation Science*. Brüssel: COST Office, 2008.

[57] M. Etzold, Ü. Acikel & F. Durst: *Verfahren und Vorrichtung zum wahlweisen Erzeugen eines Flüssigkeitssprays*. Patent Nr. DE 10 2014 207 657 B3. 2015.

[58] M. Etzold, A. Deswal, L. Chen & F. Durst: "Break-up length of liquid jets produced by short nozzles". *International Journal of Multiphase Flow* 99 (2018), 397–407.

[59] M. Etzold, Y. Han & F. Durst: "A novel spray generator for low-energy oil burners". *International Journal of Spray and Combustion Dynamics* 8.1 (2016), 53–64.

[60] M. Etzold, F. Durst, Ü. Acikel, R. Gautam & M. Zeilmann: "Static and dynamic drop formation on downward-facing nozzles". *Atomization and Sprays* 23.7 (2013), 597–617.

[61] M. Fees: „Entwicklung einer Steuerelektronik für einen neuartigen Spraygenerator, um neue verfahrenstechnische Anwendungen zu ermöglichen". Bachelorarbeit. Technische Hochschule Nürnberg Georg Simon Ohm, 2014.

[62] R. W. Fenn & S. Middleman: "Newtonian Jet Stability: The Role of Air Resistance". *American Institute of Chemical Engineers Journal* 15.3 (1969), 379–383.

[63] G. B. Foote: "A Numerical Method for Studying Liquid Drop Behavior: Simple Oscillation". *Journal of Computational Physics* 11.4 (1973), 507–530.

[64] S. Fordham: "On the calculation of surface tension from measurements of pendant drops". *Proceedings of the Royal Society of London A: Mathematical, Physical and Engineering Sciences* 194.1036 (1948), 1–16.

[65] U. Fritsching: "Spray Systems". *Multiphase Flow Handbook*. Boca Raton: CRC press, 2006, 8.1–8.100.

[66] A. Frohn & N. Roth: *Dynamics of Droplets*. Berlin: Springer, 2000.

[67] R. Gautam: "Analysis of drop formation from a nozzle". Praktikumsbericht. FMP Technology GmbH, 2012.

[68] *GC650 & GC650C User manual*. Allied Vision Technologies Canada Inc. 101-3750 North Fraser Way, Burnaby, BC V5J 5E9 / Canada, 2010.

[69] E. F. Goedde & M. C. Yuen: "Experiments on liquid jet instability". *Journal of Fluid Mechanics* 40.03 (1970), 495–511.

[70] H. González & F. J. García: "The measurement of growth rates in capillary jets". *Journal of Fluid Mechanics* 619 (2009), 179–212.

[71] J. M. Gordillo & M. Pérez-Saborid: "Aerodynamic effects in the break-up of liquid jets: on the first wind-induced break-up regime". *Journal of Fluid Mechanics* 541 (2005), 1–20.

[72] R. P. Grant & S. Middleman: "Newtonian Jet Stability". *American Institute of Chemical Engineers Journal* 12.4 (1966), 669–678.

[73] A. Haenlein: „Über den Zerfall eines Flüssigkeitsstrahles". *Forschung im Ingenieurwesen* 2.4 (1931), 139–149.

[74] Y. Han: "Twin-Jet Sprays for Fuel Direct Injection". Dissertation. Friedrich-Alexander-Universität Erlangen-Nürnberg, 2015.

[75] Y. Han, F. Durst & M. Zeilmann: "High-pressure-driven twin-jet sprays and their properties". *Atomization and Sprays* 24.5 (2014), 375–401.

[76] W. D. Harkins & F. E. Brown: "The determination of surface tension (free surface energy), and the weight of falling drops: The surface tension of water and benzene by the capillary height method." *Journal of the American Chemical Society* 41.4 (1919), 499–524.

[77] D. B. Harmon: "Drop sizes from low speed jets". *Journal of the Franklin Institute* 259.6 (1955), 519–522.

[78] S. Hartland & R. W. Hartley: *Axisymmetric fluid-liquid interfaces*. Amsterdam: Elsevier Scientific Publishing Company, 1976.

[79] J. H. Hilbing & S. D. Heister: "Droplet size control in liquid jet breakup". *Physics of Fluids* 8.6 (1996), 1574–1581.

[80] S. D. Howison, J. R. Ockendon, J. M. Oliver, R. Purvis & F. T. Smith: "Droplet impact on a thin fluid layer". *Journal of Fluid Mechanics* 542 (2005), 1–23.

[81] P. Huerre & P. A. Monkewitz: "Absolute and convective instabilities in free shear layers". *Journal of Fluid Mechanics* 159 (1985), 151–168.

[82] J. Jedelsky & M. Jicha: "Energy considerations in spraying process of a spill-return pressure-swirl atomizer". *Applied Energy* 132 (2014), 485–495.

[83] C. Josserand & S. T. Thoroddsen: "Drop impact on a solid surface". *Annual Review of Fluid Mechanics* 48 (2016), 365–391.

[84] J. R. Joyce: "Report ICT 15". *Shell Research Ltd.* (1947).

[85] A. Kalaaji, B. Lopez, P. Attane & A. Soucemarianadin: "Breakup length of forced liquid jets". *Physics of Fluids* 15.9 (2003), 2469–2479.

[86] J. B. Keller, S. I. Rubinow & Y. O. Tu: "Spatial instability of a jet". *Physics of Fluids* 16.12 (1973), 2052–2055.

[87] J. Kühn: „Auslegung, Aufbau und Inbetriebnahme eines Heizölbrenners für kleinste Leistungen unter Verwendung eines neuartigen Zerstäuberkonzepts". Masterarbeit. Engler-Bunte-Institut - Teilinstitut Verbrennungstechnik, Karlsruher Institut für Technologie (KIT), 2017.

[88] P. Lafrance: "Nonlinear breakup of a liquid jet". *Physics of Fluids* 17.10 (1974), 1913–1914.

[89] P. Lafrance: "Nonlinear breakup of a laminar liquid jet". *Physics of Fluids* 18.4 (1975), 428–432.

[90] A. M. Lakdawala, R. Thaokar & A. Sharma: "DGLSM based study of temporal instability and formation of satellite drop in a capillary jet breakup". *Chemical Engineering Science* 130 (2015), 239–253.

[91] J. L. Lando & H. T. Oakley: "Tabulated Correction Factors for the Drop-Weight-Volume Determination of Surface and Interfacial Tensions". *Journal of Colloid and Interface Science* 25.4 (1967), 526–530.

[92] R. J. Lang: "Ultrasonic Atomization of Liquids". *The Journal of the Acoustical Society of America* 34.1 (1962), 6–8.

[93] A. H. Lefebvre: *Gas Turbine Combustion*. Washington, D.C.: Hemisphere, 1983.

[94] A. H. Lefebvre: *Atomization and Sprays*. Boca Raton: CRC Press, 1989.

[95] S. J. Leib & M. E. Goldstein: "Convective and absolute instability of a viscous liquid jet". *Physics of Fluids* 29.4 (1986), 952–954.

[96] S. J. Leib & M. E. Goldstein: "The generation of capillary instabilities on a liquid jet". *Journal of Fluid Mechanics* 168 (1986), 479–500.

[97] S. Leroux, C. Dumouchel & M. Ledoux: "The stability curve of Newtonian liquid jets". *Atomization and Sprays* 6.6 (1996), 623–647.

[98] V. G. Levich: *Physicochemical Hydrodynamics*. Englewood Cliffs: Prentice-Hall, 1962.

[99] Z. Levin & P. V. Hobbs: "Splashing of water drops on solid and wetted surfaces: hydrodynamics and charge separation". *Philosophical Transactions of the Royal Society of London A: Mathematical, Physical and Engineering Sciences* 269.1200 (1971), 555–585.

[100] Y. Li: „Untersuchung der Tropfenerzeugung und Beschichtungseigenschaften bei Drop-on-Demand-Systemen". Masterarbeit. Fachhochschule Koblenz, 2012.

[101] G. Liang & I. Mudawar: "Review of mass and momentum interactions during drop impact on a liquid film". *International Journal of Heat and Mass Transfer* 101 (2016), 577–599.

[102] G. Liang & I. Mudawar: "Review of drop impact on heated walls". *International Journal of Heat and Mass Transfer* 106 (2017), 103–126.

[103] J. H. Lienhard, X. Liu & L. A. Gabour: "Splattering and Heat Transfer During Impingement of a Turbulent Liquid Jet". *Journal of Heat Transfer* 114.2 (1992), 362–372.

[104] S. P. Lin & R. D. Reitz: "Drop and spray formation from a liquid jet". *Annual Review of Fluid Mechanics* 30 (1998), 85–105.

[105] N. R. Lindblad & J. M. Schneider: "Production of uniform-sized liquid droplets". *Journal of Scientific Instruments* 42.8 (1965), 635–638.

[106] G. Littaye: "Sur une theorie de la pulverisation des jets liquides". *Compt. Rend* 217 (1943), 99.

[107] T. Lohnstein: „Zur Theorie des Abtropfens mit besonderer Rücksicht auf die Bestimmung der Kapillaritätskonstanten durch Tropfversuche". *Annalen der Physik* 325.7 (1906), 237–268.

[108] G. Magnus: „Hydraulische Untersuchungen". *Annalen der Physik* 182.1 (1859), 1–32.

[109] K. Magnus, K. Popp & W. Sextro: *Schwingungen: physikalische Grundlagen und mathematische Behandlung von Schwingungen*. Wiesbaden: Springer Vieweg, 2016.

[110] T. J. Mahoney & M. A. Sterling: "The breakup length of laminar newtonian liquid jets in air". *Proceedings of the 1st International Conference on Liquid Atomization and Spray Systems*. Tokyo, 1978, 9–12.

[111] N. N. Mansour & T. S. Lundgren: "Satellite formation in capillary jet breakup". *Physics of Fluids A: Fluid Dynamics* 2.7 (1990), 1141–1144.

[112] M. J. McCarthy & N. A. Molloy: "Review of Stability of Liquid Jets and the Influence of Nozzle Design". *The Chemical Engineering Journal* 7.1 (1974), 1–20.

[113] A. C. Merrington & E. G. Richardson: "The break-up of liquid jets". *Proceedings of the Physical Society* 59.1 (1947), 1–13.

[114] C. C. Miesse: "Correlation of Experimental Data on the Disintegration of Liquid Jets". *Industrial & Engineering Chemistry* 47.9 (1955), 1690–1701.

[115] M. Miklautschitsch, B. Durst, S. Henrici, G. Unterweger & A. Witt: „Partikelquellenanalyse und Ableitung von PN-Reduktionsmaßnahmen am BMW TwinPower Turbo Motor“. *Motorische Verbrennung - aktuelle Probleme und moderne Lösungsansätze (XII. Tagung), Tagung im Haus der Technik*. Ludwigsburg, 2015, 359–371.

[116] N. Moallemi, R. Li & K. Mehravaran: “Breakup of capillary jets with different disturbances”. *Physics of Fluids* 28.1 (2016), 012101.

[117] R. A. Mugele & H. D. Evans: “Droplet Size Distribution in Sprays”. *Industrial & Engineering Chemistry* 43.6 (1951), 1317–1324.

[118] T. Müller, A. Goßmann, J. Kühn, M. Etzold, B. Stelzner, N. Zarzalis, F. Durst & D. Trimis: “A novel atomization approach for low power liquid fueled burners”. *3rd General Meeting and Workshop on SECs in Industry of SMARTCATs Action*. Prag, 2017.

[119] C. H. R. Mundo, M. Sommerfeld & C. Tropea: “Droplet-wall collisions: experimental studies of the deformation and breakup process”. *International Journal of Multiphase Flow* 21.2 (1995), 151–173.

[120] E. P. Muntz & M. Dixon: “Applications to Space Operations of Free-Flying, Controlled Streams of Liquids”. *Journal of Spacecraft and Rockets* 23.4 (1986), 411–419.

[121] G. G. Nasr, A. J. Yule, J. A. Stewart, A. Whitehead & T. Hughes: “A new fine spray, low flowrate, spill-return swirl atomizer”. *Proceedings of the Institution of Mechanical Engineers, Part C: Journal of Mechanical Engineering Science* 225.4 (2011), 897–908.

[122] A. H. Nayfeh: “Nonlinear Stability of a Liquid Jet”. *Physics of Fluids* 13.4 (1970), 841–847.

[123] N. Ninomiya & K. Iwamoto: “PIV measurement of a droplet impact on a thin fluid layer”. *AIP Conference Proceedings*. Vol. 1428. 1. AIP. 2012, 11–17.

[124] W. von Ohnesorge: „Die Bildung von Tropfen an Düsen und die Auflösung flüssiger Strahlen“. *Zeitschrift für angewandte Mathematik und Mechanik* 16.6 (1936), 355–358.

[125] K. Omer & N. Ashgriz: “Spray nozzles”. *Handbook of Atomization and Sprays*. New York: Springer, 2011, 497–579.

[126] J. H. Perry: *Chemical Engineers Handbook*. New York: McGraw-Hill, 1950, 388–389.

[127] R. L. Peskin & R. J. Raco: "Ultrasonic Atomization of Liquids". *The Journal of the Acoustical Society of America* 35.9 (1963), 1378–1381.

[128] W. Pfenninger: "Boundary layer suction experiments with laminar flow at high Reynolds numbers in the inlet length of a tube by various suction methods". *Boundary Layer and Flow Control* (1961), 961–980.

[129] R. E. Phinney & W. Humphries: *Stability of a Viscous Jet - Newtonian Liquids*. Techn. Ber. NOLTR 70-5. U. S. Naval Ordiance Laboratory, 1970.

[130] W. T. Pimbley & H. C. Lee: "Satellite Droplet Formation in a Liquid Jet". *IBM Journal of Research and Development* 21.1 (1977), 21–30.

[131] J. Plateau: *Statique expérimentale et théorique des liquides soumis aux seules forces moléculaires*. Paris: Gauthier-Villars, 1873.

[132] Polytec GmbH: *In Natur und Technik: Alles schwingt!* Applikationsnote Optische Messsysteme. VIB-G-05. 2007.

[133] L. Prandtl, K. Oswatitsch & K. Wieghardt: *Führer durch die Strömungslehre*. Braunschweig: Vieweg, 1993.

[134] W. E. Ranz: "On sprays and spraying". Engineering Research Bulletin B–65. Pennsylvania State University, 1959.

[135] G. N. V. Rao & N. R. Keshavan: "Axisymmetric Turbulent Boundary Layers in Zero Pressure-Gradient Flows". *Journal of Applied Mechanics* 39.1 (1972), 25–32.

[136] L. Rayleigh: "On the Instability of Jets". *Proceedings of the London Mathematical Society* s1-10.1 (1878), 4–13.

[137] L. Rayleigh: "On the Capillary Phenomena of Jets". *Proceedings of the Royal Society of London* 29.196–199 (1879), 71–97.

[138] L. Rayleigh: "Further Observations upon Liquid Jets, in continuation of those recorded in the Royal Society's 'Proceedings' for March and May, 1879". *Proceedings of the Royal Society of London* 34.220-223 (1882), 130–145.

[139] L. Rayleigh: "On the Instability of a Cylinder of Viscous Liquid under Capillary Force". *The London, Edinburgh, and Dublin Philosophical Magazine and Journal of Science* 34.207 (1892), 145–154.

[140] M. Rein: "Phenomena of liquid drop impact on solid and liquid surfaces". *Fluid Dynamics Research* 12.2 (1993), 61–93.

[141] M. Rein: "Interactions between Drops and Hot Surfaces". *Drop-Surface Interactions*. 2002, 185–217.

[142] R. D. Reitz & F. V. Bracco: "Mechanism of atomization of a liquid jet". *Physics of Fluids* 25.10 (1982), 1730–1742.

[143] R. D. Reitz: "Atomization and other breakup regimes of a liquid jet". Dissertation. Princeton University, 1978.

[144] M.-C. Renoult, G. Brenn & I. Mutabazi: "Nonlinear instability of a viscous liquid jet". *Meeting of the International Association of Applied Mathematics and Mechanics (GAMM) and Deutsche Mathematiker-Vereinigung (DMV).* Vol. 16(1). Braunschweig, 2016, 591–592.

[145] T. Richter & P. Walzel: „Zerstäuben von Flüssigkeiten mit Hohlkegeldüsen". *Chemie Ingenieur Technik* 61.4 (1989), 319–321.

[146] N. K. Rizk & A. H. Lefebvre: "Spray Characteristics of Spill-Return Atomizers". *Journal of Propulsion and Power* 1.3 (1985), 200–204.

[147] I. V. Roisman & C. Tropea: "Impact of a drop onto a wetted wall: description of crown formation and propagation". *Journal of Fluid Mechanics* 472 (2002), 373–397.

[148] I. V. Roisman, N. P. van Hinsberg & C. Tropea: "Propagation of a kinematic instability in a liquid layer: Capillary and gravity effects". *Physical Review E* 77.4 (2008), 046305.

[149] I. V. Roisman, K. Horvat & C. Tropea: "Spray impact: Rim transverse instability initiating fingering and splash, and description of a secondary spray". *Physics of Fluids* 18.10 (2006), 102104.

[150] S. J. Rothberg et al. "An international review of laser Doppler vibrometry: Making light work of vibration measurement". *Optics and Lasers in Engineering* 99 (2017), 11–22.

[151] D. F. Rutland & G. J. Jameson: "Theoretical prediction of the sizes of drops formed in the breakup of capillary jets". *Chemical Engineering Science* 25.11 (1970), 1689–1698.

[152] W. Samenfink, A. Elsäßer, K. Dullenkopf & S. Wittig: "Droplet interaction with shear-driven liquid films: analysis of deposition and secondary droplet characteristics". *International Journal of Heat and Fluid Flow* 20.5 (1999), 462–469.

[153] F. Savart: "Mémoire sur la constitution des veines liquides lancées par des orifices circulaires en mince paroi". *Annales de Chimie et de Physique* 53 (1833), 337–386.

[154] S. S. Sazhin, G. Feng & M. R. Heikal: "A model for fuel spray penetration". *Fuel* 80.15 (2001), 2171–2180.

[155] G. F. Scheele & B. J. Meister: "Drop Formation at Low Velocities in Liquid-Liquid Systems: Part I. Prediction of Drop Volume". *American Institute of Chemical Engineers Journal* 14.1 (1968), 9–15.

[156] P. Schmidt & P. Walzel: „Zerstäuben von Flüssigkeiten". *Chemie Ingenieur Technik* 52.4 (1980), 304–311.

[157] J. M. Schneider & C. D. Hendricks: "Source of Uniform-Sized Liquid Droplets". *Review of Scientific Instruments* 35.10 (1964), 1349–1350.

[158] F. Shokoohi & H. G. Elrod: "Numerical Investigation of the Disintegration of Liquid Jets". *Journal of Computational Physics* 71.2 (1987), 324–342.

[159] T. Si, F. Li, X.-Y. Yin & X.-Z. Yin: "Modes in flow focusing and instability of coaxial liquid–gas jets". *Journal of Fluid Mechanics* 629 (2009), 1–23.

[160] W. Siemes: „Gasblasen in Flüssigkeiten. Teil I: Entstehung von Gasblasen an nach oben gerichteten kreisförmigen Düsen". *Chemie Ingenieur Technik* 26.8–9 (1954), 479–496.

[161] S. W. J. Smith & H. Moss: "Experiments with Mercury Jets". *Proceedings of the Royal Society of London. Series A, Containing Papers of a Mathematical and Physical Character* 93.652 (1917), 373–393.

[162] A. M. Sterling & C. A. Sleicher: "The instability of capillary jets". *Journal of Fluid Mechanics* 68.3 (1975), 477–495.

[163] R. Süverkrüp, S. Eggerstedt, S. Wanning, M. Kuschel, M. Sommerfeld & A. Lamprecht: "Collisions and coalescence in droplet streams for the production of freeze-dried powders". *Colloids and Surfaces B: Biointerfaces* 141 (2016), 443–449.

[164] H. H. Taub: "Investigation of nonlinear waves on liquid jets". *Physics of Fluids* 19.8 (1976), 1124–1129.

[165] S. G. Taylor: "The dynamics of thin sheets of fluid. III. Disintegration of fluid sheets". *Proceedings of the Royal Society of London A: Mathematical, Physical and Engineering Sciences* 253.1274 (1959), 313–321.

[166] S. T. Thoroddsen: "The ejecta sheet generated by the impact of a drop". *Journal of Fluid Mechanics* 451 (2002), 373–381.

[167] D. Trainer: "Breakup length and liquid splatter characteristics of air-assisted water jets". *International Journal of Multiphase Flow* 81 (2016), 77–87.

[168] E. Truckenbrodt: *Fluidmechanik: Bd. 2: Elementare Strömungsvorgänge dichtveränderlicher Fluide sowie Potential- und Grenzschichtströmungen*. Berlin: Springer, 1980.

[169] M. F. Trujillo & C. F. Lee: "Modeling crown formation due to the splashing of a droplet". *Physics of Fluids* 13.9 (2001), 2503–2516.

[170] O. R. Tutty, W. G. Price & A. T. Parsons: "Boundary layer flow on a long thin cylinder". *Physics of Fluids* 14.2 (2002), 628–637.

[171] E. Tyler & E. G. Richardson: "The characteristic curves of liquid jets". *Proceedings of the Physical Society of London* 37.1 (1925), 297–311.

[172] A. Umemura: "Self-Destabilizing Mechanism of Circular Liquid Jet". *Journal of the Japan Society for Aeronautical and Space Sciences* 55.640 (2007), 216–223.

[173] A. Umemura: "Self-destabilizing mechanism of a laminar inviscid liquid jet issuing from a circular nozzle". *Physical Review E* 83.4 (2011), 046307.

[174] E. Van de Sande & J. M. Smith: "Jet break-up and air entrainment by low velocity turbulent water jets". *Chemical Engineering Science* 31.3 (1976), 219–224.

[175] P. Vassallo & N. Ashgriz: "Satellite formation and merging in liquid jet breakup". *Proceedings of the Royal Society of London A: Mathematical, Physical and Engineering Sciences* 433.1888 (1991), 269–286.

[176] VDI Verein deutscher Ingenieure e.V.: *Messen von Partikeln - Herstellungsverfahren für Prüfaerosole, Grundlagen und Übersicht*. VDI 3491 Blatt 1:2016-07. Juli 2016.

[177] P. Walzel & H. Michalski: „Strömungszustände an Düsen bei kleinen Flüssigkeitsdurchsätzen". *Verfahrenstechnik* 14.3 (1980), 157–159.

[178] P. Walzel: „Koaleszenz von Flüssigkeitsstrahlen an Brausen". *Chemie Ingenieur Technik* 52.8 (1980), 652–654.

[179] P. Walzel: „Auslegung von Einstoff-Druckdüsen". *Chemie Ingenieur Technik* 54.4 (1982), 313–328.

[180] P. Walzel: „Zerstäuben von Flüssigkeiten". *Chemie Ingenieur Technik* 62.12 (1990), 983–994.

[181] D. P. Wang: "Finite amplitude effect on the stability of a jet of circular cross-section". *Journal of Fluid Mechanics* 34.2 (1968), 299–313.

[182] C. Weber: „Zum Zerfall eines Flüssigkeitsstrahles". *Zeitschrift für angewandte Mathematik und Mechanik* 11.2 (1931), 136–154.

[183] D. A. Weiss: „Periodischer Aufprall monodisperser Tropfen gleicher Geschwindigkeit auf feste Oberflächen“. Mitteilungen aus dem Max-Planck-Institut für Strömungsforschung. Nr. 112, 1993.

[184] D. A. Weiss & A. L. Yarin: "Single drop impact onto liquid films: neck distortion, jetting, tiny bubble entrainment, and crown formation". *Journal of Fluid Mechanics* 385 (1999), 229–254.

[185] Wetsel Jr. & C. Grover: "Capillary oscillations on liquid jets". *Journal of Applied Physics* 51.7 (1980), 3586–3592.

[186] R. Wille & H. Fernholz: "Report on the first European Mechanics Colloquium, on the Coanda effect". *Journal of Fluid Mechanics* 23.4 (1965), 801–819.

[187] A. M. Worthington: "A Second Paper on the Forms assumed by Drops of Liquids falling vertically on a Horizontal Plate." *Proceedings of the Royal Society of London* 25.171–178 (1877), 498–503.

[188] A. M. Worthington: "On drops". *Nature* 16 (1877), 165–166.

[189] A. M. Worthington: "On the Forms assumed by Drops of Liquids falling vertically on a horizontal Plate." *Proceedings of the Royal Society of London* 25.171–178 (1877), 261–272.

[190] A. M. Worthington: *A study of splashes*. London: Longmans, Green, & Company, 1908.

[191] G. Wozniak: *Zerstäubungstechnik: Prinzipien, Verfahren, Geräte*. Berlin: Springer, 2003.

[192] J. H. Xing, A. Boguslawski, A. Soucemarianadin, P. Atten & P. Attané: "Experimental investigation of capillary instability: results on jet stimulated by pressure modulations". *Experiments in Fluids* 20.4 (1996), 302–313.

[193] A. L. Yarin: "Drop Impact Dynamics: Splashing, Spreading, Receding, Bouncing". *Annual Review of Fluid Mechanics* 38 (2006), 159–192.

[194] A. L. Yarin: "Bending and Buckling Instabilities of Free Liquid Jets: Experiments and General Quasi-One-Dimensional Model". *Handbook of Atomization and Sprays*. New York: Springer, 2011, 55–73.

[195] A. L. Yarin & D. A. Weiss: "Impact of drops on solid surfaces: self-similar capillary waves, and splashing as a new type of kinematic discontinuity". *Journal of Fluid Mechanics* 283 (1995), 141–173.

[196] A. L. Yarin: *Free liquid jets and films: hydrodynamics and rheology*. Harlow: Longman Publishing Group, 1993.

[197] M.-C. Yuen: "Non-linear capillary instability of a liquid jet". *Journal of Fluid Mechanics* 33.1 (1968), 151–163.

[198] L. V. Zhang, J. Toole, K. Fezzaa & R. D. Deegan: "Evolution of the ejecta sheet from the impact of a drop with a deep pool". *Journal of Fluid Mechanics* 690 (2012), 5–15.

[199] L. V. Zhang, P. Brunet, J. Eggers & R. D. Deegan: "Wavelength selection in the crown splash". *Physics of Fluids* 22.12 (2010), 122105.

[200] X. Zhang & O. A. Basaran: "An experimental study of dynamics of drop formation". *Physics of Fluids* 7.6 (1995), 1184–1203.